21世纪高等学校信息工程类"十三五"规划教材

移动通信网络及技术

（第二版）

孙海英　魏崇毓　编著

西安电子科技大学出版社

内 容 简 介

本书共 7 章，主要介绍第二代、第三代及 LTE 移动通信网络和相关技术，力求将通信的基础理论和应用系统相结合。全书主要分为三部分：第一部分(第 2、3 章)讲述第二代移动通信网络，包括 GSM 网络和 IS-95 系统；第二部分(第 4、5、6 章)讲述第三代移动通信网络，包括 WCDMA 系统、TD-SCDMA 系统、CDMA2000 系统；第三部分(第 7 章)讲述了长期演进技术——LTE 和 LTE-A。

本书内容丰富，具有较强的系统性和实用性，既可作为通信工程专业的专科生、本科生的教材，也可作为从事移动通信领域工作的工程技术人员的参考用书。

图书在版编目(CIP)数据

移动通信网络及技术/孙海英编著. —2 版. —西安：西安电子科技大学出版社，2018.2
ISBN 978-7-5606-4802-6

Ⅰ. ① 移… Ⅱ. ① 孙… Ⅲ. ① 移动网 Ⅳ. ① TN929.5

中国版本图书馆 CIP 数据核字(2017)第 320945 号

策　　划	马乐惠
责任编辑	雷鸿俊　任倍萱
出版发行	西安电子科技大学出版社(西安市太白南路 2 号)
电　　话	(029)88242885　88201467　　邮　编　710071
网　　址	www.xduph.com　　　　电子邮箱　xdupfxb001@163.com
经　　销	新华书店
印刷单位	陕西利达印务有限责任公司
版　　次	2018 年 2 月第 2 版　　2018 年 2 月第 1 次印刷
开　　本	787 毫米×1092 毫米　1/16　　印张　15.375
字　　数	359 千字
印　　数	1～3000 册
定　　价	35.00 元

ISBN 978 - 7 - 5606 - 4802 - 6/TN
XDUP 5104002-1
如有印装问题可调换

本社图书封面为激光防伪覆膜，谨防盗版。

前　言

本书第一版于 2012 年出版，在过去几年的使用中，许多教师和学生根据自己的使用情况提出了不少修改意见；同时，编者也感觉到第一版中的一些章节已不适应迅速发展的通信技术对教学的要求，尤其是第四代移动通信技术的逐渐成熟与应用。因此，编者在广泛吸收意见的基础上进行了第二版的编写。

与第一版相比，第二版中较大的修改主要体现在以下几个方面：对原书中的第 7 章内容进行了较大篇幅的修改，不仅增加了对 LTE 网络架构的描述，还对 LTE 关键技术中的 OFDM 和 MIMO 技术进行了详细的介绍，同时对 LTE 和 LTE-A 也进行了区分。除此之外，第 1 章中，在移动通信发展趋势部分增加了对 5G 网络的简单介绍，包括发展趋势及可能涉及的关键技术。

本书共 7 章，分为三部分，主要内容包括：概述、GSM 移动通信系统、CDMA 蜂窝移动通信系统、WCDMA 系统、TD-SCDMA 系统、CDMA2000 系统、LTE 和 LTE-A。

本书第二版的编写参考了部分专业老师和出版社老师的宝贵意见，这对本书内容的完善及修改起了很大的作用，对此，编者表示衷心的感谢。

鉴于编者水平有限，书中难免存在不足之处，敬请广大读者批评指正。

编　者

2017 年 10 月

第一版前言

20 世纪 80 年代以来，我国移动通信系统的发展经历了一个从模拟网到数字网、从频分多址(FDMA)到时分多址(TDMA)和码分多址(CDMA)的过程。目前我国的蜂窝移动通信系统已经基本结束了模拟网的历史，进入了数字网的时代。进入 21 世纪以来，人们在继续关注第二代蜂窝移动通信系统发展的同时，已经把目光转向第三代蜂窝移动通信系统的产品开发和大量投入商用的网络准备工作。与此同时，许多专家学者和移动通信产业界的有识之士，又在积极研究和开发第四代蜂窝移动通信系统。这些都预示着 21 世纪的蜂窝移动通信将会有更大的发展。

通信从基础理论到网络结构及相关技术所涉及的面非常宽广，新的技术不断涌现，未来移动通信系统的开发蓄势待发，因此不论是从教材编写还是从学习的角度，都没有办法以一门课程来诠释它。本书是针对通信及相关专业的专科与本科高年级学生而编写的。学生依据之前所学的通信的理论知识和无线通信相关的理论和技术，进一步系统地、深入地了解现在典型移动通信系统的网络结构和相关技术，通过这一阶段的学习来加强移动通信方面的知识，为以后的工作、学习打下良好的专业基础。

在选材上，本书主要关心移动通信领域的网络结构和相关技术，内容上力求丰富全面、通俗易懂。

本书共 7 章。第 1 章为概述，介绍移动通信网络的发展历程、特点、移动通信技术的发展趋势等，目的是使读者简单了解移动通信网络的发展过程，为后续章节做铺垫。第 2 章和第 3 章介绍的是第二代移动通信系统的典型网络——GSM 系统和 IS-95 系统。第 2 章是 GSM 移动通信系统，主要介绍 GSM 系统的网络结构及组成部分、GSM 系统主要参数、GSM 网络的关键技术、GSM 网络规划等；第 3 章是 CDMA 蜂窝移动通信系统，主要介绍 IS-95 系统，内容主要包括 IS-95 CDMA 系统网络结构和 IS-95 CDMA 系统的关键技术。第 4~6 章介绍的是第三代移动通信系统的典型网络——WCDMA 系统、TD-SCDMA 系统和 CDMA 2000 系统。第 4 章是 WCDMA 系统，主要介绍第三代移动通信系统的总体架构、WCDMA 核心网的演进、WCDMA 的空中接口和关键技术；第 5 章是 TD-SCDMA 系统，以 TD-SCDMA 系统的网络结构、空中接口和关键技术为中心进行了介绍；第 6 章是 CDMA 2000 系统，主要介绍 CDMA 2000 体系结构、接口及 CDMA 2000 1x-EV-DO 的空中接口。第 7 章介绍了 LTE，主要对 LTE 的网络结构和关键技术进行了叙述。

本书既可作为通信工程专业的专科生、本科生的教材，也可作为相关领域工程技术人员的参考书。

在本书的编写过程中，海信集团的李勇和毛洪波高级工程师、中国联通青岛分公司的谭佩良高级工程师、歌尔声学股份有限公司的胡永生教授分别为本书提供了部分素材。另外，本书在成稿过程中得到了青岛科技大学信息学院的领导与同事的支持。在此向他们表示诚挚的谢意。

本书是由孙海英和魏崇毓老师编写而成的。在本书的编写过程中，研究生刘臣、韩永亮、杨洋、吕畅、李东生、柳树根、路成龙、陈鹏等人协助整理了部分材料并绘制了部分插图。青岛科技大学通信工程教研室的全体老师也提供了很多帮助，在此一并表示感谢。同时，编者对西安电子科技大学出版社的大力支持表示深切的感谢。

由于编者水平有限，并且第三代移动通信系统和 LTE 技术和标准也在不断完善和发展，因而书中难免存在不足，敬请广大读者批评指正。

编　者
2012 年 2 月

目　录

第1章　概述 ... 1
1.1　移动通信的发展历程 ... 1
1.2　移动通信的特点 ... 5
1.3　移动通信面临的挑战 ... 6
1.4　移动通信技术的发展趋势 ... 7
思考题 ... 11

第2章　GSM移动通信系统 ... 12
2.1　概述 ... 12
2.1.1　GSM的发展历史 ... 12
2.1.2　GSM的特点 ... 12
2.2　GSM系统结构 ... 13
2.2.1　GSM系统的总体结构 ... 13
2.2.2　GSM基站子系统结构及原理 ... 15
2.3　GSM系统的主要规格参数 ... 24
2.4　GSM位置区域划分及编号方式 ... 26
2.4.1　GSM位置区域的概念 ... 26
2.4.2　GSM编号方式 ... 27
2.5　GSM逻辑信道和帧结构 ... 29
2.5.1　GSM逻辑信道 ... 29
2.5.2　GSM帧结构 ... 32
2.6　GSM的主要技术 ... 34
2.6.1　语音编码和信道编码 ... 34
2.6.2　GSM安全性管理 ... 36
2.6.3　切换控制 ... 39
2.6.4　GSM跳频原理 ... 41
2.7　GSM系统网络规划 ... 42
2.7.1　蜂窝网络规划的主要内容 ... 42
2.7.2　蜂窝网络规划流程 ... 42
2.7.3　蜂窝系统业务量描述与业务量估计 ... 43
2.7.4　GSM蜂窝无线网络设计 ... 45

  2.7.5 GSM 蜂窝网络优化 58
 2.8 GPRS 通用分组无线业务 66
 思考题 67

第 3 章 CDMA 蜂窝移动通信系统 68
 3.1 CDMA 系统概述 68
  3.1.1 CDMA 系统的发展及特点 68
  3.1.2 扩频技术 69
 3.2 IS-95 CDMA 系统 73
  3.2.1 IS-95 CDMA 系统网络结构 73
  3.2.2 IS-95 系统的无线传输 74
 3.3 IS-95 CDMA 系统关键技术 80
  3.3.1 CDMA 系统的功率控制 80
  3.3.2 CDMA 系统的软切换 82
 思考题 83

第 4 章 WCDMA 系统 84
 4.1 第三代移动通信系统概述 84
 4.2 WCDMA 系统结构 86
  4.2.1 WCDMA 网络结构及主要参数 86
  4.2.2 WCDMA 陆地无线接入网络子系统(UTRAN) 87
  4.2.3 WCDMA 核心网的演进 90
 4.3 WCDMA 空中接口 97
  4.3.1 空中接口的协议结构 97
  4.3.2 RRC 层 98
  4.3.3 RLC 层 100
  4.3.4 MAC 层 101
  4.3.5 分组数据会聚协议(PDCP) 102
  4.3.6 广播/多播控制协议(BMC) 102
  4.3.7 PHY 层 103
 4.4 WCDMA 空中接口信道 104
  4.4.1 空中接口信道类型 104
  4.4.2 传输信道 104
  4.4.3 物理信道和物理信号 106
  4.4.4 物理信道的映射和关联 115
 4.5 WCDMA 关键技术 116
  4.5.1 多用户检测技术 116
  4.5.2 RAKE 接收机 118
  4.5.3 功率控制技术 121

  4.5.4 CDMA 射频和中频设计原理 123
 思考题 125

第 5 章　TD-SCDMA 系统 126
 5.1　TD-SCDMA 系统概述 126
  5.1.1 TD-SCDMA 系统的发展 126
  5.1.2 TD-SCDMA 系统的主要参数 127
  5.1.3 TD-SCDMA 系统的特点 127
 5.2　TD-SCDMA 网络结构和接口 128
  5.2.1 TD-SCDMA 网络结构 128
  5.2.2 TD-SCDMA 无线接入网络 129
  5.2.3 UTRAN 接口 132
 5.3　TD-SCDMA 系统空中接口 137
  5.3.1 TD-SCDMA 系统空中接口概述 137
  5.3.2 TD-SCDMA 系统传输信道 145
  5.3.3 TD-SCDMA 系统物理层 146
 5.4　TD-SCDMA 关键技术 152
 思考题 158

第 6 章　CDMA 2000 系统 159
 6.1　概述 159
 6.2　CDMA 2000 空中接口 163
  6.2.1 CDMA 2000 体系的结构 163
  6.2.2 CDMA 2000 物理层 166
 6.3　CDMA 2000 1x EV-DO 181
  6.3.1 概述 181
  6.3.2 CDMA 2000 1x EV-DO 的空中接口 183
 思考题 185

第 7 章　LTE 和 LTE-A 196
 7.1　LTE 概述 196
 7.2　LTE 网络架构及接口 197
  7.2.1 LTE 网络架构 197
  7.2.2 网络接口 201
 7.3　LTE 物理层 203
  7.3.1 LTE 接入网协议 203
  7.3.2 物理层概述 204
  7.3.3 物理信道 207
 7.4　LTE 关键技术 210

  7.4.1 OFDM 技术 210
  7.4.2 多入多出(MIMO)技术 214
  7.4.3 随机接入过程 231
  7.4.4 混合自动重传请求 232
 7.5 LTE-A 概述 233
 思考题 235

参考文献 236

第1章 概 述

1.1 移动通信的发展历程

近些年来,移动通信系统以其显著的特点和优越性得以迅猛发展,且被广泛应用于社会的各个方面。无线通信的发展潜力大于有线通信,它不仅能提供普通的电话业务,还能提供短信、多媒体、信息查询等业务,以满足各类用户的需求。

移动通信的主要目的是实现任何时间、任何地点和任何通信对象之间的通信。

从通信网的角度看,移动网可以看成是有线通信网的延伸,它由无线和有线两部分组成。无线部分提供用户终端的接入,利用有限的频率资源在空中可靠地传送语音和数据;有线部分完成网络功能,包括交换、用户管理、漫游、鉴权等,构成公众陆地移动通信网(PLMN)。从陆地移动通信的具体实现形式来划分,移动通信分为模拟移动通信和数字移动通信。

移动通信系统从20世纪40年代发展至今,根据其发展历程和发展方向,可以划分为四代。

1. 第一代——模拟蜂窝移动通信系统

第一代移动电话系统(1G)采用了蜂窝组网技术。蜂窝概念由贝尔实验室提出,并于20世纪70年代在世界许多地方得以研究。当第一个试运行网络在芝加哥开通后,第一个蜂窝系统AMPS(高级移动电话业务)1979年在美国成为现实。

不同制式的模拟移动通信系统中容量较大的系统主要有三种:① 北美的AMPS;② 北欧的NMT-450/900;③ 英国的TACS。它们的工作频带都在450 MHz和900 MHz附近,载频间隔在30 kHz以下。我国第一代模拟移动通信系统采用的是TACS系统。

鉴于移动通信用户的特点,一个移动通信系统不仅要满足归属区域内、越区及越局范围内自动转接信道的功能,还应具有处理漫游用户呼叫(包括主被叫)的功能。因此移动通信系统不仅希望有一个与公众网之间开放的标准接口,还需要一个开放的开发接口。由于移动通信是基于固定电话网,因此各个模拟通信移动网的构成方式有很大差异。

鉴于模拟移动通信的局限性,尽管模拟蜂窝移动通信系统有了一定的发展,但也有它致命的弱点,具体如下:

(1) 各系统间没有公共接口。
(2) 无法与固定网迅速向数字化推进相适应,数字承载业务很难开展。
(3) 频率利用率低,无法适应大容量的要求。
(4) 安全利用率低,易于被窃听,易做"假机"。

这些致命的弱点妨碍了其进一步发展,因此模拟蜂窝移动通信逐步被数字蜂窝移动通信所替代。然而，在模拟系统中的组网技术仍在数字系统中得到应用。

2. 第二代——数字蜂窝移动通信系统

由于 TACS 等模拟制式存在各种缺点，因此 20 世纪 90 年代开发出了以数字传输、时分多址和窄带码分多址为主体的移动电话系统，称之为第二代移动通信系统(2G)，其代表系统可分为两类。

1) TDMA 系统

TDMA 系统中比较成熟和最有代表性的制式有泛欧 GSM、美国 D-AMPS 和日本 PDC。

(1) 欧洲邮电联合会 CEPT 的移动通信特别小组在 1988 年制定了 GSM 第一阶段标准——phase1，其工作频带为 900 MHz 左右，于 1990 年投入商用；同年，应英国要求，工作频带为 1800 MHz 的 GSM 规范产生，并被称为 DCS1800。

(2) D-AMPS 于 1989 年由美国电子工业协会(EIA)完成技术标准制定工作，1993 年正式投入商用。它是在 AMPS 的基础上改造而成的，数模兼容，基站和移动台比较复杂。

(3) 日本的 JDC(现已更名为 PDC)技术标准于 1990 年制定，1993 年投入使用，仅限于在日本使用。

上述系统的共同点是数字化、时分多址、保密性好、语音质量比第一代移动通信的好、可传送数据及可自动漫游等。

三种不同制式各有其优点：PDC 系统频谱利用率很高；D-AMPS 系统容量最大；GSM 技术最成熟，而且它以 OSI 为基础，技术标准公开，发展规模最大。

2) N-CDMA 系统

N-CDMA(码分多址)系统主要是以 Qualcomm 公司为首研制的基于 IS-95 的 N-CDMA(窄带 CDMA)系统。北美数字蜂窝系统的规范是由美国电信工业协会制定的，1987 年开始系统研究，1990 年被美国电子工业协会接受。由于北美地区已经有了统一的 AMPS 模拟系统，因此该系统按双模模式设计，随后频带扩展到 1900 MHz，即基于 N-CDMA 的 PCS1900。

3. 第三代移动通信系统——IMT-2000

随着用户数的不断增长和数字通信的发展，第二代移动电话系统逐渐显示出它的不足之处。首先是频带太窄，不能提供如高速数据、慢速图像与电视图像等的各种宽带信息业务；其次是 GSM 虽然号称"全球通"，实际未能实现真正的全球漫游，尤其是在移动电话用户较多的国家，如美国、日本等均未得到大规模的应用。而随着科学技术和通信业务的发展，所需要的将是一个综合现有移动电话系统功能和提供多种服务的综合业务系统，所以国际电联要求在 2000 年实现第三代移动通信系统(3G)，即 IMT-2000 的商用化。IMT-2000 的关键特性有：① 包含多种系统；② 标准适用于全球任何国家；③ IMT-2000 网内业务与固定网络的业务兼容；④ 高质量；⑤ 世界范围内使用的小型便携式终端。

1) IMT-2000 的频谱分配

1992 年世界无线电管制大会规定 IMT-2000 频谱的分配如下：

上行频段：1885 MHz～2025 MHz；下行频段：2110 MHz～2200 MHz。

移动卫星业务频段：1980 MHz～2010 MHz；2170 MHz～2200 MHz。

从上面的分配可以看出,其上、下行频段是不对称的,因此有的系统提出利用不对称的频段以 TDD 方式提供业务。但是在 IMT-2000 频谱分配上,各国家和地区的考虑并不相同,不可能完全遵照这样的频谱安排。

2) IMT-2000 标准化组织

世界上许多组织参与了 3G 标准的制定工作,主要标准化组织有 ETSI(欧洲)、T1(美国)、CWTS(中国)、TTA(韩国)、ARIB(日本)、TTC(日本)等。

(1) 第三代移动通信合作伙伴项目(3GPP)。第三代移动通信合作伙伴项目(3G Partnership Project,3GPP)是 3G 技术规范机构,由欧洲的 ETSI、日本的 ARIB 和 TTC、韩国的 TTA 以及美国的 T1 电信标准委员会在 1998 年年底发起,并于 1998 年 12 月正式成立。3GPP 组织机构分为项目合作和技术规范两大职能部门。项目合作部(PCG)是 3GPP 的最高管理机构,负责全面协调工作;技术规范部(TSG)负责技术规范制定工作,受 PCG 管理。

中国无线通信标准组织(China Wireless Telecommunication Standard,CWTS)于 1999 年 6 月在韩国正式签字加入 3GPP,成为 3GPP 的组织伙伴,在此之前,我国是以观察员的身份参与 3GPP 的标准化活动的。

3GPP 的宗旨是研究制定并推广基于演进的 GSM 核心网络的 3G 标准,即制定以 GSM 移动应用部分(GSM Mobile Application Part,GSM MAP)为核心网,通用陆地无线接入网(Universal Terrestrial Radio Access,UTRA)为无线接口的标准。3GPP 已制定了 WCDMA、CDMA-TDD(含 TD-SCDMA 和 UTRA-TDD,其中 TD-SCDMA 标准由中国提出)、EDGE 等标准,2002 年 6 月已发布了三个版本的 UMTS 标准 R99、R4、R5,正在制定 R6 和 LTE 的有关标准。

(2) 第三代移动通信合作伙伴项目二(3GPP2)。第三代移动通信合作伙伴项目二(3G Partnership Project,3GPP2)是由美国的 TIA、日本的 ARIB 和 TTC 以及韩国的 TTA 等发起的,于 1999 年 1 月正式成立。中国无线通信标准组织(CWTS)于 1999 年 6 月在韩国正式签字加入 3GPP2,成为 3GPP2 的组织伙伴。

3GPP2 的宗旨是制定以 ANSI/IS-41 为核心网,以 CMDA 2000 为无线接口的标准。ANSI(American National Standards Institute)是美国国家标准学会,IS-41 协议是 CDMA 第二代数字蜂窝移动通信系统的核心网移动性管理协议。3GPP2 已制定了 CDMA 2000 标准,已发布了 Release 0、Release A、Release B、Release C、Release D 标准,正在制定 AIE 有关标准。

3GPP 和 3GPP2 的目标是实现由 2G 网络向 3G 网络的平滑过渡,保证未来技术的后向兼容性,支持轻松建网及系统间的漫游和兼容性。

国际上,3G 系统主流标准有 WCDMA、CDMA 2000 和 TD-SCDMA(Time Division-Synchronous Code Division Multiple Access)三个,并都已经开始商用。

伴随着世界移动通信的发展,中国移动通信技术的研究及应用均获得了快速的发展。在第一代模拟移动通信的发展中,中国基本上全部采用国外进口设备。从第二代数字移动通信系统技术开始,中国逐步实现了自主开发与制造,并在此基础上自主地进行核心技术的创新,技术水平得到了快速的提高。在发展第三代移动通信技术的过程中,中国在 1998 年提出了自主知识产权的系统标准 TD-SCDMA,并为国际电信联盟 ITU(International

Telecommunications Union)接纳,成为国际上三个主流的 3G 通信标准之一。TD-SCDMA 是中国在通信领域第一次系统性地提出国际标准,在移动通信技术上的这一重大进步,标志着从第三代移动通信开始,中国的移动通信技术已经发展到具备直接参与国际竞争的能力。2008 年,TD-SCDMA 系统产品在技术上逐渐成熟,并在产业化方面取得了重大进展,开始在国内京津沪等 8 个城市进行试商用。

4. 第四代移动通信系统(4G)

从 2004 年底到 2005 年初,3GPP 一直在进行 R6 的标准化工作,其主要特性是可进行 HSUPA 和 MBMS(多媒体广播组播业务)。此时,IEEE-SA 组织中进行标准化的 802.16e 宽带无线接入标准化进展迅速,对以传统电信运营商、设备制造商和其他产业环节为主组成的 3GPP 构成了实质性的竞争威胁。802.16a 和 WiMAX 技术是"宽带接入移动化"思想的体现。WiMAX 的主要空中接口技术是 OFDMA 和 MIMO,支持 10 MHz 以上的带宽,可以提供数十兆位每秒的高速数据业务,并能够支持车载移动速度。相比之下,WCDMA 单载波速率仅为 14.4 Mb/s。OFDMA 本身具有大量正交窄带子载波构成的特点,允许系统灵活扩展到更大带宽;而 5 MHz 以上的带宽 CDMA 系统会面临频率选择性衰落环境下接收机复杂等问题。因此,3GPP 迫切需要提出新标准对抗 WiMAX。在这种形势下,LTE 就应运而生了。

2008 年 12 月,3GPP 工作组完成了所有的性能规格和协议,并且公布了 3GPP R8 版本作为 LTE 的主要技术标准。3GPP 最终在提交对六个候选方案中选择了多址方式下行采用 OFDMA,上行采用 SC-FDMA,舍弃了 3G 核心技术 CDMA。LTE 系统具有 TDD 和 FDD 两种模式,与 3G 时代不同,这两种模式具有相同的基础技术和参数,也是用统一的规范描述的。LTE 核心网层面同样进行了革命性变革,核心网仅含分组域,并引入了 SAE,且控制面和用户面分离。LTE 网络中的网元进行了精简,取消了 RNC,整个网络向扁平化方向发展。

R8 之后的 R9 对 LTE 标准进行了修订和增强,其主要内容有:WiMAX-LTE 之间的移动性、WiMAX-UMTS 之间的移动性、Home Node B/eNode B、各种一致性测试等。

ITU 在探索 3G 之后下一代移动通信系统的概念和方案过程中,于 2005 年将 B3G 正式定名为 IMT-Advanced。2007 年 11 月世界无线电大会(WRC-07)为 IMT-Advanced 分配了频谱,进一步加快了 IMT-Advanced 技术的研究进程。2008 年 3 月,ITU-R 发出通函,向各成员征集 IMT-Advanced 候选技术提案,算是正式启动了 4G 标准化工作。2009 年,在其 ITU-R WP5D 工作组第 6 次会议上收到了六项 4G 技术提案,分别由 IEEE、3GPP、日本(两项)、韩国和中国提交。2010 年 10 月 21 日,ITU 完成了六个 4G 技术提案的评估;最后将三个基于 3GPP LTE-Advanced 的方案融合为 LTE-Advanced,它是 LTE 的增强型技术;另一个三个基于 IEEE802.16m 的方案融合为 WirelessMAN- Advanced,它是 802.16e 的增强型技术;完成了 IMT-Advanced 标准建议 IMT.GCS。2012 年,ITU-R WP5D 会议正式审议通过了 IMT.GCS,确定了官方的 IMT-Advanced 技术。至此,业界一致认为这是正式的 4G 标准,而之前的 LTE 和 802.16e 需求未达到 IMT-Advanced 的性能要求,但关键技术具有 4G 特征,并能平滑演进到 4G,所以将它们称为准 4G,或 3.9G,属于 4G 阵营。

4G 所能提供的业务包括了高质量的影像多媒体业务在内的各种数据业务、话音业务。

4G 的网络结构将是一个采用全 IP 的网络结构。4G 网络要采用许多新的技术和新的方法来支撑，包括：自适应调制和编码技术(AMC)、自适应混合(ARO)技术、MIMO(多输入多输出)和正交频分复用(OFDM)技术、智能天线技术、软件无线电技术等。另外，为使 4G 与各种通信网融合，4G 网络必须支持多种协议。

4G 网络结构的概念如图 1-1-1 所示。其中，IP 核心网(CN，Core Network)，它不仅仅服务于移动通信，还作为一种统一的网络，支持有线和无线接入。它的主要功能是完成位置管理和控制、呼叫控制和业务控制。4G 无线接入网(eNode B)，它主要完成无线传输和无线资源控制，移动性管理则是通过 CN 和 RAN 共同完成的。

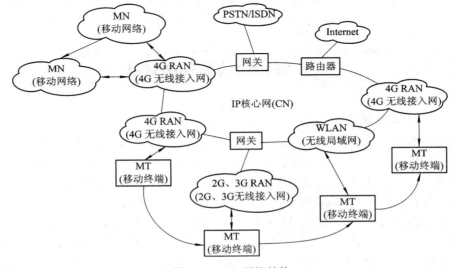

图 1-1-1 4G 网络结构

移动网络(MN，Movable Network)：当一个处于移动的 LAN 需要接入 4G 网络时，就需要通过 MN 进行接入，因此 MN 就像一个为小型网络提供接入的网关。

在 4G 系统中，网元间的协议是基于 IP 的，每一个 MT(移动终端)都有各自的 IP 地址。当 4G 网与其他网络连接时，如 PSTN/ISDN 则需要网关进行连接。另外，与传统的 2G、3G 接入网连接时也需要相应的网关。

由上述结构可以看出，4G 的网络应该是一个无缝链接(Seamless Connection)的网络，也就是说，各种无线和有线网都能以 IP 协议为基础连接到 IP 核心网。当然，为了与传统的网络互联，则需要用网关建立网络的互联。

1.2 移动通信的特点

通话的双方，只要有一方处于移动状态，即构成移动通信方式。移动通信是有线通信的延伸，与有线通信相比，它具有以下特点。

1. 终端用户的移动性

移动通信的主要特点在于用户的移动性，需要随时知道用户的当前位置，以完成呼叫、接续等功能；用户在通话时的移动性还涉及到频道的切换问题等。

2. 无线接入方式

移动用户与基站系统之间采用无线接入方式，需要考虑频率资源的有限性、用户与基站系统之间信号的干扰(频率利用、建筑物的影响、信号的衰减等)、信息(信令、数据、话路等)的安全保护(鉴权、加密)等问题。

3. 漫游功能

移动通信的漫游功能主要指移动通信网之间的自动漫游、相同制式移动通信网之间的自动漫游、移动通信网与其他网络的互通(公用电话网、综合业务数字网、数据网、专网、现有移动通信网等)等，可实现包括电话业务、数据业务、短消息业务、智能业务等多种功能。

1.3 移动通信面临的挑战

1. 传播环境的复杂性

移动通信面临的技术挑战主要源自复杂的无线信道传播环境。有线通信使用特性稳定的传输媒介，传输环境是稳定的和可预测的。无线通信使用无线信道作为传输媒介，传播环境复杂多变。在发射机到达接收机的传播路径上，很少出现简单的视线传播(Line of Sight，LoS)情况。多数情况下，电磁波在传播过程中会受到许多地物的反射、绕射或散射的影响。反射和散射使得自发射机发出的信号可能经过多条路径到达接收机，这就是多径传播现象。多径传播使电磁波的传播衰减增大，产生严重影响通信效果的多径衰落现象。而且，有时引起多径传播现象的物体还处于运动之中，这使得准确地预测任意位置上的无线接收信号电平基本上是不可能的。同时，绕射增大了地物阴影区的信号电平，使得接收机在许多地物阴影区也能够工作，但绕射损耗一般都很大，当接收机处于大型地物的阴影区时，接收信号电平一般达不到正常接收的水平。另外，多径传播还会产生信号的时延扩展和频谱扩展，时延扩展使得前一脉冲符号因时延与后一脉冲符号重叠，在接收端导致符号间相互干扰。频谱扩展决定了信号的时域衰落波形。

移动通信系统的设计依据是对无线传播环境的研究，因此无线传播环境是无线通信技术研究的主要内容之一，通过研究无线传播环境的复杂特性以及可以在技术上采取特殊的措施，从而有效地提升移动通信系统的性能。

2. 用户的可移动性

用户的可移动性对系统设计有着重要的影响。一方面，移动增加了无线信道的复杂性，导致无线信道是一个时变的多径信道；另一方面，系统对移动用户的管理也是一个比较复杂的过程，系统在任何时候都需要确定用户的位置，并且能够跟踪用户，对用户提供服务，而不能使用户对这个管理过程有任何觉察。

鉴于以上这些特点，移动通信系统要比固定网络通信复杂得多。

3. 频谱资源有限

无线电频谱是一种资源，这种资源具有以下主要特点：一是有限性，频率资源在空间、时间和频率三维要素可以重复使用，但是一定条件下对某一频段和频率的利用又是有限的；二是非耗竭性，频率资源不同于土地、水、矿产等一类再生或非再生资源，不利用是一种浪费，使用不当也是一种浪费，甚至造成危害；三是固有性，频率的传播不受行政区域限制，既无省界也无国界；四是易受污染性，电磁波在空中传播容易受到自然噪声和人为噪声的干扰。由于无线电频谱具有以上这些特点，无线频谱的使用是通过国际协议进行管制的，在中国则是由国家无线电管理部门进行管理的。

在建设公众服务无线网络时，从国家无线电管理部门得到的无线频谱总是非常有限的。而运营者总是力求获得大的无线服务区域和尽可能大的无线系统容量，这就需要使用许多的无线通信设备协同工作。为了消除干扰，相邻位置的不同无线连接不得使用同一频率，否则相邻的无线设备容易出现相互干扰。因此就出现了有限的频率资源与大的网络覆盖及系统容量之间的矛盾。增加频谱效率的各种方法就成为无线通信技术研究的核心问题之一。

频谱效率是描述频谱重复使用效率的概念，其定义为每单位带宽或单位面积上可以达到的业务密度。对于话音业务，频谱效率的单位是 $Erlang/(Hz \cdot m^2)$，对于数据业务，则为 $bit/s/Hz/m^2$。由于无线系统运营商的网络覆盖区域和可获得的频谱带宽是一定的，增加系统容量的唯一方法就是提高频谱效率。20世纪60年代提出的蜂窝概念使得有限的无线频谱可以重复使用(称为频率复用)，为解决频谱资源不足和用户容量问题的矛盾提供了最有效的解决办法，大大提高了无线通信系统的频谱使用效率，从而促进了无线通信的快速发展和应用。

然而，随着无线通信技术的飞速发展，适用不同业务要求的各种移动通信系统体制也不断涌现，其中最广泛使用的蜂窝移动通信系统是需要通过授权使用无线频谱。移动通信业务的迅速发展使得频谱资源变得越来越紧张，使得无线频谱资源的分配与管理越来越困难。

1.4 移动通信技术的发展趋势

1. 移动业务走向数据化

在固定通信领域，语音业务正受到数据业务的强有力挑战。与固定通信相比，移动通信目前的语音通信显然占绝对优势，随着新技术的引入，移动数据业务已开始呈现蓬勃发展的景象，WAP在现有窄带移动网络上的实现，已经使移动通信能提供低速率的信息访问。目前，通过GPRS等技术对GSM移动网络的改造可使它能提供更高带宽的数据业务，能够更快速地上网浏览和开放其他信息服务，第三代移动通信系统更是以能够提供宽带的多媒体数据业务为一个主要出发点。

2. 三大主体结构为未来移动通信系统提供良好的发展空间

未来的移动通信系统的三大主体结构如下：
(1) 设备制造商负责制造向用户提供服务的移动通信系统设备和终端。
(2) 服务运营商负责向用户提供移动通信业务服务。
(3) 业务设计商负责向运营商提供用户喜闻乐见的业务形式和业务内容。

这种分为三大主体结构的移动通信系统体系,是为了适应移动通信的业务内容在未来将从单纯提供语音业务向提供包括语音在内的多媒体业务的发展这样一个趋势。在移动通信系统需要提供多媒体业务的条件下,很多业务是不可能在设备制造阶段预见到的。因此,设备的制造就应该尽可能与业务的设置相独立。

从这个意义上讲,未来移动通信的发展不仅将为设备制造商和业务运营商提供更大的市场空间,也将造就一个庞大的业务服务群体,并为其提供良好的市场空间。

3. 5G 的研究和部署

国际电信联盟(ITU)从 2012 年开始组织全球业界开展 5G 标准化前期研究,持续推动全球 5G 共识形成。截至 2015 年 6 月,ITU 已确认将我国主推的 IMT-2020 做为唯一的新一代 IMT 系统候选名称上报至 2015 无线通信大会(RA-15)讨论通过,并顺利完结了 IMT-2020 愿景阶段的研究工作。根据 ITU 提出的 IMT-2020 工作计划,2016 年初我国启动 5G 技术性能需求和评估方法研究,2017 年底启动 5G 候选提案征集,2018 年底启动 5G 技术评估和标准化,并于 2020 年底完成标准制定。

ITU 提出了 5G 系统的八个关键能力指标。除传统的峰值速率、移动性、时延和频谱效率之外,ITU 还提出了用户体验速率、连接数密度、流量密度和能效四个新增关键能力指标,以适应多样化的 5G 场景及业务需求。其中,5G 用户体验速率可达 100 Mb/s~1 Gb/s,能够支持移动虚拟现实等极致业务体验;5G 峰值速率可达 10~20 Gb/s,流量密度可达 10 Mb/s/m^2,能够支持未来千倍以上移动业务流量增长;5G 连接数密度可达 100 万个/km^2,能够有效支持海量的物联网设备;5G 传输时延可达毫秒量级,可满足车联网和工业控制的严苛要求;5G 能够支持 500 km/h 的移动速度,能够在高铁环境下实现良好的用户体验。此外,为了保证对频谱和能源的有效利用,5G 的频谱效率将比 4G 提高 3~5 倍,能效将比 4G 提升 100 倍。IMT-2020 与 IMT-A 关键能力对比如图 1-4-1 所示。(数据来源:参考国际电信联盟《IMT 愿景》研究报告)

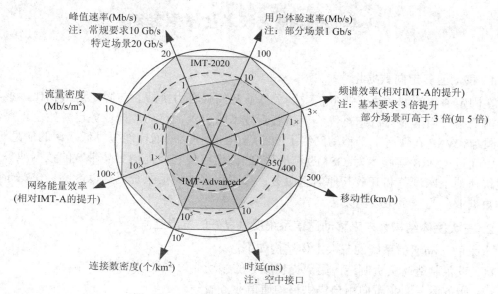

图 1-4-1　IMT-2020 与 IMT-A 关键能力对比

5G 系统将建立在 4G 系统基础之上，是传统互联网业务与当前移动网络标准相互融合的演进系统，被称为在高速宽带异构网络中传输的"移动互联网"。

相关组织提出转向用户群和专业技术的创新性研究理念，其中很多理念都来自于 5G 白皮书、国际研究工作组和技术论坛。目前报道的大多工作都是分散的，缺乏关联性，主要聚焦于一些特定的技术，如小小区、网络编码或云网络等。下面介绍几个可能用于 5G 的技术理念。

1) 小小区

面对指数级增长的数据业务和数据速率的要求，5G 系统需要更多的频谱、更高的频谱效率、更高的小区密集度。频谱资源的增加和频谱效率的提高虽然可以缓解业务增长的需求，但预计到 2020 年也不足以满足业务需求。因此，既需要可以增加频谱效率的技术，也需要部署基于分布式协作节点的异构密集网络。通过先进的小区间干扰管理技术，可以增加系统级频谱效率。目前频谱效率一般在 0.5～1.4 b/s/Hz/小区；通过使用先进的接收机、多天线、多小区协作传输等技术，可使得平均频谱效率提升到 5～10 b/s/Hz/小区。而且在密集的环境中，基站密度也会显著增加。在家庭和小办公区域中会部署大量的小小区/家庭基站，并从宏基站中分流业务流量。

5G 网络中提出的小小区严格意义上是指工作在授权频段上的低功率无线接入点。它不仅可以改善家庭或企业的蜂窝覆盖、容量和应用体验，也可以改善城市和郊区公共区域的网络性能。

从广义上讲，尽管密集部署的基于无线局域网的 IEEE802.11 网络工作在非授权频段，且不确定是否在运营商/服务提供商的管控之下，但它们也可以归为小小区的范围内。现已成熟的 LTE 网络中的小小区往往也包含了某些 WiFi 的功能。

小小区也是异构网络(Heterogeneous Networks, HetNets)的重要组成部分，它的目标是提供更高的容量、增加频谱效率和改善用户体验，同时减少传输数据的每比特成本。然而，HetNets 的范围不仅包括小小区，也包括多重网络架构、多层级和多 RAT(Radio Access Technology，无线接入技术)，它们必须可以共存且相互辅助。对于异构网络，也需要更加复杂的工具来管理干扰、不同业务类型和高级服务。超密集异构网络的关键挑战是多层异构密集网络中管理的复杂性和网络运营的优化。

2) 大规模 MIMO 技术

MIMO 技术已经广泛应用于 LTE/LTE-A，但是由于空间和实现复杂度等技术原因，收发端配置的天线数量不多，LTE 系统中最多 4 根，LTE-A 中 8 根。在大规模 MIMO 中，基站配置几十到几百根天线，同一时段资源同时服务若干用户。

天线阵列由原来的 2D 拓展成 3D，形成新型的 3D-MIMO 技术，支持多用户波束智能赋形，减少用户间干扰，结合高频段毫米波技术，将进一步改善无线信号覆盖性能。

在实际空间传输过程中，无线信号会经过散射、反射和折射。当信号到达接收端时，信号能量不仅分布于水平平面，同时也分布于垂直平面。Alexander Kuchar 等人研究了城市宏小区中无线信号传播特征后指出，在城市宏小区场景中，用户端接收的散射信号具有环状矩形分布。由于受到城市中狭窄街道和强散射的影响，几乎没有直射信号到达用户端，并且大部分信号能量分布在水平面以上，其中 65%的信号能量位于垂直平面角度 10°以上。

Kimmo Kalliola 等人研究了在不同传播场景中，移动用户端无线信号的能量分布和平均有效信道增益。研究表明，在非直射场景中，接收信号能量在垂直平面上的角度分布，具有双边指数函数的特性，其峰值和斜度取决于传播场景和基站的高度。

在传统 2D-MIMO 技术中，认为无线信号能量仅仅分布于水平平面。在基站端，无线信号的波束在垂直平面是固定的，可通过天线的电子下倾角固定。在 3D-MIMO 技术中，利用无线信号能量同时分布于水平平面和垂直平面的特性，基站端天线的电子下倾角可以根据用户的位置自适应调整，使发送信号波束可以在实际的三维空间中更加准确地指向用户。

3) 自组织网路

自组织网络的目的是降低运营成本，且有效减少人工参与，其解决方案的思路是在网路中引入自组织能力即网络智能化，包括自配置、自由化、自愈合等，实现网络规划、部署、维护、优化和排障等各个环节的自动运行，最大限度地减少人工干预。针对 LTE、LTE-A、WiFi 的 SON 技术已经完善，但是都是面向各自网络的，需要研究支持协同异构网络的 SON 技术。

4) 软件定义无线网络 SDN

软件定义无线网络 SDN 源于 Internet 的新技术。传统 Internet 网络架构中，控制和转发集成在一起，网络互联节点是封闭的，转发控制必须在本地完成，控制功能复杂。为了解决这个问题，其基本思路是将路由器中的路由决策等控制功能从设备中分离出来，统一由中心控制器通过软件来控制，实现控制和转发分离，从而使控制更为灵活，设备更为简单。

5) 内容分发网络 CDN

内容分发网络 CDN 是为了解决互联网访问质量而提出的，因传统内容的发布由内容提供商的服务器完成，访问量急剧增加，服务器处于重负荷状态，拥塞问题突出，响应速度受到影响，服务质量差。CDN 通过在网络中采用缓存服务器，将这些缓存器分布到用户访问相对集中的地区或网络，根据各网络流量和各节点的连接、负载状况以及到用户的距离和响应时间等综合信息，将用户请求重新导向离用户最近的服务节点上，使用户可就近取得所需内容，提高响应速度。

6) 高频段传输

移动通信系统的主要频段在 3 GHz 以下，这使得频谱资源非常拥挤，而在高频段，如毫米波，可用频谱资源丰富，能够有效缓解频谱资源紧张的现状，可以实现极高速短距离通信，支持 5G 容量和传输速率等方面的需求。

高频段的移动通信中的应用是未来的发展趋势，业界对此高度关注。足够量的可用带宽、小型化的天线和设备、较高的天线增益是高频段毫米波移动通信的主要优点，但也存在传输距离短、穿透和绕射能力差、容易受气候环境影响等缺点。射频器件、系统设计等方面的问题也有待进一步研究和解决。目前正在积极开展高频段需求研究以及潜在候选频段的遴选工作。高频段资源虽然目前较为丰富，但是仍需要进行科学规划，统筹兼顾，从而使宝贵的频谱资源得到最优配置。

思 考 题

1-1　移动通信的特点是什么？
1-2　移动通信的发展趋势是什么？
1-3　目前移动通信系统经历了哪些发展阶段？
1-4　我国正在使用的陆地移动通信系统有哪些？
1-5　5G 的发展趋势是什么？

第 2 章 GSM 移动通信系统

2.1 概 述

2.1.1 GSM 的发展历史

全球移动通信系统(GSM)的开发始于 1982 年,是迄今为止最为成功的移动通信系统。

欧洲电信标准协会(European Telecommunications Standardization Institute,ETSI)的前身欧洲邮政电信管理会议(Conference of European Posts and Telecommunications,CEPT)成立了移动特别行动小组(Groupe Spécial Mobile,GSM),该小组得到了对有关泛欧数字移动通信系统的诸多建议进行改进的授权。

1986 年,该小组在巴黎对欧洲各国及各公司经大量研究和实验后所提出的 8 个建议系统进行了现场实验。

1987 年 5 月,GSM 成员国就数字系统采用窄带时分多址 TDMA、规则脉冲激励线性预测 RPE-LTP 语音编码和高斯滤波最小移频键控 GMSK 调制方式达成了一致意见。同年,欧洲 17 个国家的运营者和管理者签署了谅解备忘录(MOU),相互达成履行规范的协议。与此同时,还成立了 MOU 组织,致力于 GSM 标准的发展。

1990 年,MOU 组织完成了 GSM900 的规范,共产生大约 130 项的全面建议书,不同建议经分组而成为一套 12 系列。

1991 年在欧洲开通了第一个系统,同时 MOU 组织为该系统设计和注册了市场商标,将 GSM 更名为"全球移动通信系统(Global System for Mobile Communications)"。从此,移动通信跨入了第二代数字移动通信系统。同年,移动特别小组还完成了制定 1800 MHz 频段的公共欧洲电信业务的规范,命名为 DCS1800 系统。该系统与 GSM900 具有同样的基本功能,因而该规范只占 GSM 建议的很小一部分,仅将 GSM900 和 DCS1800 之间的差别加以描述,绝大部分二者是通用的,它们均可统称为 GSM 系统。

1992 年,大多数欧洲 GSM 运营者开始商用业务。到 1994 年 5 月,已有 50 个 GSM 网在世界上运营;到 10 月,总客户数已超过 400 万,国际漫游客户每月呼叫次数超过 500 万,客户平均增长超过 50%。1993 年欧洲第一个 DCS1800 系统投入运营。

GSM 用户遍及欧洲、亚洲、非洲、美洲、大洋洲等 130 多个国家和地区。可以说,GSM 是目前世界上使用最广、用户数最多、发展最成功的无线系统标准。

2.1.2 GSM 的特点

相对于第一代模拟移动通信系统,GSM 系统具有以下特点:

(1) 频谱效率高。由于采用了高效调制器、信道编码、交织、均衡和语音编码技术，使系统具有更高的频谱效率。

(2) 容量大。由于每个信道传输带宽增加，使同频复用载干比要求降低至 9 dB，故 GSM 系统的同频复用模式可以缩小到 4/12 或 3/9，甚至更小(模拟系统为 7/21)；加上半速率语音编码的引入和自动话务分配以减少了越区切换的次数，使 GSM 系统的容量效率(每小区的信道数/MHz)比 TACS 系统高 3 倍～5 倍。

(3) 语音质量高。GSM 规范中有关空中接口和语音编码的定义以及数字传输技术的特点，在门限值以上时，语音质量总能达到标准水平而与无线传输质量无关。

(4) 提供开放的接口。GSM 标准所提供的开放性接口不仅限于空中接口，而且包括网络之间以及网络中各设备实体之间，例如 A 接口和 Abis 接口。

(5) 安全性高。通过鉴权、加密和 TMSI 号码的使用，达到安全的目的。鉴权用来验证用户的入网权利，加密用于空中接口，由 SIM 卡和网络 AUC 合作完成。TMSI 是一个由业务网络给用户指定的临时识别号，以防止有人跟踪而泄漏其地理位置或通话内容。

(6) 可与现有通信网络互连，如 ISDN、PSTN 等。与其他网络的互连通常利用现有的接口，如 ISUP 或 TUP 等。

(7) 具有漫游功能。漫游是移动通信的重要特征，它标志着用户可以从一个网络自动进入另一个网络。GSM 系统可提供全球漫游，当然也需要网络运营者之间的某些协议，例如计费。

2.2 GSM 系统结构

2.2.1 GSM 系统的总体结构

GSM 系统的总体结构如图 2-2-1 所示。由图可见，GSM 系统由移动台(MS)、基站子系统(BSS)、网络子系统(NSS)和运营支持子系统(OSS)组成。

MS 是用户直接使用的设备，也称为用户设备。MS 包括存储用户个人信息的 SIM 卡和实现移动通信的物理设备两部分。SIM 卡存储用户特有的个人信息，包括实现鉴权和加密的信息、享有的业务类型等。物理设备是实现通信功能的设备，这部分设备对所有用户都是相同的，可以是手持机、车载机等。没有 SIM 卡，GSM 移动设备本身不能参与网络工作。

BSS 负责管理 MS 与 MSC 之间的无线传输通信。BSS 包括基站控制器(BSC)和基站收发信机(BTS)两部分。每个 BSS 包括多个 BSC，BSC 经过一个专用线路或微波链路连接到 MSC 上。一般情况下，一个 BSC 可以控制多个 BTS。BSC 与 BTS 之间的接口叫做 Abis 接口，BSC 与 MSC 之间的接口叫做 A 接口。按标准规定，Abis 接口是标准化接口，但实际上不同制造商设备的 Abis 接口略有不同，所以一般情况下，GSM 系统运营商只能采用同一个制造商提供的 BTS 和 BSC 设备。A 接口也是规定的标准化接口，这个接口采用 7 号信令协议(SS7)，A 接口允许业务提供商使用不同制造厂家提供的基站和交换设备。

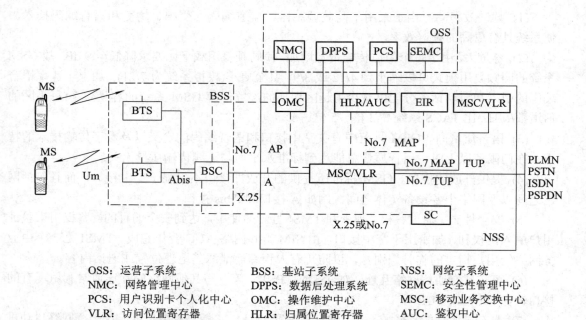

图 2-2-1　GSM 系统的总体结构

BSC 主要完成如下功能：

（1）接口管理：支持与 MSC 间的 A 接口、与 BTS 间的 Abis 接口及与 OMC 间的 X.25 接口。

（2）BTS 与 BSC 之间的地面信道管理：BSC 对 BTS 之间的无线信令链路、操作维护链路进行监测、对无线业务信道进行分配管理。

（3）无线参数及无线资源管理：无线参数包括 BTS 载频频率、空中接口是否应用了非连续接收/发射、移动台接入网最小电平设置、逻辑信道与物理信道的映射关系等。无线资源管理(RRM)包括小区内信道配置、专用信道与业务信道的分配管理、切换资源管理等。

（4）无线链路测量与话务量统计：根据移动台和 BTS 送上的无线链路测量报告，决定是否需调整 BTS 和移动台功率，或决定是否需要切换。通过对业务信道的阻塞率、呼叫成功率、越区切换频度等作出统计，为系统扩容和小区分裂等提供依据。

（5）控制小区切换：根据小区功率电平，语音质量及干扰情况，选择切换的目的对象，对于同一 BSC 控制的小区间切换，由 BSC 完全控制，而不同 BSC 控制的小区间切换则由 MSC 控制完成。

（6）支持呼叫控制：通过移动交换中心实现话路连接，还可提供主、被叫排队机制。

（7）操作与维护：收集 BSC 及 BTS 告警，并传至 OMC，同时更新自身内部资源表；配合 OMC 实现对 BSS 的软件升级。

BTS 是服务于某蜂窝小区的无线收发信设备，实现 BTS 与 MS 空中接口的功能。BTS 主要分为基带单元、载频单元和控制单元三部分。基带单元主要用于语音和数据速率适配以及信道编码等；载频单元主要用于调制/解调与发射机/接收机间的耦合；控制单元则用于BTS的操作与维护。

NSS完成系统的交换功能以及与其他通信网络(如PSTN)之间的通信连接。MSC是NSS的中心单元，控制着所有BSC之间的业务。

NSS主要由移动交换中心(MSC)、访问用户位置寄存器(VLR)、归属用户位置寄存器(HLR)、鉴权中心(AUC)、移动设备识别寄存器(EIR)等几部分构成。

MSC是整个GSM网络的核心，完成或参与NSS的全部功能，协调与控制整个GSM网络中BSS、OSS的各个功能实体。

MSC提供各种接口，如与BSC的接口，与内部各功能实体的接口，与PSTN、ISDN、PSPDN、PLMN等其他通信网络的接口，并实现各种相应的管理功能。MSC还支持一系列业务，如电信业务、承载业务和补充业务。除此之外，还支持位置登记、越区切换和自动漫游等其他网络管理功能。

VLR是服务于其控制区域内移动用户的一个寄存器，存储着进入其控制区域内已登记的移动用户的相关信息，为已登记的移动用户提供建立呼叫接续的必要条件。当某用户进入一个VLR控制的特定区域中时，移动用户要在该VLR上登记注册；然后，此VLR会通过相连MSC，将这个用户的必要信息通知该移动用户的归属位置寄存器(HLR)，同时从移动用户的归属位置寄存器(HLR)获取该用户的其他信息；一旦用户离开这个区域，此用户的相关参数将从该VLR中删除。

HLR用于存储每一个相同MSC中所有初始登记注册用户的个人信息和位置信息，包括用户识别号码、访问能力、用户类别和补充业务等数据，由它控制整个移动交换区域乃至整个PLMN。其中的位置信息由移动用户当前所在区域的VLR提供，用于为呼叫该用户时提供路由，因此HLR中存储的用户位置信息是经常更新的。

AUC存储着移动用户的鉴权信息和加密密钥，是为了防止非授权用户接入系统和防止无线接口中数据被窃。

EIR存储着移动设备的国际移动设备识别码(IMEI)，通过核查三种表格(白名单、灰名单、黑名单)使得网络具有防止非授权用户设备接入、监视故障设备的运行和保障网络运行安全的功能。

OSS是仅提供给负责GSM网络业务设备运营公司的一个子系统，该子系统用来支持GSM网络的运营及维护，这个子系统的主要功能包括三个方面：① 维护特定区域中所有的通信硬件和网络操作；② 管理所有收费过程；③ 管理网络中的所有移动设备。OSS支持一个或多个操作维护中心(OMC)，操作维护中心用于管理网络中的所有MS、BTS、BSC和MSC的性能，负责调整所有基站参数和网络计费过程。GSM网络中的每一个任务都有一个特定的OMC负责。OSS与其他GSM子系统内部相连，允许系统工程师对GSM系统的所有方面进行监视、诊断和检修。

2.2.2 GSM基站子系统结构及原理

本小节主要介绍基站子系统的硬件结构和逻辑结构，包括BTS、天馈子系统、BSC三部分。

1. BTS

图 2-2-2 显示了 BTS 的网络结构及其与基站控制器(BSC)的连接关系。

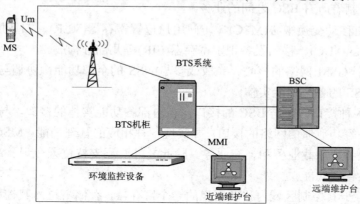

图 2-2-2 BTS 网络结构示意图

1) BTS 的逻辑功能框图

BTS 包括 BTS 设备及机柜、远端维护台、环境监控设备等。将 Abis 标准接口与 BSC 互连,通过 Um 接口与 MS 通信,主要完成 Um 接口协议和 Abis 接口协议的处理,从而实现 BSC 与 MS 之间的信息转换。一种典型 BTS 的逻辑功能框图如图 2-2-3 所示。

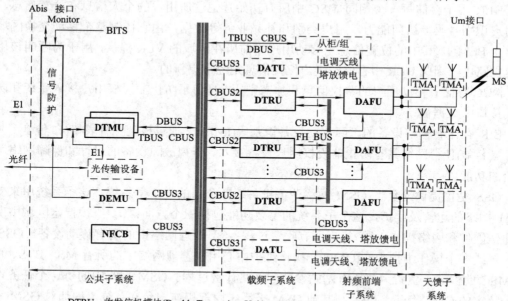

图 2-2-3 典型 BTS 的逻辑功能框图

图 2-2-3 中，BTS 主要由公共子系统、载频子系统、射频前端子系统和天馈子系统四个功能子系统组成。BTS 中有四类总线，分别是数据总线(DBUS)、控制总线(CBUS)、时钟总线(TBUS)和跳频总线(FH_BUS)。BTS 与 BSC 的连接线路采用符合欧洲标准的 2.048M 的 E1 接口线缆。下面对 BTS 的组成部分分别进行介绍。

(1) 公共子系统。BTS 的公共子系统内配置有定时/传输和管理单元(DTMU)、环境监控板(DEMU)、天线与塔放控制板(DATU)。

BTS 公共子系统提供基准时钟、电源、传输接口、维护接口和外部告警采集接口。BTS 公共子系统主要包括如下功能：E1 信号接入和防雷、环境告警采集和监控、基站时钟供给、信号防雷、开关量接入和电调天线控制及塔放馈电。

(2) 载频子系统。载频子系统分为基带部分和射频部分，主要完成基带信号处理、射频信号的收发处理、功率放大、支持发射分集和接收分集等功能。

基带处理部分完成信令处理、信道编译码、交织/解交织、调制与解调等功能。射频发送部分完成两个载波基带信号到射频信号的调制、上变频、滤波、射频跳频、信号放大、合路输出等功能；射频接收部分完成两个载波的射频信号分路、接收分集、射频跳频以及解调等功能。

(3) 射频前端子系统。射频前端子系统通过 CBUS3 总线与 DTMU 通信，完成多载波合路输出、收发信号双工、前端低噪声放大器增益控制、支持在线软件升级等功能。

(4) 天馈子系统。天馈子系统的主要功能是作为射频信号发射和接收的通道，由天线、馈线、跳线和塔顶放大器等组成。本小节后面将对天馈子系统作详细的介绍。

2) BTS 基站子系统的信号流

BTS 信号流主要由下行业务信号流、上行业务信号流、信令处理信号流三部分组成。

(1) 下行业务信号流如图 2-2-4 所示。DTMU 接收来自 BSC 的业务数据，完成数据交换和处理，然后把业务数据发送给相应的收发信机 DTRU。DTRU 完成数字滤波，经过射频电路进一步上变频、滤波放大，最后把信号传送给双工器 DDPU。DDPU 内的双工器对 DTRU 的输出信号进行双工滤波，然后把信号通过馈线和塔顶天线发射出去。

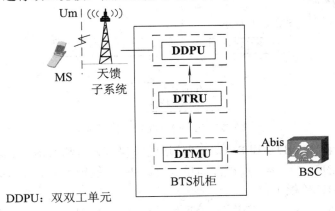

图 2-2-4 下行业务信号流图

(2) 上行业务信号流如图 2-2-5 所示。天线接收 MS 发射的上行信号，经过塔顶放大器 TMA 对接收信号放大，然后接收信号通过馈线被传送给 DDPU。DDPU 接收到上行信号，完成双工器接收滤波和低噪声放大后，传送给收发信机 DTRU。DTRU 接收 DDPU 送来的上行信号，在 DTRU 内经过放大和下变频，输出至 DTMU。DTMU 把信号通过 Abis 接口传输给基站控制器 BSC。

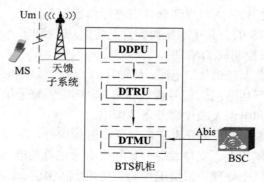

图 2-2-5　上行业务信号流图

(3) 基站的信令处理信号流如图 2-2-6 所示。Abis 接口接收来自 BSC 信令的数据，并把这些信令数据转发给 DTMU。DTMU 对信令进行判决和处理，然后把信令传送给 DTRU、DDPU。DTRU、DDPU 分别把单元状态信息上报给 DTMU。DTMU 收集所有单元状态信息后，进行分析和处理得出 BTS 的状态，然后把 BTS 状态通过 Abis 接口传送给 BSC。

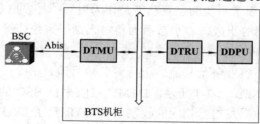

图 2-2-6　基站的信令处理的信号流图

3) BTS 软件结构

BTS 软件的结构如图 2-2-7 所示。

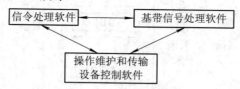

图 2-2-7　BTS 软件的结构示意图

(1) 信令处理软件。BTS 和 BSC 之间传送的不仅有语音和数据，还有信令。信令处理是 BTS 业务处理的核心内容，以载波为单位完成 BTS 的绝大部分业务处理功能。信令处理软件运行于 DTRU 单板上。

(2) 基带信号处理软件。基带信号处理软件运行于 DTRU 上，并与 DTRU 数字信号处理部分的硬件电路一起实现无线信道上的语音、数据和信令的编码、译码以及接收信号的解调工作。

(3) 操作维护和传输设备控制软件。操作维护软件运行于 DTMU 上，这是 BTS 软件的公共控制部分，也是 BTS 操作维护功能的核心，BTS 的其他各部分软件均有与它的接口。传输设备控制软件作为操作维护软件的一个模块，控制 BSC 和 BTS 之间的地面传输链路。

2. 天馈子系统

天馈子系统中各部分的连接关系如图 2-2-8 所示。

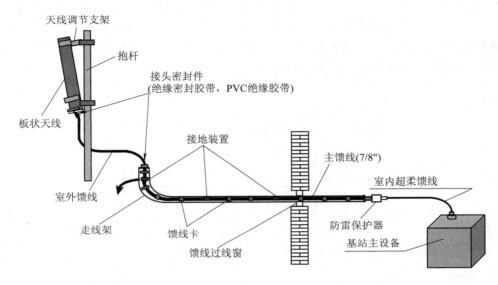

图 2-2-8　天馈子系统连接示意图

1) 天线

天线是发射的最后端和接收的最前端。天线是一种转换器，它将馈线中传输的电磁能量转换为在空间传播的电磁波，同时也将在空间传播的电磁波转换为馈线中传输的电磁能量。在移动通信系统中使用的基站天线一般为由基本单元振子组成的天线阵列。

天线的类型、增益、方位角、前后比都会影响系统性能，网络设计者可根据用户量、覆盖范围等进行选择。移动通信基站常用的天线有全向天线、定向天线、特殊天线、多天线系统等。

在蜂窝移动通信中，基站天线一般采用的都是垂直放置的线极化天线，因此会产生垂直线极化波。为了改善接收性能和减少基站天线数量，基站天线开始采用双极化天线，这样既能收发水平极化波，又能收发垂直极化波。一般采用 ±45° 极化方式，其性能优于垂直或水平极化方式。

2) 射频电缆

为减少传输损耗，BTS 采用低损耗射频电缆，主馈线电缆有 7/8 英寸、5/4 英寸等多种规格可供选择。天线到馈线、天线到塔放、机柜到避雷器之间采用 1/2 英寸超柔电缆连接。

3) 防雷保护器

防雷保护器主要用来防雷和泄流，装在主馈线与室内超柔馈线之间，其接地线穿过馈线过线窗引出室外，与塔体相连或直接接入地网。

4) 塔顶放大器

塔顶放大器简称塔放(TMA)，是一种安装在天线塔顶上的低噪声放大器模块。塔顶放大器的主要功能是将天线接收到的上行信号在经过馈线传输衰耗之前进行放大,这样可以提高基站系统的接收灵敏度,提高系统的上行覆盖范围,保证 DDPU(Dual Duplexer Unit for DTRU BTS)天馈系统接口的接收灵敏度,同时可有效降低手机的发射功率,提高通话质量。塔顶放大器为可选件,一般选配三工塔放,紧靠天线安装。三工塔放由三工滤波器、低噪声放大器和馈电三部分组成,如图 2-2-9 所示。三工塔放同时具备收发双工与塔顶放大器供电的功能。三工滤波器实际上可以看成是图中两个双工滤波器合二为一的器件,从天线来的信号首先经三工滤波器滤除带外干扰,然后由低噪声放大器将接收的弱信号放大,再用低损耗电缆将放大后的信号送到室内单元。

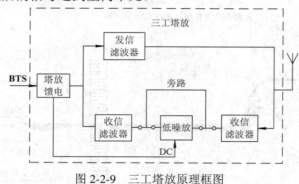

图 2-2-9 三工塔放原理框图

3. BSC

BSC 在基站子系统中所处的位置如图 2-2-10 所示。

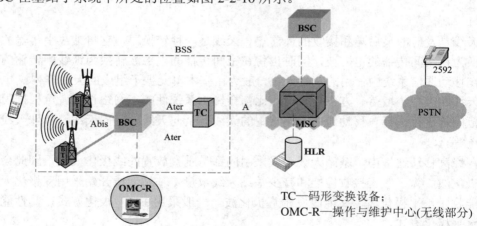

TC—码形变换设备;
OMC-R—操作与维护中心(无线部分)

图 2-2-10 BSC 在基站子系统中所处的位置

1) BSC 的传输设备

BSC 的传输设备包括三个部分。① BIE:基站接口设备(提供 Abis 接口的信令处理与信道复用功能);② SM:BSC 与 TC 间的子复用设备(将 PCM 传输线的数量降到最少),见图 2-2-11;③ TSC:码形变换器与复用器控制器(收集来自传输设备的数据)。

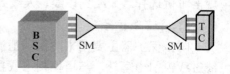

图 2-2-11 SM 所处位置示意图

2) BSC 传输设备的结构

上述 BSC 传输设备的结构图如图 2-2-12 所示,由 TSU、电源、时钟与告警、数字交换网组成。

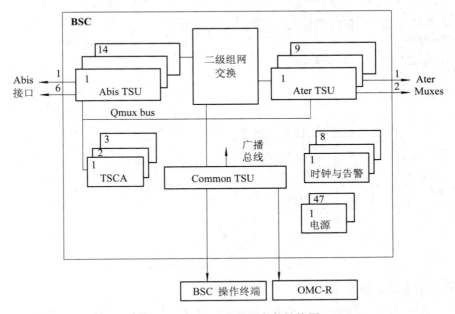

图 2-2-12 BSC 传输设备的结构图

(1) 端口子单元(TSU),是 BSC 的基本配置单位,共有三类 TSU。

① Abis TSU:负责 Abis 接口的信道与信令处理,由 TCU(收发信控制单元)、BIU(基站接口单元)与接入级(AS)交换板组成。

② Ater TSU:提供到 TC 架的连接,由 DTC(数字中继器)、SMB(多路复用器)与接入级(AS)交换板组成。

③ Common TSU:提供对 BSC 的操作维护与系统管理功能,由 CPR(公共处理器)与接入级(AS)交换板组成。所有模块均为冗余备份。

(2) 数字交换网(DCN)负责 BSC 控制单元之间的信息交互,共分为三级交换:

① AS:接入级交换网,负责将控制单元接入交换网;

② GS1:第一级组网级交换,连接接入级与二级组网级;

③ GS2:第二级组网级交换,为交换网的核心。

(3) 传输电路板的控制总线入口(TSCA)。所有 BSC 与 BTS 传输模块的配置文件均通过它下载。

(4) 电源模块(DC/DC)。提供 $N+1$ 冗余的直流电源模块。

(5) 时钟与告警模块(BCLA)。提供整个 BSC 的工作时钟,包括两种时钟板:系统时钟板(SYS BCLA),提取并产生时钟;机架时钟板(Rack BCLA),分配时钟。

每一种 BSC 的配置均以一个 Common TSU 和几个 Abis TSU 及 Ater TSU 由 DCN 连接组成,结构如图 2-2-13 所示。

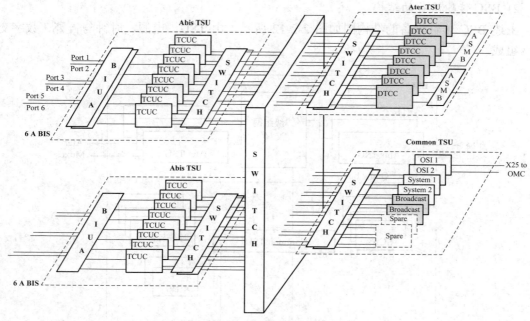

图 2-2-13 BSC 的配置结构图

4. 基站子系统的组网

基站子系统 BSS 组网指的是 BTS 与 BSC 的网络连接关系。由于一个 BSC 可以控制多个 BTS，它们之间的连接方式也就有不同的形式。一般的 BSS 都内置多种传输方式，有 E1、STM-1 等多种传输方式，也有外置的卫星传输方式及微波传输方式等，从而提供灵活的组网方式。BSS 组网方式按网络拓扑可以分为如下几种类型：星型组网、链型组网、树型组网和环型组网。

1) 星型组网

星型组网适用于一般的应用场合，在城市人口稠密的地区，这种组网方式尤为普遍。星型组网方式的优点是组网中每个 BTS 都由 E1 线直接和 BSC 相连，这种组网方式简单，维护、工程施工、扩容等都很方便。由于信号经过的环节少，因此线路的可靠性较高。缺点是星型组网方式对传输线的需要量比其他组网方式大。星型组网示意图如图 2-2-14 所示。

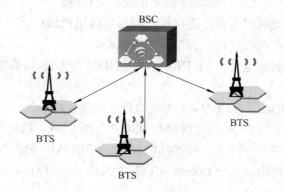

图 2-2-14 星型组网示意图

2) 链型组网

链型组网示意图如图 2-2-15 所示。链型组网适用于呈带状分布的业务区域或用户密度较小的特殊地区，如高速公路沿线、铁路沿线等。链型组网方式可以降低传输设备、工程建设和传输链路租用的成本。但链型组网信号经过的环节较多，线路可靠性较差；上级 BTS 的故障可能会影响下级 BTS 的正常运行；链型组网对串联的级数有限制，串联的节点数一般要求不超过 5 级。

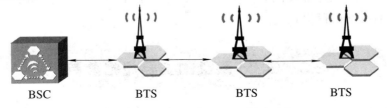

图 2-2-15　链型组网示意图

3) 树型组网

树型组网方式适用于网络结构、站点及用户密度分布较复杂的情况，比如大面积用户与热点地区或小面积用户交错的地区。树型组网传输线的消耗量小于星型组网。由于信号经过的环节多，树型组网线路可靠性相对较低，工程施工难度较大，维护相对困难；上级 BTS 的故障可能会影响下级 BTS 的正常运行；扩容不方便，可能会引起对网络的较大改造；树型组网对串联的级数有限制，一般要求串联不超过 5 级，即树的深度不要超过 5 层。树型组网示意图如图 2-2-16 所示。

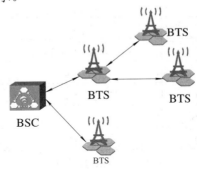

图 2-2-16　树型组网示意图

4) 环型组网

环型组网方式适用于一般的应用场合。环型网有较强的自愈能力，如果某处的 E1 损坏，环型网可以自愈成一个链型网，业务不受到任何影响。一般情况下，只要路由允许，都应尽可能组建环型网。环型组网示意图如图 2-2-17 所示。

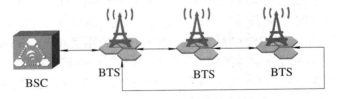

图 2-2-17　环型组网示意图

在实际的工程应用中,往往是以上各种组网方式的综合使用。合理地应用各种组网方式,可以在提供合格的服务质量的同时,节省大量的传输设备投资。

5. BSS 的操作维护子系统

操作维护子系统通过 OMC 提供对基站进行远端操作维护的功能,或是通过人机接口(MMI)终端提供对 BSS 进行本地近端操作维护的功能。两者都需要 BSS 操作维护程序的支持。操作维护程序是 BSS 软件的公共控制部分,是 BSS 操作维护功能的核心,BSS 的其他各部分程序均有与它的接口。

2.3 GSM 系统的主要规格参数

GSM 系统的主要规格参数如表 2-2-1 所示。

表 2-2-1 GSM 系统的主要规格参数

特 性		GSM900	DCS1800
发射频带/MHz	基站	935~960	1805~1880
	移动台	890~815	1710~1785
双工间隔/MHz		45	95
信道载频间隔/kHz		200	200
小区半径/km	最小	0.5	0.5
	最大	35	35
多址接入方式		TDMA/FDMA	TDMA/FDMA
调制		GMSK	GMSK
单载频数据传输速率/(kb/s)		270.833	270.833
全速率语音编译码	比特率/(kb/s)	13	13
	误差保护	9.8	9.8
语音编码算法		RPE-LTP	RPE-LTP
信道编码		具有交织脉冲检错和 1/2 编码率卷积码	具有交织脉冲检错和 1/2 编码率卷积码

1. TDMA/FDMA 多址接入方式

GSM 蜂窝系统采用时分多址(TDMA)、频分多址(FDMA)和频分双工(FDD)体制。在 25 MHz 的频段中共有 125 个射频信道,去掉上下各一个 100 kHz 的保护带宽,实际可用射频信道是 124 个。这 124 个射频信道以绝对无线信道号(ARFCN)标识。一个 ARFCN 代表一对前向和反向射频信道。对 GSM900,前向和反向信道的频率间隔为 45 MHz;对 DCS1800 和 PCS1900 系统,前向和反向信道的频率间隔为 95 MHz,每载频带宽为 200 kHz。每载波都在时间上划分成时隙(TS),一个时隙号码和 ARFCN 相结合构成前向链路和反向链路中的一个物理信道。一个时隙的时间宽为 0.577 ms,8 个时隙构成一个 TDMA 帧,一个 TDMA

帧长为 4.615 ms。GSM 系统中，物理信道、时隙、帧之间的关系如图 2-3-1 所示。

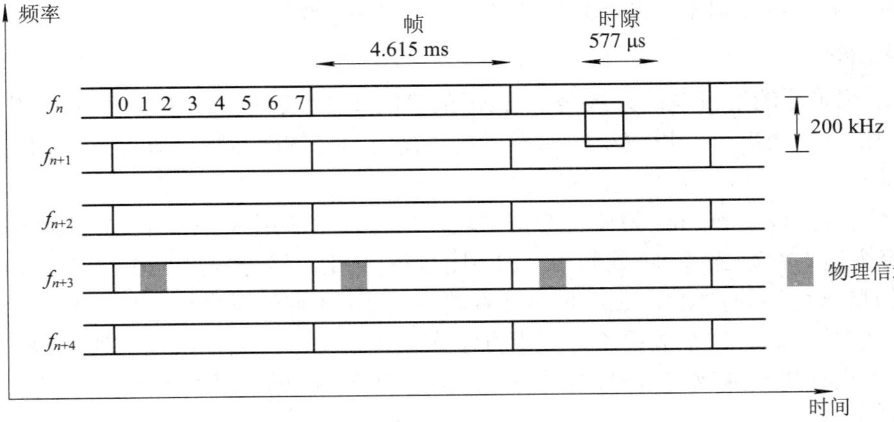

图 2-3-1 TDMA/FDMA 接入方式

2. 信道频率与绝对射频信道号之间的关系

1) GSM900

GSM900 共有 124 个可用射频信道，ARFCN 为 1～124。按照国家规定，中国移动通信公司占用 890 MHz～909 MHz/935 MHz～954 MHz，中国联合通信公司占用 909 MHz～915 MHz/954 MHz～960 MHz。

频率与 ARFCN 的关系如下：

基站收： $f_1(n) = 890.2 + (n-1) \times 0.2$ （MHz）

基站发： $f_2(n) = f_1(n) + 45$ （MHz）

2) DCS1800

DCS1800 共有 374 个频点，序号(ARFCN)为 512～885。中国移动通信公司占用 1710 MHz～1720 MHz/1805 MHz～1815 MHz，中国联合通信公司占用 1745 MHz～1755 MHz/1840 MHz～1850 MHz。

频率与序号(n)的关系如下：

基站收： $f_1(n) = 1710.2 + (n-512) \times 0.2$ （MHz）

基站发： $f_2(n) = f_1(n) + 95$ （MHz）

3. 调制方式

GSM 采用 GMSK 作为其调制方式。GMSK 是最小频移键控(MSK)的一种派生形式。与 MSK 的差别在于基带数据序列要通过一个具有高斯冲激响应(时间带宽积 $T = 0.3$)的滤波器。这种滤波的带限程度相当高。滤波器的频谱因此相当的窄，但会引入比较严重的码间干扰(ISI)。另一方面，由无线信道时延色散所引起的码间干扰通常更为严重。因而，必须采用某种均衡措施。标准并未就检测方式做出规定。差分检测、相干检测或限幅-鉴频器检测都可以被采用。

GSM 采用 0.3GMSK 调制方式。其中，0.3 表示高斯脉冲成形滤波器的 3 dB 带宽与比特周期的乘积(即 $BT_b = 0.3$)，通过使载波频率偏移 ±67.708 kHz 来表示二进制中的 0 和 1。GSM 信道的速率为 270.833 kb/s，正好是 RF 频率偏移的 4 倍，这样刚好符合 MSK 的要求，在最小频移的情况下信号的功率谱随着频率偏离中心频率的衰减最快，可以减少调制信号的占用带宽并提高信道效率，其频谱利用率为 1.35 b/s·Hz^{-1}。

4. 语音编码

GSM 系统采用的语音编码方式是 13 kb/s 的 RPE-LTP(规则脉冲激励-长期预测)。目的是在不增加误码的情况下，以较小的速率优化频谱占用，同时尽量能够得到与固定电话相同的语音质量。

首先将语音分成以 20 ms 为单位的语音块，再将每个块用 8 kHz 抽样，得到每块 160 个样本。每个样本经过 A 率 13 比特(μ 率 14 比特)的量化，又分别加上 3 个或 2 个(因为 A 率和 μ 率的量化值不同) "0"，最后每个样本就得到 16 比特的量化值，所以数字化之后得到 128 kb/s 的数据流。这个数据流太高没办法在无线信道中传播，所以需通过编码器进行压缩编码。如果使用全速率编码器，每个语音块将被编码成 260 个比特，最后形成了 13 kb/s 的编码速率。

5. 信道编码

GSM 使用的编码方式主要有块卷积码、纠错循环码、奇偶码。块卷积码主要用于纠错，当解调器采用最大似然估计方法时，可以产生十分有效的纠错结果。GSM 系统中采用的卷积编码速率为 1/2。纠错循环码主要用于检测和纠正成组出现的误码，通常和块卷积码混合使用，用于捕捉和纠正遗漏的组误差。奇偶码是一种普遍使用的、最简单的检测误码的方法。

2.4 GSM 位置区域划分及编号方式

2.4.1 GSM 位置区域的概念

GSM 系统属于小区制大容量移动通信网，在它的服务区内设置有很多基站，移动通信网在此服务区内，具有控制、交换功能，以实现位置更新、呼叫接续、越区切换及漫游等功能。

在由 GSM 系统组成的移动通信网络结构中，其相应的区域定义如图 2-25 所示。

1. 服务区

服务区是指移动台可获得服务的区域，即不同通信网的用户无需知道移动台的具体位置即可与之通信的区域。

2. 公用陆地移动通信网区域(PLMN)

PLMN 区是指整个陆地移动通信网的地理区域。在该区内具有共同的编号制度和共同的路由计划，它是独立于通信网中其他网络(如 ISDN、PSTN 网)的一个网络。

3. MSC 区

MSC 区是指由一个移动业务交换中心所控制的所有小区共覆盖的区域构成的 PLMN 网的一部分。一个 MSC 区可由若干位置区构成。

4. 位置区

位置区是指移动台可任意移动而不需要进行位置更新的区域，一个位置区可由若干个小区(或基站区)组成。为了呼叫一个移动台,可在一个位置区内所有基站同时发起呼叫。

5. 基站区

基站区是指由同一区域的一个或数个基站收发信台(BTS)包括的所有小区所覆盖的区域。

6. 扇区

扇区是指采用基站识别码或全球扇区识别码进行标识的无线覆盖区域。在使用全向天线结构时,扇区即为基站区。在设计时,一个具体化的蜂房就是一个扇区。图 2-4-1 所示为区域级别定义图。

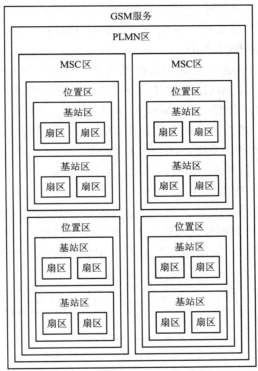

图 2-4-1 GSM 区域级别定义图

2.4.2 GSM 编号方式

GSM 网络包含无线、有线信道,并与其他网络如 PSTN、ISDN、公用数据网或其他 PLMN 网互相连接。为了将一次呼叫连续传至某个移动用户,则需要调用相应的实体。因此,正确寻址就非常重要,各种号码被用于识别不同的移动用户、移动设备以及不同的网络。

各种号码的定义及用途说明如下所述。

1. 国际移动用户识别码(IMSI)

在 GSM 系统中,每个用户均分配一个唯一的 IMSI,此码在所有位置(包括在漫游区)都是有效的。通常在呼叫建立和位置更新时,需要使用 IMSI。

IMSI 的组成如图 2-4-2 所示。IMSI 的总长不超过 15 位数字,每位数字仅使用 0~9 的数字。图中，MCC 代表移动用户所属国家代号，占 3 位数字，中国的 MCC 规定为 460；MNC 代表移动网号码，最多由两位数字组成，用于识别移动用户所归属的移动通信网；MSIN 代表移动用户识别码，用以识别某一移动通信网(PLMN)中的移动用户。

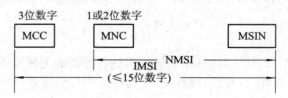

图 2-4-2　国际移动用户识别码(IMSI)的格式

MNC 和 MSIN 两部分组成国内移动用户识别码(NMSI)。

2. 临时移动用户识别码(TMSI)

考虑到移动用户识别码的安全性，GSM 系统能提供安全保密措施，即空中接口无线传输的识别码采用 TMSI 代替 IMSI，且两者之间可按一定的算法互相转换。访问位置寄存器(VLR)可给来访的移动用户分配一个 TMSI(只限于在该访问服务区使用)。总之，IMSI 只在起始入网登记时使用，在后续的呼叫中则使用 TMSI，以避免 IMSI 被窃取，防止窃听者检测用户的通信内容，或者非法盗用合法用户的 IMSI。

TMSI 总长不超过 4 个字节，其格式可由各运营部门决定。

3. 国际移动设备识别码(IMEI)

IMEI 是区别移动台设备的标志，可用于监控被窃或无效的移动设备。IMEI 的格式如图 2-4-3 所示。图中，TAC 代表型号批准码，由欧洲型号标准中心分配；FAC 代表装配厂家号码；SNR 代表产品序号，用于区别同一个 TAC 和 FAC 中的每台移动设备；SP 代表备用。

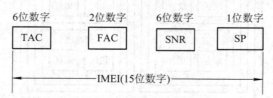

图 2-4-3　国际移动设备识别码(IMEI)的格式

4. 移动台国际 ISDN 号码(MSISDN)

MSISDN 为呼叫 GSM 系统中的某个移动用户所需拨的号码。一个移动台可分配一个或几个 MSISDN 号码，其组成格式如图 2-4-4 所示。图中，CC 代表国家代号，即移动台注册登记的国家代号，中国为 86；NDC 代表国内地区码，每个 PLMN 有一个 NDC；SN 代表移动用户号码。

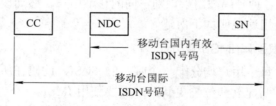

图 2-4-4　移动台国际 ISDN 的格式

国内 ISDN 号码由 NDC 和 SN 两部分组成,其长度不超过 13 位数字。国际 ISDN 号码长度不超过 15 位数字。

5. 移动台漫游号码(MSRN)

当移动台漫游到一个新的服务区时,VLR 会给它分配一个临时性的漫游号码,并通知该移动台的 HLR,用于建立通信路由。一旦该移动台离开该服务区,此漫游号码即被收回,并可分配给其他来访的移动台使用。

漫游号码的组成格式与移动台国际(或国内)ISDN 的号码相同。

6. 位置区识别码和基站识别色码

1) 位置区识别码(LAI)

当检测位置更新和信道切换时,要使用位置区识别码(LAI),LAI 的组成格式如图 2-4-5 所示。图中的 MCC 和 MNC 均与 IMSI 的 MCC 和 MNC 相同;位置区码(LAC)用于识别 GSM 移动通信网中的一个位置区,最多不超过两个字节,采用十六进制编码,由各运营部门自定。在 LAI 后面加上小区的标志号(CI)还可以组成小区识别码。

图 2-4-5 位置区识别码格式

2) 基站识别色码(BSIC)

基站识别色码(BSIC)用于移动台识别相同载频的不同基站,特别用于区别在不同国家的边界地区采用相同载频且相邻的基站。BSIC 为一个 6 比特编码,其格式如图 2-4-6 所示。图中,NCC 代表 PLMN 色码,用来识别相邻的 PLMN 网;BCC 代表 BTS 色码,用来识别相同载频的不同的基站。

图 2-4-6 基站识别色码的格式

2.5 GSM 逻辑信道和帧结构

2.5.1 GSM 逻辑信道

GSM 系统中,一个时隙构成一个物理信道。这个物理信道在不同的时间可传送用于不同功能的数据。换句话说,就是 GSM 系统中的物理信道,在不同的时间可以映射为不同的逻辑信道。GSM 逻辑信道可以分为业务信道(TCH)和控制信道(CCH)。业务信道携带的是用户的数字化语音或数据,无论是上行还是下行链路,业务信道都有同样的功能和格式。控制信道在 MS 和基站之间传输信令和同步信息,在上下行链路之间,不同的控制信道格式可能是不同的。

1. 业务信道(TCH)

TCH 携带用户数字化语音或数据信息,可分为全速率信道或半速率信道两大类。全速率传送时,用户数据在一个时隙中传送。而半速率传输时,两个用户的业务数据映射到同一个时隙上，但是采用隔帧传送的方式，因此两个半速率的用户可以共享同一个时隙，只是每隔一帧交替发送。目前 GSM 系统还是采用全速率信道传送，编码速率降低后可能采用半速率信道传送。

在 GSM 系统中，TCH 数据不会在作为广播信道频点的 TDMA 帧上传播。此外，TCH 复帧(包含 26 个 TDMA 帧)在第 13 和第 26 帧中会插入慢速辅助控制信道(SACCH)数据或空闲帧(IDLE)。如果第 26 帧中包含 IDLE 数据位，则为全速率 TCH；如果包含 SACCH 数据，则为半速率的 TCH。TCH 复帧结构如图 2-5-1 所示。

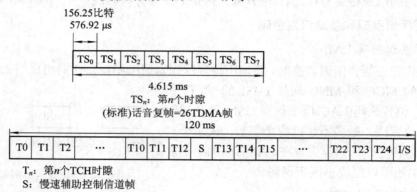

156.25比特
576.92 μs
TS_0 TS_1 TS_2 TS_3 TS_4 TS_5 TS_6 TS_7
4.615 ms
TS_n：第n个时隙
(标准)话音复帧=26TDMA帧
120 ms
T0 T1 T2 … T10 T11 T12 S T13 T14 T15 … T22 T23 T24 I/S
T_n：第n个TCH时隙
S：慢速辅助控制信道帧
I：空闲帧

图 2-5-1　业务信道复帧结构

2. 控制信道(CCH)

控制信道用于传送系统的信令和同步信号。GSM 中有三种主要的控制信道：广播信道(Broadcast CHannel，BCH)、公共控制信道(Common Control CHannel，CCCH)和专用控制信道(Dedicated Control CHannel，DCCH)。控制信道复帧包含 51 个 TDMA 帧。CCH 复帧的结构如图 2-5-2 所示。

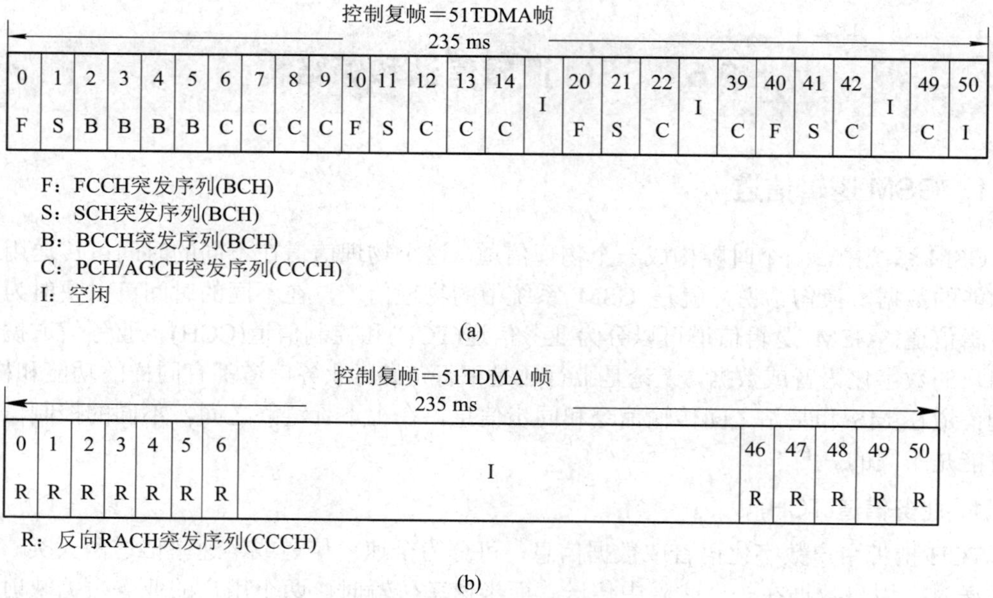

控制复帧＝51TDMA帧
235 ms
0 1 2 3 4 5 6 7 8 9 10 11 12 13 14 20 21 22 39 40 41 42 49 50
F S B B B B C C C C F S C C C I F S C I C F S C I C I
F：FCCH突发序列(BCH)
S：SCH突发序列(BCH)
B：BCCH突发序列(BCH)
C：PCH/AGCH突发序列(CCCH)
I：空闲
(a)
控制复帧＝51TDMA 帧
235 ms
0 1 2 3 4 5 6 46 47 48 49 50
R R R R R R R I R R R R R
R：反向RACH突发序列(CCCH)
(b)

图 2-5-2　控制信道复帧结构

1) 广播信道(BCH)

BCH 在一个小区的指定 ARFCN 的前向链路的特定帧 TS_0 中发送。BCH 仅使用前向链路，是一种点对多点的单方向控制信道，用于给小区内的移动用户提供同步信息，同时也被邻接小区的移动用户监测。所以，接收电平和 MAHO(Mobile Assistant Hand Over)判决可以来自小区外的用户。GSM 系统中有三种类型的 BCH。

(1) 频率校正信道(Frequency Correction CHannel，FCCH)。该信道用于 MS 的频率与基站的频率同步。在控制复帧的第 0 帧发送，每隔 10 帧重复一次。

(2) 同步信道(Synchronization CHannel，SCH)。该信道传送供 MS 进行同步和对基站进行识别的信息。SCH 紧接在控制复帧的 FCCH 帧后发送，每隔 10 帧重复一次。SCH 载有 MS 帧同步和 BTS 识别、BSIC 码、时间提前量等。

(3) 广播控制信道(Broadcast Control CHannel，BCCH)。该信道传送 BTS 的一般信息，如小区和网络的特征、小区内其他可用的信道等。在控制复帧的第 2 帧到第 5 帧发送 BCCH 数据。

2) 公共控制信道(CCCH)

CCCH 用以发送普遍使用的控制信息，如寻呼信息、信道分配信息和用户请求接入信息。CCCH 分为三种类型：

(1) 寻呼信道(PCH)。该信道是一个前向信道，用于基站寻呼 MS，通知 MS 有来自网络的呼叫。MS 在随机接入信道(RACH)上予以响应，传送被呼用户的 IMSI(国际移动用户识别码)，有时可能采用 TMSI(临时移动用户识别码)，并要求 MS 在 RACH 上回应和提供鉴权信息，短消息也在 PCH 上传送。

(2) 随机接入信道(RACH)。该信道是一个反向信道，用于 MS 对 PCH 的回应，或随机提出入网申请，即请求分配独立专用控制信道(SDCCH)。

(3) 接入认可信道(AGCH)。该信道是一个前向信道，用于基站对移动台的随机接入请求作出应答，即给移动台分配一个 SDCCH 或直接分配一个 TCH。

3) 专用控制信道(DCCH)

GSM 中有三种类型的专用控制信道，和 TCH 一样，它们也是双向传送，在上、下行链路中有相同的功能和格式，并可存在于除了 BCH ARFCN 的 TS_0 之外的任何时隙中。具体如下：

(1) 独立专用控制信道(Standalone Dedicated Control CHannel，SDCCH)。在 BTS 认可 MS 的接入请求之后，BTS 和 MSC 需要有一段时间来验证移动台的身份并为它分配业务信道。在这段时间内，SDCCH 用于保持 MS 和 BTS 的连接，传送连接 MS 和 BTS 的信令数据。SDCCH 可使用专门的物理信道，也可和 BCH 共用。

(2) 慢速辅助控制信道(Slow Associated Control CHannel，SACCH)。该信道是一个双向的点对点控制信道，用于在 MS 和 BTS 之间周期性地传送某些特定信息。例如功率和帧调整控制信息、正在服务的基站和邻近基站的信号强度数据等(用于 MAHO)。SACCH 可以与一个 TCH 信道联用，也可以与一个 SDCCH 联用。与 TCH 联用时用 SACCH/T 表示，与 SDCCH 联用时用 SACCH/C 表示。

(3) 快速辅助控制信道(Fast Associated Control CHannel，FACCH)。该信道传送的信息基本上与 SDCCH 相同。当没有为移动用户分配 SDCCH，但需要处理紧急事务(如切换请求等)时,FACCH 通过从业务信道"偷"帧来实现。当 TCH 中的两个 stealing bit(偷帧比特)被置位时,表明这个时隙中包含 FACCH,而不是 TCH。

为了更好地理解 TCH 和各种 CCH 是如何工作的,下面简要说明 GSM 系统中 MS 发出呼叫并建立通信的过程。

用户开机后,MS 监测 BCH,通过接收 FCCH、SCH、BCCH 的信息,MS 同步到就近的基站。

为了发出呼叫,用户首先要拨号,并按压 GSM 手机上的发射按钮,MS 用基站指定的随机接入信道发射 RACH 数据突发序列;然后,基站以 CCCH 上的 AGCH 信息来对 MS 作出响应,CCCH 为 MS 指定一个新的信道作为 SDCCH;这时,正在监测 CCCH 中 TS_0 的移动用户,将从 AGCH 接收到基站为它指定的绝对 ARFCN 和 TS,这一新的 ARFCN 和 TS 对应的就是分配给该 MS 的独立专用控制信道 SDCCH,MS 转移到这个 SDCCH 上,一旦转接到 SDCCH,MS 首先等待传给它的 SACCH 帧(最大等待持续 26 帧或 120 ms),该帧告知 MS 要求的定时提前量和发射机功率。

基站根据 MS 最初接入请求时在 RACH 上传输的数据,能够决定出合适的定时提前量和功率级,并通过 SACCH 向 MS 发送适当的定时提前量和功率级数据。一旦 MS 接收和处理完 SACCH 中传送的定时提前量和功率级信息后,它就可以根据业务需要发送常规突发序列信息了。在 SDCCH 传送 MS 与基站间交互信息的期间,还同时配合 MSC 处理对该用户进行的鉴权操作。这期间,PSTN 网络会将被叫方连接到该 MSC,该 MSC 会将语音通路连接到为 MS 服务的基站。几秒钟后,基站就命令 MS 从当前 SDCCH 转到指定 ARFCN 和 TS 的一个 TCH 上。一旦接到 TCH,就进入正常的通话状态,语音在上下行链路上传送,呼叫建立成功,SDCCH 被清空。

当 MS 被呼时,其过程与上述过程类似。

2.5.2 GSM 帧结构

带宽为 200 kHz 的 GSM 射频信道在时间上划分成宽度约为 576.92 μs 的等间隔时隙 TS,每个时隙等效于 156.25 bit 信息的时间长度。

GSM 系统采用缓存—突发方法发送数据并实现通信,每一个需要传送的数据(包括用户信息数据和系统信息数据)都在指定的时隙中传送。一个时隙中传送的数据称为数据突发序列。

GSM 系统每 8 个时隙组成一帧,GSM 帧在射频信道上是周期性发送的。不同功能的信息数据都安排在指定帧的指定时隙发送。换句话说,GSM 的一个时隙构成一个物理信道。这样,每个 GSM 射频信道形成 8 个物理信道,因此 GSM 系统共有 $8 \times 124 = 992$ 个物理信道。物理信道与逻辑信道的关系是映射关系,前面介绍的各种逻辑信道都是映射在这些物理信道上传送的。

GSM 帧的时长为 $8 \times 0.57692 \approx 4.615$ ms,包括 $8 \times 156.25 = 1250$ bit,因此,GSM 的帧速率为 216.66 帧/秒,一个射频信道的数据速率约为 270.833 kb/s,而单个时隙的数据速率(即每个用户信道数据速率)为 33.85 kb/s。

多个 TDMA 帧构成复帧。GSM 中有两种复帧:第一种是 26 帧的业务复帧,每个业务复帧包含 26 个 TDMA 帧,时间长度为 120 ms,用于 TCH、FACCH 和 SACCH;第二种是 51 帧的控制复帧,控制复帧包含 51 个 TDMA 帧,时长为 235.385 ms,用于 BCCH、CCCH 和 SDCCH。

多个复帧构成超帧。超帧由 51 个 26 帧的业务复帧或由 26 个 51 帧的控制复帧组成，因此，一个超帧包含 51×26 = 1326 个 TDMA 帧，共占 6.12 s 的时间长度。

2048 个超帧构成超高帧，一个超高帧包含 2 715 648 个 TDMA 帧，共占 12 533.76 s(3 小时 28 分 53 秒 760 毫秒)。一个完整的超高帧大约为 3.5 小时，这对 GSM 系统来说是很重要的。因为用户数据的加密算法是在精确帧数的基础上进行的，而加密算法以 TDMA 帧号为一个输入参数。所以，只有使用超高帧提供的大帧数才能保证提供充分的保密性。

图 2-5-3 所示为 GSM 系统中时隙、帧、复帧、超帧和超高帧的格式，以及这些时帧之间的关系与分层结构。

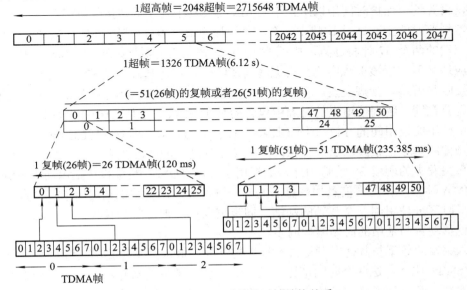

图 2-5-3　GSM 系统的时帧结构关系

GSM 规定了五种数据突发序列类型，如图 2-5-4 所示。

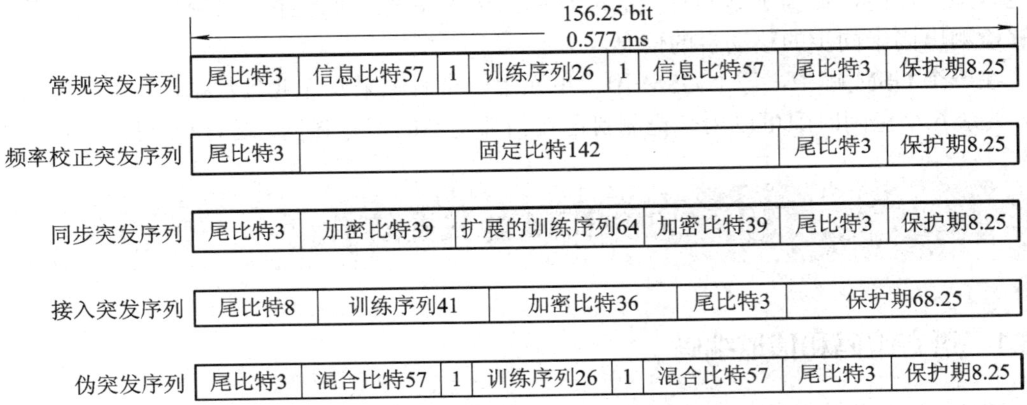

| 常规突发序列 | 尾比特3 | 信息比特57 | 1 | 训练序列26 | 1 | 信息比特57 | 尾比特3 | 保护期8.25 |

（156.25 bit，0.577 ms）

频率校正突发序列	尾比特3	固定比特142	尾比特3	保护期8.25
同步突发序列	尾比特3	加密比特39	扩展的训练序列64	加密比特39	尾比特3	保护期8.25
接入突发序列	尾比特8	训练序列41	加密比特36	尾比特3	保护期68.25
伪突发序列	尾比特3	混合比特57	1	训练序列26	1	混合比特57	尾比特3	保护期8.25

图 2-5-4　GSM 系统中数据突发序列格式

常规突发序列用于前向和反向链路的 TCH 和 DCCH。频率校正突发序列用来广播前向链路上的频率控制信息，允许移动用户将内部频率标准和基站的精确频率进行同步。同步突发序列用来广播前向链路上的定时信息，调整 MS 的时间基准，使得基站接收到的信号与基站时钟同步。接入突发序列在反向链路上为 MS 传输入网申请。伪突发序列用于填充前向链路上未使用的时隙。

图 2-5-4 所示的五种常规突发类型的数据结构均包括起始和结束的尾比特，这两个尾比特并不传送数据，而是提供等效的时间段。之所以在突发数据结构的两端分别提供一个等效时间段，这是考虑到各种电路都有一个暂态过程，在无线信道上进行突发传输时，载波电平从初始值上升到正常值需要一段上升时间。突发结束时，载波电平从正常值下降到零需要一段下降时间。起始和结束的尾比特就是允许载波功率在此时间段内上升或下降到规定的数值。

突发的最后 8.25 比特给出一段等效长度的保护时间。这是由于不同的 MS 与基站的距离不同，设置这个保护时间用以防止不同 MS 的突发序列在基站接收机中产生重叠。

在常规突发的 156.25 个比特中，有 114 比特为信息承载比特，它们位于接近突发序列始端和末端的两个 57 比特序列。中间段为 26 比特的均衡器训练序列，MS 或基站接收机的自适应均衡器使用该训练序列分析无线信道特性，在此基础上调整均衡器参数，以获得最佳的接收与解调。常规突发序列中间段的两端各有一个偷帧标志的控制比特，这两个标志用来区分在同一物理信道上的时隙中包含的是 TCH 数据还是 FACCH 数据。

频率校正突发中间的 142 个固定比特，实际上均为 0，相应发送的射频是一个与载波有固定频偏的单频正弦波，这个正弦波用于校正移动台的载波频率。

同步突发中的两段 39 比特的加密数据用于传送 TDMA 帧号和基站识别码(BSIC)。其中，TDMA 帧号用作用户信息加密算法的一个输入参数，基站识别码用于移动台进行信号强度测量时区分使用同一个载频的基站。同步突发中的训练序列较长，这有利于分析信道特性和使移动台与基站的时帧结构同步。

接入突发的数据与其他突发格式有较大的差异。接入突发起始尾比特是 8 比特，保护时间为 68.25 比特，这两个时间都比较长。这主要是考虑基站开始接收接入请求时的状况具有偶然性，既不知道确切的接收时间，也不知道移动台发射的功率电平、载波频率、移动台与基站之间的距离等参数，留有较长的起始时间和保护时间有利于减小接入突发落入其他时隙的可能，提高了基站解调的成功率。接入突发的训练序列比较长，目的是使基站能够检测出尚未同步的移动台的信息。

在一个 GSM 帧中，每个 GSM 用户单元用一个时隙来发送业务数据，一个时隙用来接收，其余 6 个空闲时隙可以用来检测自己及相邻基站的信号强度，这有利于控制越区切换。

2.6 GSM 的主要技术

2.6.1 语音编码和信道编码

图 2-6-1 给出了语音在 GSM 移动台中处理后送至发送端的过程。

图 2-6-1 GSM 移动台中的语音处理过程

1. 语音编码

GSM 采用规则脉冲激励—长期预测编码(RPE-LTP)的语音编码方式，其处理过程是先对模拟语音信号进行 8 kHz 抽样，按每 20 ms 为一帧进行处理，每帧为 4 个子帧，每个子帧长 5 ms，输出 RPE-LTP 的纯比特率为 13 kb/s。

2. 信道编码

语音编码器输出为每 20 ms 一帧，一帧中含有 260 bit。信道编码时，首先将这 260 bit 数据按照重要性分成三类，三类信息分别按 I_a 类 50 个比特、I_b 类 132 个比特和 II 类 78 个比特来分类。I_a 类是最重要的，I_b 类次之，II 类是不重要的。重要的信息进行重点保护，不重要的信息不受到任何保护。为了提高编码效率，按重要性对这三类数据分别进行不同的冗余处理，处理过程如图 2-6-2 所示。

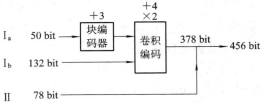

图 2-6-2 信道编码过程

在块编码器中，用循环冗余校验(CRC)码对最重要的 I_a 类 50 比特进行编码，引入三个奇偶校验比特，然后送入卷积编码器；在卷积编码器中，I_b 类 132 比特与来自块编码器的 53 比特重新排序，并在其后附加四个尾比特，产生一个 189 比特的数据块，然后对该数据块进行比率为 1/2、约束长度为 5 的卷积编码，产生 378 比特的序列；之后加上没有增加任何保护的 78 比特 II 类数据形成 456 比特数据块输出。经信道编码之后，总的输出数据速率为 456 bit/20 ms = 22.8 kb/s(相当于 13 kb/s 的原始数据 + 9.8 kb/s 的奇偶校验和信道编码)。

3. 交织

信道编码输出的是一系列有序的语音帧，传输过程中会由于信道衰落等因素造成突发性的、连续的比特错误，GSM 系统采用交织技术减小突发错误的影响。交织技术的实质是时间分集，就是将要传输的数据码重新排序，重新排序的结果使得突发差错时产生的成串错误的比特位来自交织前信道编码不同的位置。当在接收端去交织后，数据编码恢复了原来的顺序，从而连续的突发差错就变成了离散的随机差错，而随机差错可以用卷积编码等信道编码技术进行纠正的。GSM 系统中同时采用了比特交织和块交织两种方法。

比特交织如图 2-6-3 所示。信道编码器输出的 456 个编码比特按行的顺序写入一个矩阵，

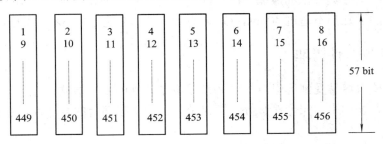

图 2-6-3 比特交织

每行 8 个比特，然后按列读出，从而将一个语音帧的 456 个编码比特分成了 8 个完成比特交织的子块，每个子块 57 个比特。

块交织是在相邻不同语音帧之间进行的。现假设有如图 2-6-4 所示的 3 个语音帧。在 GSM 的一个突发脉冲序列(即 TDMA 帧的一个物理时隙)中，包括一个语音帧中的两组业务数据，如图 2-6-5 所示。图中，前后 3 个尾比特用于消息定界，中间是 26 个训练比特，训练比特的左右各 1 个比特作为"偷帧标志"。一个突发脉冲序列携带两段 57 比特的语音数据，就是说一个时隙恰好发送两个比特交织后的子块。

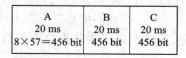

图 2-6-4 3 个语音帧

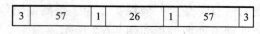

图 2-6-5 语音突发序列的结构

根据 GSM 一个突发脉冲序列中数据的结构特点，块交织是在完成了比特交织的 40 ms 两个语音帧、共 912 比特语音数据之间进行的。块交织时，第 n 个语音帧的子块 1 与第 $n+1$ 个语音帧的子块 1 分别放在 TDMA 帧指定时隙的两段 57 比特语音数据的位置；第 n 个语音帧的子块 2 与第 $n+1$ 个语音帧的子块 2 分别放在下一个 TDMA 帧中对应时隙的两段 57 比特语音数据的位置；依此类推。这样，块交织后就将 912 比特数据分散到了 8 个 TDMA 帧的同一时隙中周期性的发送出去。图 2-6-6 给出了交织的处理过程。

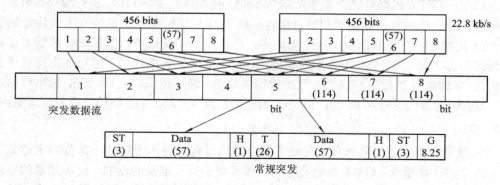

图 2-6-6 交织处理过程示意图

对于交织技术，交织深度越大，离散度就越大，抗突发差错能力越强。但从上面的讨论可以看出，交织处理过程会产生时延，交织深度越大，交织编码处理时间就越长，产生的时延就越大。因此，通过交织处理提高抗差错能力是以增加处理时延为代价的，这也是交织编码属于时间分集技术的原因。所有的交织器都有一个固定时延，实际中，所有的无线数据交织器的时延都不超过 40 ms，GSM 系统中的时延为 37.5 ms，是人们可以忍受的。

2.6.2 GSM 安全性管理

由于空中接口容易受到侵犯，GSM 系统采取了特别的安全措施，包括用户鉴权、加密、移动设备识别、移动用户安全保密等。鉴权是为了确认移动台的合法性，加密是为了防止非法窃听。

讲述 GSM 系统采取的安全措施之前，有必要说明一下表明用户身份的 SIM 卡的内容和鉴权中心(AUC)的内容。

SIM 卡中存有如下内容：固化数据、国际移动用户识别码 IMSI、用户鉴权密钥 Ki、安全算法，临时的移动用户识别码 TMSI、位置区识别码 LAI、加密密钥 Kc、被禁止的 PLMN 业务的相关数据。

AUC 存有如下内容：用于生成随机数(RAND)的随机数发生器、用户鉴权密钥 Ki、各种安全算法。

网络对用户的鉴权与用户信息加密是基于一个三参数的参数组进行的，这个鉴权三参数组包括随机数 RAND、响应数 SRES 和加密密钥 Kc。下面对三参数组和鉴权、加密算法简要介绍一下。

用户三参数组的产生过程：每个用户在购买 MS(或只是 SIM 卡)并进行初始注册时，都会获得一个用户电话号码和国际移动用户识别码 IMSI。这两个号码往往具有可选性，但一经选定便不能修改，因为 IMSI 会被 SIM 卡写卡机一次写入到用户的 SIM 卡中。在 IMSI 写入的同时，写卡机中还会产生一个对应此 IMSI 的唯一的用户鉴权密钥(128 比特 Ki)。IMSI 和相应的 Ki 在用户 SIM 卡和 AUC 中都会分别存储，而且它们还分别存储着鉴权算法(A3)和加密算法(A5 和 A8)。AUC 中还有一个伪随机码发生器，用于产生一个不可预测的 RAND。RAND 和 Ki 经 AUC 中的 A8 算法产生一个加密密钥(Kc)，经 A3 算法产生一个响应数(SRES)。加密密钥(Kc)、响应数(SRES)和相应的 RAND 一起构成了用户的一个三参数组。

一般情况下，AUC 一次能产生五组这样的三参数组。AUC 会把这些三参数组传送给用户的 HLR，HLR 自动存储，以备后用。对一个用户，HLR 最多可存储 10 组三参数。当 MSC/VLR 向 HLR 请求传送三参数组时，HLR 会一次性地向 MSC/VLR 传送五组三参数组。MSC/VLR 一组一组地用，当用到只剩两组时，就向 HLR 请求再次传送。这样做的一大好处是鉴权算法程序的执行时间不占用移动用户实时业务的处理时间，有利于提高呼叫接续速度。

1. 鉴权过程

GSM 的鉴权算法是 A3 算法。A3 算法有两个输入参数：用户 IMSI 对应的固定密钥 Ki 和 AUC 本地产生的 RAND，其运算结果是一个 32 bit 的用户鉴权 SRES。鉴权过程如图 2-6-7 所示。

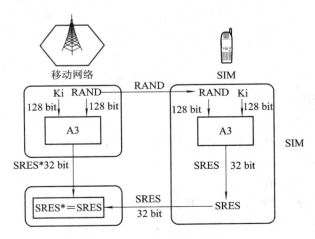

图 2-6-7　鉴权过程示意图

首先是网络方的 MSC/VLR 向 MS 发出鉴权命令信息，其中包含鉴权算法所需的 RAND。MS 的 SIM 卡在收到命令之后，先将 RAND 与自身存储的 Ki，经 A3 算法得出一个 SRES，再通过鉴权响应信息将 SRES 值传回网络方。网络方在给移动台发出鉴权命令的同时，也采用同样的算法得到自己的一个 SRES*。若这两个 SRES 完全相同，则认为该用户是合法用户，鉴权成功；否则，认为是非法用户，拒绝用户的业务要求。网络方 A3 算法的运行实体可以是移动台访问地的 MSC/VLR，也可以是移动台归属地的 HLR/AUC。

2. GSM 系统的加密过程

GSM 系统中的加密是指为了在 BTS 和 MS 之间交换用户信息和用户参数时不被非法用户截获或监听而采取的措施。

加密的过程如图 2-6-8 所示。首先是网络方的 MSC/VLR 向 MS 发出加密模式命令信息，其中包含加密算法所需的 RAND。MS 的 SIM 卡在收到命令之后，先将 RAND 与自身存储的 Ki，经 A8 算法得出加密密钥(Kc)，加密密钥 Kc 和 MS 用户的数据用 A5 算法运算得到加密数据，经过加密的用户信息传送至网络方。网络方在给 MS 发出加密模式命令的同时，也采用同样的算法得到自己的机密密钥 Kc。对接收到的已加密数据用加密密钥 Kc 和算法 A5 进行解密，若得到正确的用户数据，则加密成功；否则，加密失败。

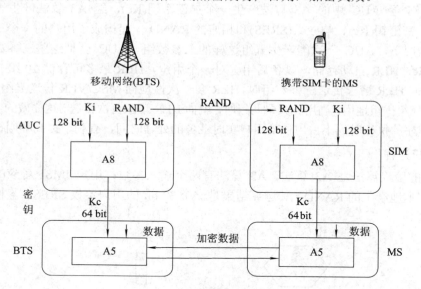

图 2-6-8　加密过程示意图

3. 移动设备识别

移动设备识别的过程如下：

(1) MSC/VLR 从 MS 要求发送 IMEI(国际移动设备识别码)；

(2) MS 发送 IMEI；

(3) MSC/VLR 转发 IMEI；

(4) 在 EIR 的三种名单列表中核查 IMEI，返回信息至 MSC/VLR。

4. TMSI 的使用

当 MS 进行位置更新、发起呼叫或激活业务时，MSC/VLR 将分配给 IMSI 一个新的

TMSI,并由 MS 存储于 SIM 卡上,此后 MSC/VLR 与 MS 间的信令联系只使用 TMSI。使用 TMSI 主要是对用户号码保密和避免被别人对用户定位。

5. PIN 码

PIN 码存储在用户 SIM 卡中,其目的是为了防止用户账单上产生错误计费,保证入局呼叫被正确传送。PIN 码由 4~8 位数字构成,其具体位数由用户自己决定。只有用户输入了正确的 PIN 码,才能正常使用相应的移动台。如果用户输入了错误的 PIN 码,移动台会给用户发出错误提示,要求重新输入。如果用户连续 3 次输入错误,SIM 卡就会被闭锁,即使将 SIM 卡拔出后再装上或关掉手机电源后再开机也不能使其解锁。要想解锁,用户必须输入由 8 位数字组成的正确的"个人解锁码"。若"个人解锁码"又被连续 10 次输入错误,SIM 卡将进入进一步闭锁。这种闭锁就只能靠 SIM 卡管理中心的 SIM 卡业务激活器来解锁。

2.6.3 切换控制

在 MS 通话阶段中,MS 小区的改变所引起系统的相应操作称做切换。切换的依据是由 MS 对相邻 BTS 信号强度的测量报告和 BTS 对 MS 发射信号强度及通话质量决定的,统一由 BSC 评价后决定是否进行切换。

下面将结合图解具体分析三种不同的切换。

1. 由相同 BSC 控制的小区间的切换

相同 BSC 控制小区间的切换过程如图 2-6-9 所示。

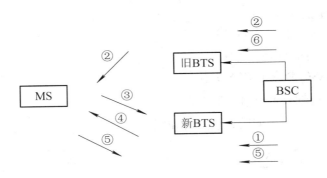

图 2-6-9 相同 BSC 控制小区间的切换

图 2-6-9 中:
① BSC 要求新的 BTS 激活一个 TCH。
② BSC 通过旧 BTS 发送一个包括频率、时隙及发射功率参数的信息至 MS,此信息在 FACCH 上传送。
③ MS 在规定新频率上发送一个切换接入突发脉冲(通过 FACCH 发送)。
④ 新 BTS 收到此突发脉冲后,将时间提前量信息通过 FACCH 回送 MS。
⑤ MS 通过新 BTS 向 BSC 发送一条切换成功信息。
⑥ BSC 要求旧 BTS 释放 TCH。

2. 由同一 MSC、不同 BSC 控制小区间的切换

由同一 MSC、不同 BSC 控制小区间的切换过程如图 2-6-10 所示。

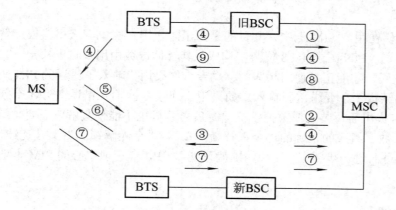

图 2-6-10　由相同 MSC、不同 BSC 控制小区间的切换

图 2-6-10 中：

① 旧 BSC 把切换请求及切换目的小区标识一起发给 MSC。
② MSC 判断是哪个 BSC 控制的 BTS，并向新 BSC 发送切换请求。
③ 新 BSC 预订目标 BTS 激活一个 TCH。
④ 新 BSC 把包含有频率、时隙及发射功率的参数通过 MSC，旧 BSC 和旧 BTS 传到 MS。
⑤ MS 在新频率上通过 FACCH 发送接入突发脉冲。
⑥ 新 BTS 收到此脉冲后，回送时间提前量信息至 MS。
⑦ MS 将发送切换成功信息通过新 BSC 传至 MSC。
⑧ MSC 命令旧 BSC 释放 TCH。
⑨ BSC 转发 MSC 命令至 BTS 并执行。

3. 由不同 MSC 控制的小区间的切换

由不同 MSC 控制的小区间的切换过程如图 2-6-11 所示。

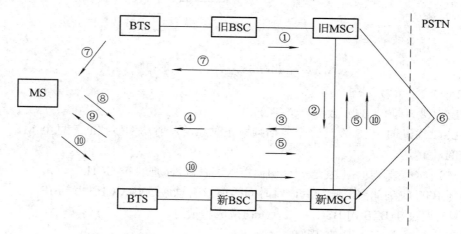

图 2-6-11　由不同 MSC 控制小区间的切换

图 2-6-11 中：
① 旧 BSC 把切换目标小区标志和切换请求发送至旧 MSC。
② 旧 MSC 判断出小区属另一 MSC 管辖。
③ 新 MSC 分配一个切换号(路由呼叫用)，并向新 BSC 发送切换请求。
④ 新 BSC 激活 BTS 的一个 TCH。
⑤ 新 MSC 收到 BSC 回送信息并与切换号一起转至旧 MSC。
⑥ 在 MSC 间建立一个连接(也许会通过 PSTN 网)。
⑦ 旧 MSC 通过旧 BSC 向 MS 发送切换命令，其中包含频率、时隙和发射功率。
⑧ MS 在新频率上发送一个接入突发脉冲(通过 FACCH)。
⑨ 新 BTS 收到此脉冲后，回送时间提前量信息(通过 FACCH)至 MS。
⑩ MS 通过新 BSC 和新 MSC 向旧 MSC 发送切换成功信息。

此后，旧 TCH 被释放，而控制权仍在旧 MSC 手中。

2.6.4 GSM 跳频原理

跳频就是按要求改变信道所用的频率。引入跳频的目的是提高系统抗干扰、抗衰落能力。GSM 的无线接口，也采用了跳频的方法。GSM 体系中的引入有两个主要原因：第一是频率分集，跳频可以保证各个突发在不同的频率上发射，这样就可以对抗由于瑞利衰落等引起的影响，因为这些影响是因频率而异的；第二是干扰分集，在高业务地区，由频率复用带来的干扰显得较为突出。引入跳频后，我们可以对使用相同频率组的远地蜂窝小区配置不同的跳频序列，这样就可以分散使用相同频率集的信道之间的干扰，从中得到收益。

在 GSM 系统中，整个突发期间传输频率保持不变，每个突发的持续时间为 577 μs，故 GSM 系统的跳频属于慢速跳频(SFH)。

图 2-6-12 所示的是不跳频信道的时间和频率关系，图 2-6-13 表示了一个跳频信道的时间和频率的关系。从图中可以看出，信道频率在每个突发期间维持不变，而在突发与突发之间，频率的改变则是一种看似杂乱的伪随机序列关系。

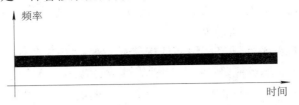

图 2-6-12　信道不跳频时的时间和频率关系图

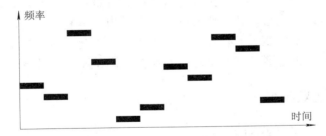

图 2-6-13　信道跳频时的时间和频率关系图

在图 2-6-13 中，如果跳频是在一个 TRU 内实现，就是射频跳频；如果是在一个小区内的多个 TRU 间实现，就是基带跳频。

2.7 GSM 系统网络规划

蜂窝网络规划是一项非常复杂的系统工程。在所有的无线通信系统中，蜂窝系统的设计、规划、工程实施和运营的难度都是最大的。从无线传播理论的研究到天馈设备指标分析，从网络能力预测到工程详细设计，从网络性能测试到系统参数调整优化，这些工作贯穿了整个网络建设的全部过程，大到总体设计思想，小到每一个小区参数。网络规划是一门综合技术，涉及从有线到无线多方面的知识，需要积累大量的实际经验。特别是在蜂窝移动通信应用已经非常普及，并且技术上仍处于高速发展的今天，蜂窝网络的规划设计不仅要考虑当前的运营需要，还必须考虑未来的发展、扩容与技术升级。

2.7.1 蜂窝网络规划的主要内容

1. 业务区域的基本特点分析

一个具体蜂窝系统的网络规划，首先要对需要提供服务区域的自然环境与人文特点进行分析，分析内容主要包括自然环境条件、所分配的无线频谱所处的频段、用户特点等。自然环境条件包括地形地物特点、电波传播特性等。既然已经知道了无线传播环境是非常复杂的，那么为了使网络设计符合业务区域的自然环境特点，一般则需要对具体的传播环境进行实地勘测。用户特点包括用户类型、用户密度、用户移动性统计行为等。最后在这些分析的基础上建立业务量模型。

2. 蜂窝网络综合设计

把握了业务区域的基本特点，就基本上掌握了网络设计的资源和商业要求。网络综合设计就是在此基础上考虑整个系统的覆盖范围、小区半径、基站站址设置、频率复用方案、网络拓扑结构以及网络数据库规划等。

网络综合设计的目标是在满足网络商业运营要求的前提下，充分考虑业务的发展和未来网络技术升级的可能，尽可能降低网络基础设施建设费用，为提高投资回报率奠定基础。

网络综合设计要考虑到不同的业务区域会具有不同的特点，例如，城市郊区和农村地区业务密度较低，往往投资回报率低，因此蜂窝网络在农村地区的设计要求一般是提供足够大的无线小区覆盖范围，而不是努力设计大的网络容量；而在城市中心区域和主要的商业区域，用户密度很高且发展较快，需要提供的业务内容丰富，而且往往需要网络不断扩容和进行技术升级，这类区域具有较高的投资回报率。因此，服务于城市中心和主要商业区的蜂窝网络设计则应该主要考虑提供足够的业务容量和技术升级要求。

2.7.2 蜂窝网络规划流程

蜂窝网络规划流程如图 2-7-1 所示。

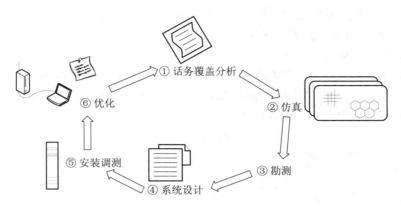

图 2-7-1　蜂窝网络规划流程

① 话务覆盖分析。业务量与覆盖分析的主要目的是为网络规划提供依据。这一阶段需要获得如下信息：成本、容量、覆盖、质量、服务等级、可用频段、系统容量增长情况、人口分布、收入分布、固定电话使用情况等。

② 仿真。仿真即借助规划软件对一定区域内的用户分布进行站点规划，目的是为了确保区域内的覆盖和容量并避免干扰。

③ 勘测。按照第二阶段仿真获得的理想站址，进行实地查看、测量，根据各种建站条件(包括电源条件、传输条件、电磁环境、征地情况等)将可能的站址记录下来，再综合其偏离理想站址的范围、对将来小区分裂的影响、经济效益、覆盖区预测等各方面进行考虑，推荐合适的站址方案，并确定基站附近的电磁干扰环境。

④ 系统设计。根据实际基站分布和基站类型，确定系统的频率复用方案，确定各小区的运行参数。

⑤ 安装调测。按照设计数据进行系统的安装和调测，使系统正常运行。

⑥ 优化。随着用户的增加，网络需要不断地进行优化调整。当业务量增长到一定阶段时，网络需要扩容，于是又回到了话务覆盖分析阶段。

2.7.3　蜂窝系统业务量描述与业务量估计

一定区域内的业务量分布和覆盖要求是进行网络规划的依据之一，因此估计系统业务量是蜂窝网络规划的一项基础工作。

蜂窝系统业务量定义为单位时间内的呼叫时长，单位是爱尔兰(Erlang，简写为 Erl)。比如一个在一小时内被占用 30 分钟的信道的业务量为 0.5 Erl，或者一个信道在一个小时内被通话占用的时间为 60 分钟，该信道的业务量为 1 Erl。

一个蜂窝网络的服务质量用服务等级表示，蜂窝系统的服务等级定义为呼叫被阻塞的概率，也称为呼损率。这个定义取决于系统对被阻塞呼叫的处理方式：

(1) 假设系统的用户数量为无限大且呼叫请求的发生概率服从泊松(Poisson)分布，当有呼叫请求接入时，如果有空闲信道则立即接入，如果没有空闲信道则呼叫被拒绝接入，并立即释放掉(即清除)，然后被阻塞的呼叫可以马上重试呼叫请求。这种方式称为阻塞呼叫清除。

(2) 系统用一个队列来保存被阻塞的呼叫。在这种情况下，如果一个呼叫不能马上获得一个信道，这个呼叫就被放入一个队列中排队等待，这个呼叫将被延迟到有空信道分配为止。这种方式称为阻塞呼叫延迟。

每个用户提供的业务量等于单位时间内的平均呼叫次数乘以呼叫的平均保持时间。如果每个用户产生的业务量、呼叫平均保持时间、单位时间内的平均呼叫次数分别用 A_u、H 和 λ 表示，则每个用户产生的业务量为

$$A_u = \lambda H \tag{2-7-1}$$

对于一个有 U 个用户的系统，流入系统的总话务量为

$$A = A_u U \tag{2-7-2}$$

如果这个蜂窝系统的信道数为 C，并假设业务量是在信道之间平均分配的，则每个信道平均应承担的业务量为

$$A_c = \frac{A}{C} = A_u \frac{U}{C} \tag{2-7-3}$$

但是，由于系统的容量是有限的，实际上用户的呼叫请求并不一定都能获得服务，因此流入系统的业务量并不等于系统所承载的业务量。那么当流入的业务量超过系统容量时，呼叫将被阻塞或延迟。一个蜂窝系统最大可能承载的业务量取决于系统的信道总数 C。

对于采用阻塞呼叫清除处理方式的蜂窝系统，呼叫阻塞概率用爱尔兰 B 公式计算，即

$$P_r[\text{阻塞}] = \frac{\dfrac{A^c}{C!}}{\sum_{k=0}^{C} \dfrac{A^k}{k!}} \tag{2-7-4}$$

上式也表征了阻塞呼叫清除系统的 GoS。

对于采用阻塞呼叫延迟处理方式的蜂窝系统，阻塞呼叫被延迟的概率用爱尔兰 C 公式计算，即

$$P_r[\text{延迟} > 0] = \frac{A^c}{A^c + C!\left(1 - \dfrac{A}{C}\right)\sum_{k=0}^{C-1} \dfrac{A^k}{k!}} \tag{2-7-5}$$

蜂窝系统业务量的分布一般是随时间和空间的变化而变化的。在市区商业地带，每天的下班前高峰时段内业务量高度集中，而当用户下班后，业务量就会转移到居民生活区或休闲地带。另外，不同的人群提供的业务量也是不同的。一般城市居民提供的业务量是 0.02 Erl，城市流动人口提供的业务量是 0.1 Erl，过往汽车提供的业务量是 0.2 Erl。下面通过一个地区业务量估计的例子来说明业务量估计的方法。

例 2-7-1 假设一个人口数为 1500 的县级城市，预计在未来 5 年中每年新增人口 1000，预测蜂窝电话普及率为 5%。在每天的商业及文化活动高峰期，外部进入该城市的人数可能高达 5000 人，来访人群中使用蜂窝电话的人数估计占 8%，未来 5 年内，预计来访人数年增长率为 20%。该城市主要道路的交通汽车流量为 500 辆/小时，其中 10% 的汽车使用蜂窝电话，并假设这个数值在 5 年内保持恒定。假设移动电话普及率的年增长率为 2%，根据上述数据计算 5 年内各年的业务量。

解 根据上面给出的不同人群提供的业务量范围,5 年内各年的业务量分别计算如下:

第一年业务量:$1500 \times 5\% \times 0.02 + 5000 \times 8\% \times 0.1 + 500 \times 10\% \times 0.2 = 51.5$ Erl

第二年业务量:$2500 \times 7\% \times 0.02 + 5000 \times 1.2 \times 10\% \times 0.1 + 500 \times 12\% \times 0.2 = 75.5$ Erl

第三年业务量:$3500 \times 9\% \times 0.02 + 5000 \times 1.2^2 \times 12\% \times 0.1 + 500 \times 14\% \times 0.2 = 106.7$ Erl

第四年业务量:$4500 \times 11\% \times 0.02 + 5000 \times 1.2^3 \times 14\% \times 0.1 + 500 \times 16\% \times 0.2 = 146.86$ Erl

第五年业务量:$5500 \times 13\% \times 0.02 + 5000 \times 1.2^4 \times 16\% \times 0.1 + 500 \times 18\% \times 0.2 = 198.188$ Erl

2.7.4 GSM 蜂窝无线网络设计

无线网络设计中最重要的是进行网络基站布局的设计,具体内容包括根据总的可用频带宽度决定频率复用方式;根据经验估算网络所需的基站数量;确定基站的理论位置;估算网络容量;假定基站的有关参数(网络层次结构、发射功率、天线类型、挂高、方向、下倾角等)。

之后在确定网络基站布局的基础上,对频率、邻区进行规划,再完成相关的小区数据,从而完成整个规划过程。

1. 基站站址设计

基站站址设计一般需要满足以下要求:

(1) 站址应尽量以满足合理的小区结构为目标,利用电子地图和纸件地图(最好带有地物、地势信息)综合分析,在选取基站站址的过程中要求有备用站址。此时需要考虑网络的整体结构,主要从覆盖、抗干扰、话务均衡等方面出发进行筛选。在实际情况下,有可能要求运营商就所选站点跟业主协商,一般站址范围应在蜂窝基站半径的 1/4 区域内,可在此范围内多选几个站址备用。

在建网初期,一般应将站址选在用户最密集地区的中心。站址的设计选择应首先重点保证政府机关所在地、机场、火车站、新闻中心、主要酒店等特殊区域的良好通话并避免对该类区域的重叠覆盖;其他需要覆盖的地区可根据标准蜂窝结构来设计站址;而郊区、公路和农村等广覆盖区域的选址则不受蜂窝小区限制。

(2) 在不影响基站布局的情况下,尽量选择现有的电信楼、邮电局作为站址,使其机房、电源、天线塔等设施得以充分利用。

(3) 将天线的主瓣方向指向高话务密度区,可以加强该地区的信号强度,从而提高通话质量;将天线的主瓣方向偏离同频小区,可以有效地控制干扰。在市区,相邻扇区天线交叉覆盖深度应不超过 10%;对于市郊、城乡等地区,覆盖区之间的交叉覆盖深度不能太深,扇区方向夹角不小于 90°。设计时还必须注意载波数与小区的对应关系,在高密度的小区配置较多的载波数。在进行方位角设计时,不仅要依据各个基站周围区域的话务分布来确定其方位角,更应从整个网络的角度来考虑。一般情况下,建议在市区各个基站的三扇区采用尽量一致的方位角,以避免日后小区分裂时带来网络规划的复杂性;为防止越区覆盖,密集市区应避免天线主瓣正对较直的街道;城郊结合部、交通干道等地域,要根据覆盖目标对天线方位进行调整。

(4) 城市市区或郊区的海拔很高的山峰(与市区海拔高度相差 200 m~300 m 以上)一般不作为站址,这一方面是为防止出现同频干扰,同时也避免在本覆盖区内出现弱信号区,另一方面也是为了减少工程建设的难度,方便维护。

(5) 新基站应建在交通方便、可用市电、环境安全及少占良田的地方,避免在大功率无线电发射台、雷达站或其他干扰源附近建设基站。干扰场强不应超过基站设备对无用辐射的屏蔽指标。

(6) 站址设计应远离树林处,以避开接收信号的衰落。

(7) 设计的站址必须保证与基站控制器之间传输链路的良好连接。

(8) 在山区、岸比较陡或密集的湖泊区、丘陵城市及有高层金属建筑的环境选择站址时,要注意时间色散影响,将基站站址选择在离反射物尽可能近的地方,或当基站选在离反射物较远的位置时,将定向天线背向反射物。这样可以减小强反射物对基站覆盖范围的影响。

2. 基站工程参数设计

在完成站址设计后,需要对各基站的工程参数进行确定,包括基站天线位置的经纬度、架设高度、天线方向性、增益、方位角、下倾角、馈线型号、基站各小区的发射功率,这项工作需要通过实地勘测来完成。勘测前要熟悉工程概况,收集与项目相关的各种资料,包括各种工程文件、背景资料、现有网络情况、当地地图等;并准备好合同配置清单、最新的网络规划基站勘测表。

在工具方面,需要准备好数码相机、GPS、指南针、尺子、便携电脑等。勘测中需要注意:使用 GPS 定位基站经纬度时,使 GPS 设备周围比较空旷,尽量使定位精度小于 30 m;详细记录基站周围环境,如站址周围的楼层分布、有无强干扰设施、共站址设备等。最好用相机将周围环境记录下来,一方面确定天线参数,一方面用于防止在基站数目较多的情况下忘却。使用指南针时要防止靠近铁磁物质,避免磁化导致测量偏差过大等。

勘测是最终确定基站布局的重要部分,基站的现场勘测包括光测、频谱测量和站址调查。光测的主要目的是验证基站周围是否有造成电波反射的障碍物,如高大建筑物等。频谱测量的目的是了解目前及近期内基站和天线周围的电磁环境是否良好。站址调查则侧重于天线和设备的安装条件、电力供应、自然环境等。

下面重点介绍一下天线的安装设计。

1) 天线安装环境

安装环境可分为天线附近环境和基站附近环境。对于天线附近环境,主要考虑天线之间的隔离度和天线受铁塔、楼面的影响。对于基站附近环境,主要考虑 500 m 以内高层建筑物对传播的影响。

将定向天线安装在墙面上,天线的传送方向最好垂直于墙面,如果必须调整其方向角,则天线传送方向与墙面的夹角要求大于 75°。这时候,只要天线的前后比大于 20 dB,其反方向由墙面反射的信号对辐射方向的信号影响极小,如图 2-7-2 所示。

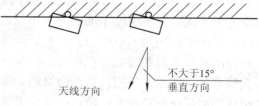

图 2-7-2 天线安装时与墙面的夹角

为获得最理想的覆盖范围,天线周围净空要求为 50 m~100 m。对 900 MHz 的 GSM 来说,在此距离的第一菲涅尔区半径约为 5 m,这意味着基站天线底部要高出周围环境 5 m。巧妙利用周围建筑物的高度,可以得到我们想要的基站覆盖范围。天线周围净空要求如图 2-7-3 所示。

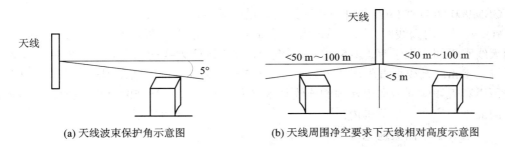

图 2-7-3 天线净空要求

在安装基站天线时,还应该注意其在覆盖区是否会产生较大的阴影。安装时应尽量避开阻挡物。当利用大楼顶面安装定向天线时,必须注意避免大楼的边沿阻挡波束辐射,应尽量靠近大楼边沿安装,这样可以减少阴影的形成。由于天面(建筑物顶部朝天的一面)具有复杂性,当天线必须安装在离开大楼边沿较远的地方时,应尽量架设在离天面较高的地方。此时工程上必须考虑楼面的承载和天线的迎风受力问题。表 2-7-1 给出 GSM900、DCS1800 情况下天线距离天面高度的建议值。

表 2-7-1 天线距离天面高度的建议值表

	天线到大楼边沿距离/m	天线到大楼天面距离/m
GSM900	0~1	0.5
	1~10	2
	10~30	3
	>30	3.5
DCS1800	0~2	0.5
	2~10	1
	>10	2

2) GSM 系统中天线隔离度

为避免交调干扰,GSM 基站的收、发信机必须有一定的隔离,如 Tx-Rx 间的为 30 dB;Tx-Tx 间的为 30 dB。这同样适用于 GSM900 和 DCS1800 共站址的系统。天线隔离度取决于天线辐射方向图和空间距离及增益,通常不考虑电压驻波比引入的衰减,其计算如下:

垂直排列布置时,

$$L_v = 28 + 40 \lg \frac{k}{\lambda} \quad \text{(dB)}$$

水平排列布置时,

$$L_v = 22 + 20 \lg \frac{d}{\lambda} - (G_1 + G_2) - (S_1 + S_2) \quad \text{(dB)}$$

其中,L_v 为隔离度要求,λ 为载波的波长,k 为垂直隔离距离,d 为水平隔离距离,G_1、G_2 分别为发射天线和接收天线在最大辐射方向上的增益(dBi),S_1、S_2 分别为发射天线和接收天线在 90°方向上的副瓣电平(dBp,相对于主波束,取负值)。通常,65°扇形波束天线 S 约为 −18 dBp,90°扇形波束天线 S 约为 −9 dBp,120°扇形波束天线 S 约为 −7 dBd,这可以根据具体的天线方向图来确定。采用全向天线时,S 为 0。

GSM900 和 DCS1800 两种系统的天线架设应满足以下要求:

(1) 采用定向天线时。同一系统内,同扇区两天线水平隔离间距大于等于 4 m;不同扇区两天线水平间距大于等于 0.5 m;两系统间,同扇区两天线同方向时,天线水平隔离间距大于等于 1 m;天线垂直隔离间距大于等于 0.5 m;天线底部距楼顶围墙大于等于 0.5 m;天线下沿和天线面向方向上楼顶的连线与水平方向的夹角大于 150°;两天线支架连线与天线方向的夹角应在以下范围内:

| 天线水平面波速宽度 | 60～70 | 90 | 120 |
| 天线支架连线与天线方向的夹角 | >40°～45° | >55° | >70° |

(2) 采用全向天线时。天线水平间距大于等于 10 m 或天线垂直间距大于等于 0.5 m,天线下沿距楼顶围墙大于等于 0.5 m。

3) GSM、CDMA 基站天线隔离度

分析 CDMA 与 GSM 系统之间的干扰,需要根据两种系统工作频率的关系及发射、接收特性来进行。两种系统之间的干扰主要表现在三个方面:杂散干扰、阻塞干扰和互调干扰。在三种不同的干扰中,杂散干扰是最主要的,影响也最大,是网络设计中需要重点考虑的。由于互调干扰和阻塞比杂散干扰小,在此不作讨论。下面以 CDMA 2000-1X 对 GSM900 的杂散干扰为例来进行说明。

目前,CDMA 2000-1X 和 GSM900 的频段如表 2-7-2 所示。

表 2-7-2 CDMA 2000-1X 和 GSM 的频段

	BTS 发射/MHz	BTS 接收/MHz
GSM900	935～960	890～915
CDMA 2000-1X	870～880	825～835

由于两个系统之间的间隔太近,极易造成相互干扰,其中主要是 CDMA 2000-1X 的发射会干扰 GSM900 的接收。CDMA 带外泄漏信号落在 GSM 接收机信道内,提高了 GSM 接收机的噪声电平,使 GSM 上行链路性能变差,从而减小单基站覆盖范围,网络质量变差。如果两个基站之间没有足够的隔离或者干扰基站的发送滤波器没有提供足够的带外衰减,那么落入被干扰基站接收机带宽内的信号就可能很强,并导致接收机噪声门限的增加。系统性能降低的程度依赖于干扰信号强度,而这又是由干扰基站发送单元性能、被干扰基站接收单元性能、频带间隔、天线间距等因素决定的。图 2-7-4 所示是一个干扰模型示意图。

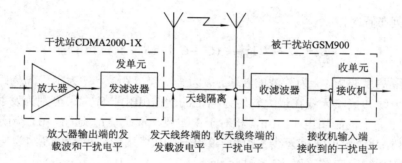

图 2-7-4 干扰模型示意图

从图 2-7-4 可以看出，从干扰源基站的功放输出的信号首先被发送滤波器滤波，然后因两个基站间有一定的隔离而得到相应的衰减，最后被受干扰基站的接收机所接收。到达被干扰基站的天线端的杂散干扰功率可以表示为

$$I_b = P_{TX\text{-}AMP} - I_{isolation} + 10 \lg \frac{WB_{interfered}}{WB_{interfering}} \quad (2\text{-}7\text{-}6)$$

其中，I_b 为被干扰基站接收天线端接收到的干扰电平(dBm)；PTX-AMP 为干扰源功放输出功率(dBm)；$I_{isolation}$ 为两基站天线间的隔离度(dB)；$WB_{interfered}$ 为被干扰基站信号带宽；$WB_{interfering}$ 为干扰信号可测带宽，也可以理解成杂散辐射定义带宽。在计算对被干扰基站的干扰电平时，要考虑到 $WB_{interfered}$ 和 $WB_{interfering}$ 之间带宽的差异及转换。

利用式(2-7-6)可求得干扰基站天线与被干扰基站天线之间应具有的最小隔离度。假设 CDMA 2000-1X 发射频点为高端的最后一个频点，即 878.49 MHz，标准要求 CDMA 2000-1X 功放输出落在 890 MHz～915 MHz 频段内的杂散电平小于等于 −13dBm/100 kHz，具体降低 CDMA 2000-1X 输出杂散的办法是针对每一个发射频点，用一个带宽只有 1.23 MHz 的限带滤波器进行滤波，然后再合路输出到发射天线(这种限带滤波器在带外有很大衰减，在 890 MHz 处的衰减可以达到 56 dB，在 909 MHz 处的衰减可以达到 80 dB)，在这里考虑最坏的情况，即 CDMA 系统的最高端对 GSM 系统最低端频率的干扰，则有

$$I_{isolation} = \left(\frac{-13 \text{ dBm}}{100 \text{ kHz}}\right) - 56 - I_b + 10 \lg \left(\frac{200 \text{ kHz}}{100 \text{ kHz}}\right) \quad (2\text{-}7\text{-}7)$$

GSM 基站的接收灵敏度是 −104 dBm，载干比要求是 9 dB，根据移动通信设计的惯例，为了保证灵敏度恶化不超过 0.5 dB，杂散干扰应低于噪声基底 10 dB，则允许的最大杂散干扰，即 I_b 的最大值为

$$I_b = -104 - 9 - 10 = -\frac{123 \text{ dBm}}{200 \text{ kHz}}$$

这就要求其他系统落在 GSM 接收机的杂散或互调干扰要小于此值，这样才不会对 GSM 系统造成严重干扰，因此可以得到

$$I_{isolation} = \left(\frac{-13 \text{ dBm}}{100 \text{ kHz}}\right) - 56 - I_b + 10 \lg \left(\frac{200 \text{ kHz}}{100 \text{ kHz}}\right) = \left(\frac{56 \text{ dBm}}{200 \text{ kHz}}\right) \quad (2\text{-}7\text{-}8)$$

也就是说，不管 CDMA 天线和 GSM900 天线是否共站址，它们之间都要保证有 57 dBm 的隔离。

减小干扰的办法有多种：使天线具有足够的空间距离；滤除发射机带外信道噪声等。在使用后一种办法时，滤波器可放置在不同设备中，如接收机、双工器、隔离器等。

4) 天线安装间距

分集技术是对抗衰落最为有效的措施之一。在水平面内两副天线相距 10 个波长可使衰落降低。虽然接收分集需要两个或更多个天线，但它却显著地降低了衰落，其结果使移动站功率降低，传输质量提高，对整个系统来说是一大优点。空间分集时，两根接收天线的距离为 $12\lambda \sim 18\lambda$ (900 MHz，$1\lambda = 0.32$ m；1800 MHz，$1\lambda = 0.16$ m)。一般取分集天线水平间隔等于天线有效高度的 0.11 倍。天线安装越高，其分集天线的水平间距越大，但天线间隔为 6 m 时，在塔上安装很困难。另外，在分集接收中，垂直分离是要求同一分集增益的水平分离的 5 倍～6 倍。实际工程中一般不采用垂直分集，但是经常采用垂直隔离，特别是

在使用全向天线时是这样。

当分集天线的有效架设高度小于30 m、间距小于3 m时，两副分集天线互相处于对方的近场区内，这会使天线的方向图发生畸变。为了使两副天线相互影响造成的天线方向图起伏不超过2 dB，则分集距离在任何天线有效高度情况下都应大于3 m，如图2-7-5所示。

表2-7-3和表2-7-4为GSM全向天线和定向天线间距要求(假设天线间没有阻挡。实际工程中，例如两副全向天线之间大都有铁塔塔身阻挡，水平隔离度距离要求可以显著降低)。

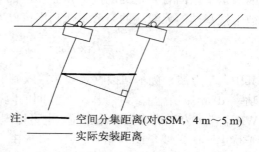

注：━━━ 空间分集距离(对GSM，4 m～5 m)
　　━━━ 实际安装距离

图2-7-5　定向天线空间分集距离示意图

表2-7-3　GSM全向天线间隔要求

隔离度要求(TX-TX，TX-RX)：30 dB			
	垂直间距(推荐)	水平间距(10 dBi)	备　注
GSM900：TX-TX，TX-RX	≥0.5 m	10 m	天线距塔体2 m
DCS1800：TX-TX，TX-RX	≥0.25 m	5 m	天线距塔体2 m
GSM900＋DCS1800：TX-TX，TX-RX	≥0.5 m	1 m	天线距塔体2 m
分　集　要　求			
GSM900：RX-RX	——	≥4 m(推荐6 m)	天线距塔体2 m
DCS1800：RX-RX	——	≥2 m(推荐3 m)	天线距塔体2 m

表2-7-4　GSM定向天线间隔要求

隔离度要求(TX-TX，TX-RX)：30 dB			
同一扇区天线	垂直间距	水平间距	备　注
GSM900：TX-TX，TX-RX	≥0.5 m	4 m	在天线向前方向里无铁塔结构的影响
DCS1800：TX-TX，TX-RX	≥0.25 m	2 m	在天线向前方向里无铁塔结构的影响
相邻扇区天线(均放在同一平台)	垂直间距	水平间距	备　注
GSM900＋DCS1800：TX-TX，TX-RX	…	≥0.5 m	
DCS1800：TX-TX，TX-RX	…	≥0.5 m	
分　集　要　求			
GSM900：RX-RX	…	≥4 m(推荐6 m)	在天线向前方向里无铁塔结构的影响
DCS1800：RX-RX	…	≥2 m(推荐6 m)	在天线向前方向里无铁塔结构的影响

GSM900 和 DCS1800 安装形式比较灵活，但是无论采用何种形式，GSM900 天线和 DCS1800 天线应满足前面提到的各自的隔离间距要求。

3. 链路预算

在确定基站的工程参数后，需要进行链路预算才能进一步估算其覆盖范围。这时必须考虑所选用基站设备的灵敏度。要设计一个性能优良的蜂窝系统，在设计之初就应该做好功率预算，使覆盖区内的上行信号与下行信号达到平衡。否则，如果上行信号覆盖大于下行信号覆盖，小区边缘下行信号较弱，容易被其他小区的强信号"淹没"；如果下行信号覆盖大于上行信号覆盖，移动台将被迫守候在该强信号下，但上行信号太弱，话音质量不好。当然，平衡并不是绝对的相等。通过 BTS 与 BSC 之间的 Abis 接口上的测量报告，可以很清楚地判断上、下行是否达到平衡，一般上、下行电平差值为基站接收机和手机接收机灵敏度的差值时就认为达到了平衡。但是由于上、下行信道的衰落特性不完全一致，以及接收机噪声恶化性能差异等其他一些因素，这个差值一般会波动 2 dB～3 dB。

1) 链路估算模型

链路估算模型如图 2-7-6 所示。计算上下行链路平衡，其中有一个很重要的器件——塔顶放大器需要考虑。由于基站接收系统的有源器件和射频传输导体中的电子热运动引起的热噪声，降低了系统接收的信噪比(S/N)，从而限制了基站接收灵敏度的提高，降低了通话质量。塔顶放大器的原理就是通过在基站接收系统的前端，即紧靠接收天线的地方增加一个低噪声放大器，来实现对基站接收机性能的改善。

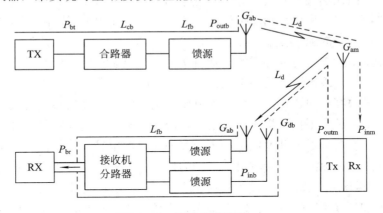

图 2-7-6　链路估算模型

塔放从技术原理上降低了基站接收系统噪声系数，从而提高了服务区内的服务质量，改善了基站的接收性能。塔放对上行链路的贡献需要根据其自身的低噪放大器性能来区分，而不能单看其增益的大小。一般来说，增加了塔放的上、下行链路平衡，需要根据其实际灵敏度的测试方法修正计算实际链路。

(1) 无塔放情况。无塔放时以机柜顶双工器输入口为灵敏度参考点。对下行信号链路，假设基站发射机输出功率为 P_{outb}，合路器损耗为 L_{cb}，馈线损耗为 L_{fb}，基站天线增益为 G_{ab}，空间传输损耗为 L_d，移动台天线增益为 G_{am}，移动台接收电平为 P_{inm}，衰落余量为 M_f，移动台侧噪声恶化量为 P_{mn}，则有

$$P_{inm} + M_f = P_{outb} - L_{cb} - L_{fb} + G_{ab} - L_d + G_{am} - P_{mn} \qquad (2\text{-}7\text{-}9)$$

对上行信号链路，假设移动台发射机输出功率为 P_{outm}，基站分集接收增益为 G_{db}，基站接收电平 P_{inb}，基站侧噪声恶化量为 P_{bn}。根据互易定理，天线收发增益相同，则有

$$P_{inb} + M_f = P_{outm} + G_{am} - L_d + G_{ab} + G_{db} - L_{fb} - P_{bn} \qquad (2\text{-}7\text{-}10)$$

一般，$P_{mn} \approx P_{bn}$，整理得到

$$P_{outb} = P_{outm} + G_{db} + (P_{inm} - P_{inb}) + L_{cb} \qquad (2\text{-}7\text{-}11)$$

(2) 有塔放情况。有塔放时以塔放输入口为灵敏度参考点，不需要考虑上行链路的馈线损耗因素，这时式(2-7-11)可以演变为

$$P_{outb} = P_{outm} + G_{db} + (P_{inm} - P_{inb}) + L_{cb} + L_{fb} \qquad (2\text{-}7\text{-}12)$$

2) 基站灵敏度测试点

(1) 灵敏度定义。接收机灵敏度是指接收机在满足一定的误码率性能条件下，其输入端需输入的最小信号电平。测量接收机灵敏度是为了检验接收机射频电路、中频电路及解调/解码器电路的性能。衡量接收机误码性能主要有误帧率(FER)、残余误比特率(RBER)和误比特率(BER，也称为误码率)三个参数。当接收机中的误码检测功能显示一个帧中有错误时，该帧就被定义为删除帧。误帧率定义为被删除的帧数目占接收帧总数之比。对全速率语音信道来说，这通常是因为 3 比特的循环冗余校验检验出错误或其他处理功能引起误帧指示产生的。对数据业务无误帧率定义。残余误比特率定义为在那些没有被定义为删除帧中的误比特率，即在那些检测为"好"的帧中错误比特的数目与"好"帧中传输的总比特数之比。误比特率定义为接收到的错误比特数与所有发送的数据比特总数之比。

由于信道误码率的随机性，对接收机误码率的测量常采用统计测量法，即对每一信道采取多次抽样测量。在一定的抽样测量数目下，每个测量得到的误码率在一定的测试误码限制范围内，则认为该信道的误码率达到规定的误码率要求。

接收机的灵敏度可通过在接收机输入灵敏度电平时，测量接收机的误码率是否达到规定要求的方法来测试。根据传播条件的不同，对接收机灵敏度规定了两种条件下的参考灵敏度电平要求：静态参考灵敏度电平和多径参考灵敏度电平。接收机的静态参考灵敏度电平是一个标准的测试信号加在接收机输入端的信号电平，此时在接收机解调和信道解码后产生的数据，其误帧率、残余误比特率或误比特率优于或等于某一特定类型信道(如 FACCH、SDCCH、RACH、TCH 等)在静态传播条件下的规定值。接收机的多径参考灵敏度电平，是一个标准的测试信号加在接收机输入端的信号电平，此时接收机在解调和信道解码之后产生的数据，其误帧率、残余误比特率或误比特率优于或等于某一特定类型信道(如 FACCH、SDCCH、RACH、TCH 等)在多径传播条件下的规定值。典型的多径传播条件有 TU50(城市环境下，MS 运动速度为 50 km/h)、RA250(农村环境下，MS 运动速度为 250 km/h)、HT100(丘陵环境下，MS 的运动速度为 100 km/h)等。

此外，理解灵敏度定义还要注意几个差异：无分集灵敏度，有分集灵敏度；跳频与不跳频状态下的误码和误帧指标的差异。

(2) 有塔放时灵敏度测试。有塔放时基站灵敏度的测试如图 2-7-7 所示。

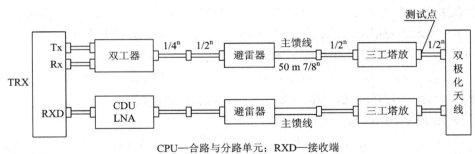

图 2-7-7 有塔放时基站灵敏度的测试

(3) 无塔放时灵敏度测试。无塔放时基站灵敏度的测试如图 2-7-8 所示。

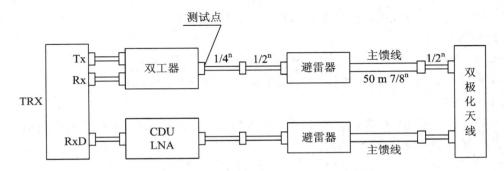

图 2-7-8 无塔放时基站灵敏度的测试

4. 无线小区覆盖范围设计

在实际工程规划中,决定基站有效覆盖范围的因素有基站有效发射功率,使用的工作频段(900 MHz 与 1800 MHz),天线的类型和位置,功率预算情况,无线传播环境以及覆盖指标要求。下面,结合蜂窝通信网的服务质量指标要求,并通过实例,从理论上给出各种覆盖要求下的基站覆盖范围。

假设:

(1) GSM900 系统和 DCS1800 系统基站天线高度都为 30 m;

(2) GSM900 系统中 2 W(33 dBm)移动台的灵敏度为 -102 dBm,DCS1800 1 W(30 dBm)移动台的灵敏度为 -100 dBm;

(3) 移动台天线高度为 1.5 m,增益为 0 dB;

(4) 使用合路分路器(CDU)时,GSM900 灵敏度为 -110 dBm,DCS1800 灵敏度为 -108 dBm;

(5) 合路分路器插损为 5.5 dB,简单合路单元(SCU)插损为 6.8 dB;

(6) 65°定向天线增益为 13 dBd(GSM900),16 dBd(DCS1800);

(7) 馈线长 50 m,4.03 dBm/100 m(900 MHz),5.87 dB/100 m(1800 MHz);

(8) 选用 Okumura 传播模型;

(9) 中等城市环境。

计算结果如下:

(1) GSM900 系统在市区室外覆盖半径。手机的最小接收电平 P_{mr} = −90 dBm。覆盖半径应以 TRX 的最大发射功率来计算。GSM900 TRX 的最大发射功率 P_{bt} = 40 W(46 dBm)。基站天线有效辐射功率为

$$P_{EIR} = P_{bt} - L_{com} - L_{bf} + G_{ab} = 46 - 5.5 - 2.01 + 13 + 2.15 = 53.64 \text{ dBm}$$

其中，L_{com} 为合路器损耗，L_{bf} 为馈线损耗，G_{ab} 为基站天线增益。

允许的最大传播损耗为

$$L_p = P_{EIR} - P_{mr} = 53.64 - (-90) = 143.64 \text{ dB}$$

Okumura 传播模型可以写为

$$L_p = 69.55 + 26.16 \lg f - 13.82 \lg h_b + (44.9 - 6.55 \lg h_b) \lg d - A_{hm} \quad (2\text{-}7\text{-}13)$$

$$A_m = (1.1 \lg f - 0.7)h_m - (1.56 \lg f - 0.8) = 0.01 \text{ dB} \quad (2\text{-}7\text{-}14)$$

其中，h_b 为基站天线高度，h_m 为手机天线高度。f = 900 MHz。把各已知项代入式(2-7-13)，解得 d = 2.8 km。

(2) GSM900 在市区大楼室内。手机的最小接收电平 P_{mr} = −70 dBm，则

$$L_p = P_{EIR} - P_{mr} = 53.64 - (-70) = 123.64 \text{ dB}$$

所以 d = 0.75 km。

这说明虽然基站可以覆盖半径 2.8 km 的区域，但对于离基站 750 m 外的建筑物一层内的用户，接收质量就不符合要求了。

(3) GSM900 在郊区覆盖半径。手机的最小接收电平 P_{mr} = −90 dBm，则

$$L_p = P_{EIR} - P_{mr} = 53.65 - (-90) = 143.65 \text{ dB}$$

Okumura 传播模式在郊区应修正为

$$L_p = 69.55 + 26.16 \lg f - 13.82 \lg h_b + (44.9 - 6.55 \lg h_b) \lg d - A_{hm} - 2\left(\lg \frac{f}{28}\right)^2 - 5.4 \quad (2\text{-}7\text{-}15)$$

故 d = 5.4 km。

可见，同样的基站配置，郊区的基站覆盖半径要比市区的好。

(4) DCS1800 在市区室外覆盖半径。手机的最小接收电平 P_{mr} = −90 dBm。由于 DCS1800 TRX 的最大发射功率为 40 W(46 dB)，覆盖半径以 TRX 的最大发射功率来计算。对于 1800 MHz，Okumura 传播模型可以写为

$$L_p = 46.3 + 33.9 \lg f - 13.82 \lg h_b + (44.9 - 6.55 \lg h_b) \lg d - A_{hm} \quad (2\text{-}7\text{-}16)$$

另 f = 1800 MHz，把各已知项代入上式，解得 d = 1.7 km。

(5) DCS1800 在市区大楼室内。手机最小接收电平 P_{mr} = −70 dBm，则

$$L_p = P_{EIR} - P_{mr} = 55.73 - (-70) = 125.73 \text{ dB}$$

代入式(2-7-16)，得 d = 0.46 km。

这说明虽然基站可以覆盖半径为 1.7 km 的区域，但对于离基站 500 m 外的建筑物一层内的用户，接收质量就不符合要求了。表 2-7-5 所示为不同环境要求下的基站覆盖范围。

表 2-7-5 不同环境要求下的基站覆盖范围

应用环境		TRX 发射功率/W	手机最小接收功率/dBm	覆盖半径/km
GSM900	大楼室内	40	-70	0.75
	市区室外	40	-90	2.80
	郊区	40	-90	5.40
DCS1800	大楼室内	40	-70	0.46
	市区室外	40	-90	1.70

从表中可以清晰地看出，DCS1800 的覆盖范围较 GSM900 小，市区内的基站覆盖范围较郊区小。

5. 容量分配

1) 话音信道配置

基站容量指一个基站或一个小区应配置的信道数，分为无线话音信道数与控制信道数。根据基站区或小区范围及用户密度分布计算出用户总数，再按照无线信道呼损率指标及话务量用爱尔兰 B 公式(或查爱尔兰 B 表)，求得应配置的话音信道数。

(1) 根据规划区内 GSM 网目前允许使用的频率宽度和频率复用方式，可以得出一个基站能配置的最大载频数。

(2) 每个载频有 8 个时隙信道，减去控制信道数后，得出每个基站可配置的最大话音信道数。

(3) 根据话音信道数和呼损率指标(一般高话务密度区取 2%，其余地区取 5%)，用爱尔兰 B 公式(或查爱尔兰 B 表)得出一个基站能承载的最大话务量(爱尔兰数)。

(4) 用该爱尔兰数除以平均用户忙时话务量，得到一个基站可满足的最大用户数。

(5) 由用户密度数据可求得该基站的覆盖面积。

(6) 当不同用户密度分布的区域划定之后，就可由该用户密度分布区域的面积及上述求得的一个基站的实际覆盖面积算出应设置的基站数。

(7) 重要地方需要考虑基站的备份以及载频互助功能的实现，如重要县城至少需要两个基站，而重要扇区至少需要 2 个载频。

(8) 对于可能的突发话务量区域(比赛场地、季节性旅游胜地等)，要从设备(载频、微蜂窝等)资源、频率资源上进行一定预留。

(9) 漫游比例、用户移动因素、新业务发展(GPRS/WAP/SMS 等)、行业竞争、费率变化、单向收费、经济增长等也需要作为动态因素考虑在内。

(10) 基站配置还要结合 Abis 接口传输，如 Abis 接口 15∶1、12∶1 的运用和级联等，尽量在满足容量的同时节约传输。

(11) 积极采用微蜂窝加分布式天线系统解决市内覆盖和容量，采用经济的微基站解决农村、公路等的覆盖，传输用 HDSL 解决。

(12) 预留一定的载频、微蜂窝和微基站，用于新兴区域覆盖并供优化期间选用。

(13) 在一些特殊地区，可以采用全向/定向混合小区组成的基站，发挥全向、定向小区各自的覆盖和容量优势。此时，需要注意全向、定向天线的隔离度，最好采取分层安装；

而在话务控制上,也可以采用分层算法来控制。

(14) 在话务量要求极少而覆盖要求较多的部分公路,可以采取单载频微基站 + 功分器 + 两副定向天线的 0.5 + 0.5 小区组网方式。计算网络可承担的话务密度采用爱尔兰话务模型。根据实际情况呼损率采用 2% 或 5%。表 2-7-6 所示为爱尔兰 B 表。

表 2-7-6 爱尔兰 B 表

每小区载波数	TCH 数	话务量/Erl	
		2%	5%
1	6	2.27	2.96
2	14	8.2	9.73
3	21	14.03	16.18
4	29	21.03	23.82
5	36	27.33	30.65
6	44	34.68	38.55
7	52	42.1	46.53
8	59	48.7	53.55
9	67	56.25	61.63
10	75	63.9	69.73

从表 2-7-7 可以看出,小区的载波数越多,呼损率越大,每个业务信道(TCH)可承担的话务量越大,TCH 信道的利用率就越高。

信道利用率是评价规划设计质量的重要指标。如果某个基站用户数过少,建设单位一般考虑推迟建设该基站。由于受小区覆盖范围和可用频率带宽的限制,必须合理规划小区的容量,尽可能在保证良好的语音质量的前提下提高信道的利用率。在进行双频网络的建设考虑两者间的话务分担问题时,就可以利用较为宽松的频率带宽来实现信道的高利用率。

在实际运用中发现,当基站小区的实际每线(TCH)话务量达到爱尔兰 B 表所给出的每线(TCH)话务量(2% 呼损率)的 85%～90% 时,该基站小区出现拥塞的概率显著增加。因此,我们一般以按爱尔兰 B 表所给出的话务量的 85% 作为计算网络可承担的话务密度的依据。这些话务容量的预测数据需要在网络建设的过程中逐步统计并加以完善。

例如,某本地网需要进行扩容,根据业务发展并结合人口增长和普及率预测,在两年后用户将达到 10 万;若仅仅考虑漫游因子(根据话务量统计及发展趋势)10%、移动因子(主要指用户在本地网内小范围移动而不是漫游)10%、动态因子 15%(考虑突发话务量),那么得到需要的网络容量为 $10 \times (1 + 10\% + 10\% + 15\%) = 13.5$ 万。但是考虑到拥塞,我们一般以按爱尔兰 B 表所给出的话务量的 85% 作为计算网络可承担的话务密度的依据,所以,最终网络的设计容量为 $13.5/85\% \approx 15.88$ 万,即 16 万。

2) 控制信道配置

(1) 独立专用控制信道(SDCCH)分配。在 GSM 蜂窝系统中,SDCCH 用于在指派业务信道 TCH 前传递系统信息,如用户鉴权、登记及呼叫接续信令等内容。在 GSM 系统中,一般呼叫建立过程、位置更新过程等的大部分时间,移动台工作在 SDCCH 信道上。表 2-7-7 所示为 SDCCH 建议配置原则。

表 2-7-7 SDCCH 建议配置原则

TRX 数	一般配置 (SDCCH/8 + SDCCH/4)	位置区边缘配置	一般配置
1	SDCCH/4	SDCCH/4	SDCCH/4
2	SDCCH/8	SDCCH/8	SDCCH/4
3	SDCCH/8 + SDCCH/4	SDCCH/8 + SDCCH/4	SDCCH/8
4	SDCCH/8 + SDCCH/4	2 × SDCCH/8	SDCCH/8
5	2 × SDCCH/8	2 × SDCCH/8	SDCCH/4 + SDCCH/8
6	2 × SDCCH/8	2 × SDCCH/8 + SDCCH/4	2 × SDCCH/8
7	2 × SDCCH/8 + SDCCH/4	3 × SDCCH/8	2 × SDCCH/8
8	3 × SDCCH/8	3 × SDCCH/8	SDCCH/4 + 2 × SDCCH/8

归纳 SDCCH 信道的话务模型非常困难,特别是分层网和短消息等大量运用后,更变得几乎不可能。幸运的是,目前部分厂商设备支持 SDCCH 动态分配功能。SDCCH 信道动态分配能够动态调整 SDCCH 的容量,减少 SDCCH 信道拥塞的发生,降低 SDCCH 信道初始配置对系统性能的影响,增大系统容量。该功能包括 SDCCH 到 TCH 信道的动态分配,SDCCH 到 TCH 信道的恢复。利用动态分配算法,根据输入参数来决定是否进行动态分配:在某一时刻,若小区的 SDCCH 信道比较忙,且空闲 TCH 信道的数目大于一定值,则根据相应的设置将空闲的 TCH 信道转换成 SDCCH 信道。过了一段时间,若小区的 SDCCH 信道比较空闲,BSC 将动态分配的 SDCCH 信道恢复成 TCH 信道。

(2) 公共控制信道(CCCH)分配。该信道主要包含准许接入信道(AGCH)、寻呼信道(PCH)和随机接入信道(RACH),其功能是发送准许接入(即立即指配)和寻呼消息,每个小区的所有的业务共用 CCCH 信道。CCCH 可以与 SDCCH 共用一个物理信道(一个时隙),也可以独用一个物理信道。CCCH 信道参数包括 CCCH 配置、接入允许保留块数、相同寻呼间帧数编码。

CCCH 配置:该值指定 CCCH 信道配置的类型,即是否与 SDCCH 信道合用一个物理信道。对于小区中有一两个 TRX 情况,建议 CCCH 信道占用一个物理信道且与 SDCCH 共用;对于三个或四个 TRX,建议 CCCH 信道占用一个物理信道且不与 SDCCH 信道共用;对于四个以上 TRX,建议根据实际情况计算 CCCH 中寻呼信道的容量,进行具体配置。

接入允许保留块数:该值决定寻呼信道和接入允许信道在 CCCH 上占用的比例,它与 CCCH 配置两个参数决定了接入允许信道的容量。接入允许保留块数的取值原则是:在保证接入允许信道不过载的情况下,应尽可能减少该参数,以缩短移动台响应寻呼的时间,提高系统的服务性能。

相同寻呼间帧数编码:该值可确定将一个小区中的寻呼组分配成多少寻呼子信道,从而与 CCCH 信道配置、接入允许保留块数共同确定了一个小区的寻呼子信道的总数。由于每个移动用户(即对应每个 IMSI)都属于一个寻呼组。在每个小区中每个寻呼组都对应于一个寻呼子信道,移动台根据自身的 IMSI 计算出它所属的寻呼组。进而计算出属于该寻呼组的寻呼子信道位置。在实际网络中,移动台只收听它所属的寻呼子信道而忽略其他寻呼子信道的内容。

2.7.5　GSM 蜂窝网络优化

移动通信网络优化是指对正式投入运行的网络进行数据采集、数据分析,找出影响网络运行质量的原因,并通过对系统参数的调整和对系统设备配置的调整等技术手段,使网络达到最佳的运行状态,使现有网络资源获得最佳的效益,同时对网络以后的维护及规划建设提出合理的建议。

1. GSM 网络优化主要内容

GSM 网络优化主要包括交换网络优化和无线网络优化两个方面。

1) 无线网络优化

无线部分具有诸多不确定因素,它对无线网络的影响很大,其性能优劣常常成为决定移动通信网好坏的决定性因素。当然,无线网络规划阶段考虑不到的问题如无线电波传播的不确定性(障碍物的阻碍等)、基础设施(新商业区、街道、城区的重新安排)变化、取决于地点和时间的话务负荷(如运动场)、话务要求、用户对服务质量的要求的增加,都涉及到网络优化工作。

无线网络优化的主要内容包含以下部分:

(1) 网络规划。网络规划是网络优化中很重要的一个环节,网络规划决定了日后网络优化的范围;合理的频率规划能有效降低系统干扰,提高用户通话质量,降低用户投诉;合理的链路预算能避免许多盲区的产生;合理的站址分布能有效减少干扰、节约网络成本;良好的初期站址选择可减轻后期大量的网络优化工作量。

(2) 工程监督。高质量的工程实施是网络质量的基本保障,也是优化活动开展的前提。优化人员应积极参与工程质量规范的制定,并总结优化中发现的工程质量问题,及时反馈给工程部门,以便提高无线接通率、阻塞率、掉话率、切换成功率、话音接通率等网络运行指标,提高话音服务质量,降低干扰和用户投诉。

(3) 设备排障。网络发展到一定规模,覆盖已经得到相当的改善,但网络质量仍然不能满足用户的要求,主要原因是扩容频繁,扩容期间网络监控和保障不利,因受到工期紧的影响,质量监控体系不完善,使得安装和开通过程中存在较多质量问题。随着设备使用时间的增加,一些故障,特别是隐性故障逐渐增多,这类故障并未达到告警门限,但恶化了网络性能。发现并排除一些影响网络性能的设备故障是日常优化的主要内容,也是网络优化的前提条件。

(4) 网络测试。利用各种测试设备和软件,根据无线电波传播特性和天馈系统传输特性,根据 DT(路测)、CQT(通话质量测试)和分析结果,对网络进行优化工作。

DT 路测的主要内容:利用测试车辆、无线测试仪表、测试手机等工具对网络进行全程测试及记录,包括所测路段的场强分布、越区切换点、越局切换点、呼叫失败点、掉话位置、信号质量、频率干扰情况、无线环境分布等。由交换机所得出的话务统计数据是一种统计意义上的结果,而实地的无线网络质量测试更能真正反映系统的实际运行情况和获取用户的主观感受,切实有效的网络质量测试有利于对系统的分析,有利于对实际运营情况的掌握,是网络优化工作的重要组成部分。

遇有下列情况应及时进行针对性 DT 路测:① 网络结构或参数变动后;② 话务统计显示有小区指标异常时;③ 用户有较严重或集中投诉申告时;④ 本地区遇有重大政治经济活动时。

(5) 统计数据分析。当前各个设备生产厂家对 GSM 系统的运行统计是由大量计数器完成的,并定期向 OMC 报告计数结果。每一个计数器都和 GSM 系统中的某一网络单元的某一事件相关,即某一特定事件的发生会触发对应的计数器作相应计数,这样,通过在某一观测时间段内对某一事件的发生次数进行统计,就得到了网络的运行统计。观测和分析 OMC 各计数器数值,就可掌握网络的运行质量并进行故障分析,这就要求优化人员必须具备 GSM 网络的呼叫流程、信道管理、计数器计数原则等基础知识。

(6) 话务平衡。调整网络中各小区之间及 900 MHz 和 1800 MHz 之间的话务均衡,能够使网络话务均衡,减少网络拥塞发生的次数。合理调整网络资源,疏通网络中的一些瓶颈,增加网络容量(包括对突发性大话务量的支持),从而提高设备利用率、谱利用率、每信道话务量等。

(7) 覆盖优化。网络覆盖是优化的前提条件,如果网络覆盖较差,那么网络的优化质量将无法保证。利用微蜂窝、直放站、塔顶放大器等设备对网络覆盖进行优化,减少网络区,从而提高网络的其他各项指标。

2) 交换网络优化

网络优化不只是无线部分的优化,必须从全网着手进行,因此必须不停地观察和监测整个网络,找出并排除故障,提高网络效率,使现有网络资源获得最佳效益。交换优化的主要内容是对局数据和路由数据进行优化,调整网络负荷均衡,包括信令负荷均衡、设备负荷均衡和链路负荷均衡等,使信令、话务路由畅通,消除路由死循环的情况发生。同时,提高接通率也是交换优化的一项主要工作。接通率反映一个地区的综合通信质量,与无线指标相比,接通率的提高需要更多的努力和时间。交换机接通率或长途来话接通率的提高不但意味着网络性能得到改善,而且直接意味着话费收入的增加。但由于接通率受许多因素的影响,其中一些问题是本地移动通信运营商自身无法解决的,比如去话接通率和市话网及其他移动网有很大关系。一个常见的误区是将接通率不高盲目地归结为交换机问题,但接通率,特别是来话接通率与本地的无线网络质量有很大的关系,覆盖不好、话音信道阻塞、信令信道阻塞、频率干扰和硬件故障都是接通率不高的常见原因。所以,只有以整体的眼光,综合无线和有线两方面的手段才能切实提高交换指标。

2. 网络优化的主要过程

网络优化工作是一项复杂、艰巨的系统工程,贯穿于规划、设计、工程建设和维护管理的全过程,各方面的调整相互牵连、影响。因此在工作中应时时注意从全局出发。网络优化工作主要过程有系统调查、数据分析、制定和实施优化方案等。网络优化的主要过程流程图如图 2-7-9 所示。

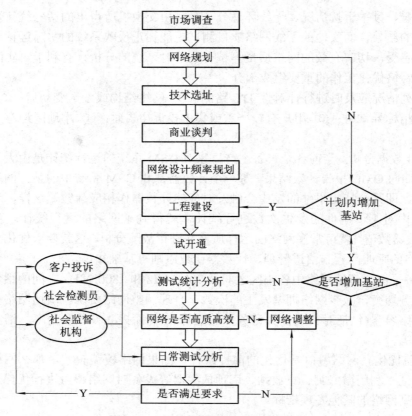

图 2-7-9 网络优化的主要过程流程图

1) 监测调查

(1) 确认监测目标和范围。利用 BSS 系统中固有的性能统计机制,定期地对网络运行状态进行分析。移动通信网络是一个动态的多维系统,一旦投入使用,它会在以下四个主要方面变化:

① 终端用户的变化(新的呼叫模型、用户的地理分布);

② 网络的运行环境的变化(新的建筑、道路、植被);

③ 网络结构的变化(覆盖范围、系统容量);

④ 应用技术的变化(新设备、新标准、新业务)。

除了定期分析处理系统的观测数据以外,日常的维护、故障排除工作也与网络的性能密切相关。

(2) 确定网络优化的对象和目标。网络中存在的问题和需要改进之处是指那些没有达到性能要求的部分(包括日常性优化和集中性优化),主要目的是解决以下问题:

① 局部网络或个别网络单元(小区)的性能明显低于网络平均水平;

② 一项或多项指标突然明显恶化(如某个小区掉话较高);

③ 网络运营质量未达到省公司的预期目标;

④ 性能观测数据的定义;

⑤ 计数器观测周期和统计报表,这是指计数器的记录/刷新时间。在报表中一般有早

(3) 数据采集。数据采集包括 OMC 话务量采集、路测数据采集、CQT 测试数据采集、用户投诉情况收集以及其他仪表的测试结果等。其中，优化工程师日常优化依据的重点是 OMC 话务统计数据和路测数据。优化中评判网络性能的主要指标包括长途来话接通率、无线接通率、载频完好率、掉话率、拥塞率、话务量和切换成功率等，这些也是话务统计数据采集的重点。路测数据的采集主要通过路测设备定性、定量、定位地测出网络无线下行的覆盖切换、掉话及质量现状等。通过对无线资源的合理化普查，确认网络现状与规划的差异，找出网络干扰、盲区地段，掉话和切换失败较高的地段，然后对路测采集的数据进行分析，如测试路线的地理位置信息、路线区域内各个基站的位置及基站间的距离、各频点的场强分布、覆盖情况、接收信号电平和质量、邻小区状况、切换情况等，找出问题的所在，从而提出解决方案。

(4) 数据分析和问题的定位。网络优化的关键是进行数据分析与问题定位，网络问题主要从干扰、掉话、话务平衡和切换四个方面来进行分析。

(5) 优化方案制定及优化调整实施。在进行网络优化时，要提前制定方案。制定优化方案是对网络运行现状进行综合分析的过程。通过网络数据分析，从中找出影响网络运行的最重要的内容，如基站容量不够、覆盖效果不好、网外干扰严重等。通过分析，制定几个可供选择的优化方案：在容量不够时，可以增加宏蜂窝基站，也可以增加微蜂窝基站；覆盖效果不好，可以调整基站发射功率，调整天线的方位角和俯仰角，增加直放站。这些方法制定后，从中分析比较，寻找出最优方案。为了能够保证整个网络优化取得最佳效果，制定的优化方案最好采用试点的形式，以点带面逐步推开。

2) 系统调整内容

系统调整内容包含增加设备容量，调整信道数，搬迁基站位置，改变天线位置，调整天线倾角，修改切换参数、频点、小区参数等，在覆盖忙区或高话务量地区，需增加信道或增加微蜂窝基站。

下面就网络载频频点、邻区关系、小区覆盖范围和话务量等方面的调整说明优化过程，并提供一些优化前后的统计数据进行比较。

(1) 频点调整。通过分析 BSC 频率配置数据和 OMC 话务统计报告，我们发现某些小区个别载频存在干扰，路测结果显示这些小区的覆盖区域存在一定的重叠，而频点的配置存在着邻频，针对其各部分小区的频点进行调整后，上述干扰问题明显改善。

(2) 邻区关系调整。正确、完整的邻区关系非常重要。邻区关系过少，会造成大量掉话；邻区关系过多，会导致测量报告的精确性降低。这两种情况都会造成网络质量的恶化和掉话。

(3) 小区覆盖范围调整。基站小区的覆盖范围是衡量移动通信网服务质量的重要指标之一。将路测得出的小区实际覆盖情况和 OMC 话务分析相结合，可以对各相邻小区的话务均衡提供直接参考依据，是防止同、邻频干扰的必要步骤。基站的发射功率、天线高度下倾角调整是调整基站覆盖范围的常用方法。降低基站的发射功率、天线高度，增大天线下倾角都会减少基站对其他同邻频小区内移动台的干扰，但会使基站的覆盖范围变小，并且可能引入盲区。对于室内覆盖较差的情况，除了通过建设室内微蜂窝基站加以解决外，还可以通过降低 MS 最小接收信号电平(ACCMIN)使室内覆盖得到一定程度的改善，但通话质量有可能会因此下降。此外，MS 最大时间提前量的设置，决定了该小区进行信道分配和切换的服务范围,取值过小会导致过多的切换和掉话,而取值过大会导致基站覆盖范围过大而产生掉话。因此,进行小区覆盖范围的调整时要权衡考虑。

(4) 话务调整。小区覆盖范围的调整事实上已经起到了一定的话务平衡作用。此外,分析话务统计的结果、检查 BSC 内小区参数的设置可以得出不同的改善措施。

① 增加载频或基站是解决由于无线信道的不足引起网络拥塞的一般方法,需要对频点进行规划或调整。

② 把小区内的载频的全速率信道改为半速率信道,是解决由于无线信道的不足引起网络拥塞的最高效、最经济的方法。

③ 小区参数调整,即重选偏移 CRO、接入允许保留块数、各类切换门限参数和余量参数等,都会影响小区内的话务量。通过这些参数的合理设置,可以鼓励或阻碍移动台进入某些小区,从而达到平衡网络话务量的目的。

3. 测试与优化

实地的无线网络质量测试能真正反映系统的实际运行情况和了解用户的主观感受,切实有效的网络质量测试有利于对系统的分析,有利于对实际运营情况的掌握,是网络优化工作的重要组成部分。

GSM 的网络测试主要包括两大部分:CQT 测试和 DT 测试。CQT 测试是在城市中选择多个测试点,在每个点进行一定数量的呼叫,通过呼叫接通情况及测试者对通话质量的评估,分析网络运行质量和存在的问题。DT 测试即驱车路测,是指在一个城市中或国道上借助测试仪表、测试手机及测试车辆等工具,按照特定路线进行无线网络参数和语音质量的测试形式。DT 测试包括使用无线测试仪表对无线信号强度、越区切换位置、越区切换电平等参数进行测量以及在移动环境中使用测试手机沿线进行全程拨打测试,通过所得无线参数以及呼叫接通情况和测试者对通话质量的评估,为网络规划、网络工程建设以及网络优化提供较为完备的网络覆盖情况,同时也为网络运行情况分析提供较为充分的数据基础。

随着优化活动的深入和范围的扩展,网络优化技术也日趋成熟。一般的网络优化活动分为两个阶段:先对现有的网络进行性能评估,对发现的问题进行分析;然后运用各种手段实施优化。在优化的具体实施过程中,需要对网络存在的问题进行具体分析,并提出切实可行的方案,通过各种网络参数以及硬件设备的不断调整,最终达到提高网络运行性能的目的。网络优化是一个系统的工程,它包含着一系列的优化方式,各种优化方式的综合,形成了网络的整体优化。网络优化基本方法,即测试→分析→调整优化→再测试→再分析→再调整优化的反复循环过程,并制定日通报、周统计、月测试的网优工作制度。网络优化工作对象已经不是简单地面对通信设备,也不是简单地面对客户,而是面对整个市场,面对全公司,面对企业未来的可持续发展。将网络优化贯穿于网络规划、建设和网络维护的全过程,形成对网络的闭环管理,是网络优化发展的方向。

1) 网络分析

(1) 网络故障原因。

网络质量下降的原因可分为两类:

① 硬件故障,如坏板或局部设备中断服务。这类故障一般会在 OMC 上产生相应的告警信息,维护人员须查明故障位置、类型并及时解决。

② 软故障，系统仍然运行，但出现局部不稳定状态或处于非最佳状态，如干扰、邻近小区定义不完整、PCM 工作不稳定等，从而导致服务质量下降，如掉话率上升、接通率下降等。这些问题必须由优化人员通过网络性能监测、分析并采取相应优化措施来解决。

(2) 网络分析和优化途径。

网络问题主要从下面几个方面来进行分析和优化。

① 干扰分析。网络优化首先是频率的优化，众所周知，频率是非常珍贵的资源，合理使用有限的频率可以扩大服务面积、降低网内干扰、提高通话质量。频率的优化要考虑符合国家无线电管理的规定，要考虑频率复用的效率(尽量在同一个地区内采用最少的频率)，要考虑同频及邻频的干扰，尤其是在同一区域不同移动网络、同频段内相邻的信道使用时尤其需注意。频率优化中还需要考虑在相邻小区内有效跨越的切换。

移动通信的信号是用无线方式传输的，极易受到各种其他无线电波的干扰，干扰会使误码率增加，降低语音质量，甚至发生掉话。为了保证网络的通信质量，在网络优化的过程中需要经常对网络的各种干扰信号进行详细分析，要分析干扰信号的种类、强度、性质以及来源，一旦发现有其他未知来源的干扰信号，应同无线电监测部门取得联系，查找干扰源，保证网内频率资源不被他人或其他网络所使用。同时，也要注意调整好频率规划，避免网内的邻频干扰和越站干扰等。干扰的定位手段包括分析话务统计数据、语音质量差引起的掉话率、上行干扰情况、干扰带分布、用户投诉，以及进行路测和 CQT 呼叫质量拨打测试等。

② 覆盖分析。覆盖是指无线电波辐射的区域。覆盖的优化在网络优化中的地位是非常重要的，许多优化方案都是通过覆盖的优化而实现的，所以建设网络的过程中，覆盖的特性是非常重要的。覆盖有多种实现方式，对 GSM 基站建设而言，早期的建设因网络初建用户规模较小、资金情况紧张等，一般采用大区制基站，而且使用较高的铁塔，尽可能地增加覆盖范围；当网络发展到一定程度后，就要降低天线的高度，防止因架设的基站太多而引起相互间的干扰，此时以吸收话务量为主。

覆盖优化主要是通过天线的方向、俯仰角和发射功率来调整所需要覆盖的区域，或者通过搬迁基站位置调整覆盖范围，达到清除盲区的目的。在特殊情况下，单靠基站已经很难达到更好的覆盖效果，新建基站将导致投资过大，那么，采用直放站就是一种很好的选择。直放站具有多种形式，主要有用于覆盖室外的直放站和用于建筑物内覆盖以及立体覆盖的室内分布系统，这些产品都是对基站覆盖的补充和延伸，可以有效地改善和消除弱区、盲区，改善网络优化的覆盖特性。对于偏远山区、话务量小并且地域范围广的地区，一般多采用室外直放站解决覆盖问题；在高层建筑和地下室等地方，多采用室内分布系统覆盖。有的情况下，即使接收信号很强也可能出现接收不正常(乒乓效应)的现象，也应采用覆盖优化的方法解决。

③ 无线接通率分析。影响无线接通率的主要因素是 TCH 的拥塞和 SDCCH 的拥塞、SDCCH 和 TCH 的分配失败以及寻呼无响应等。因此若要提高无线接通率，必须要进行话务均衡处理和分配失败率的分析处理。话务均衡是指各小区载频应得到充分利用，避免某些小区拥塞，而另一些小区基本无话务的现象。通过话务均衡可以减小拥塞率、提高接通率、减少由于话务不均引起的掉话，使通信质量进一步得到提高。话务均衡问题的定位手

段包括话务统计数据、话务量、接通率、拥塞率、掉话率、切换成功率和路测等。话务不均衡的原因主要表现在：基站天线挂高、俯仰角、发射功率设置不合理，小区覆盖范围较大，导致该小区话务量较高，造成与其他基站话务量不均衡；由于地理原因，小区处于商业中心或繁华地段，手机用户多而造成该小区相对其他小区话务量高；小区参数，如允许接入最小电平等设置不合理而导致话务量不均衡；小区优先级参数设置未综合考虑等。Paging(寻呼)成功率低可以加大基站覆盖范围，减小 ACCMIN(移动台允许接入的最小接收电平)；设置合理的 T3212 时间可以减少无效 Paging 次数，设置 T3212 时间要结合 BSC 和 MSC 的负荷能力，设置太小会引起交换机负荷过重。由于频率干扰、基站硬件故障等原因，也可造成手机对 Paging 无响应，使系统接通成功率偏低。

④ 掉话分析。掉话问题主要通过话务数据统计、用户投诉、路测、无线场强测试、CQT 呼叫质量拨打测试等方法确定，然后通过分析信号场强、信号干扰、参数设置等找出掉话原因。信号弱掉话可通过提高基站功率和检查相邻小区关系解决；质量差掉话主要由于存在同频或邻频干扰，所以可采用跳频来减少干扰，从而降低系统掉话率；检查切换数据是否合理、完整；检查小区 BSIC 参数设置是否合理，BSIC 错误会引起切换失败；排除基站硬件故障，传输不稳定，上下行功率不匹配等，这些因素都将导致系统掉话的产生。

⑤ 切换分析。切换与位置更新是移动通信系统中的重要概念，代表了用户的移动性。不合理的切换和位置更新会显著影响通话质量和接入质量，过多的切换和位置更新会占用大量系统负荷，减少系统的有效容量。切换与位置更新分析主要着重于切换和位置更新原因及构成比例、切换的频度及由切换引起的掉话次数。切换失败的分析必须要和其他指标的分析结合起来，首先应检查是否为交换部分数据或路由定义有误，然后根据统计检查是否是目标小区的信道由于出现拥塞、硬件故障、传输故障而导致无法指配；接着分析是否和无线干扰有关，导致 MS 无法占用系统所分配的信道；最后应检查是否和切换参数及切换邻小区参数定义有关，或是出现了孤岛效应或相同 BCCH 和 BSIC 小区。

⑥ 话务量分析。话务量优化的目的就是将移动通信网中的话务量均衡，使得整个网络的业务负荷是均匀的，尤其是在一些人口密集的商业区，要考虑人口的流动特点，有些大型的活动，会在某一区域出现突发性的话务量。同时，交换机阻塞也应该在话务量优化的过程中予以注意。此外，多种业务并存的情况下，也应注意业务的均衡。

话务均衡的目的是通过修改各种参数来调整重选服务小区和通话服务小区，从而达到资源与需求的平衡，主要考虑小区 C2 参数和 CRO、CRH 的设置。如果在能够调整的参数范围内无法完成话务均衡目标，则应通过其他手段进行话务均衡，如小区的服务区域需要变大或变小(调整 RF 参数)、提供更多的载频数等。如果小区话务量低但有拥塞或 TCH 指派的成功率低，这有可能是硬件故障，应排除硬件故障；如果是由于信道不足而引起的拥塞，一般应通过增加载频或基站加以解决；但在一定范围内，可通过调整小区参数来解决，比如调节基站功率、更改切换关系、调整 ACCMIN、打开 Assign to Worse cell 功能、调整小区切换边界参数、提高切换率来降低话务量、利用 cell loadsharing(小区负荷分担)等。根据试呼、位置更新、切换的分布情况、话务和信令的流向对无线和有线资源进行再分配来缓解局部地区的阻塞现象，减少不必要的系统负荷，使网络达到最佳平衡状态。

2) 网络优化方法

网络优化常用方法如下：

(1) CQT(Call Quality Test)。CQT 测试是在城市中选择多个测试点，在每个点进行一定数量的呼叫，通过呼叫接通情况及测试者对通话质量的评估，分析网络运行质量和存在的问题。

(2) DT(Drive Test)。DT 测试即路测，是指借助测试软件、测试手机、电子地图、GPS 及测试车辆等工具，沿特定路线进行无线网络参数和话音质量测定的测试形式，然后通过分析处理软件对测试数据进行分析统计，对网络进行评估和问题查找分析。

通过路测可以发现许多日常统计无法看到的问题。应当注意的是，路测所使用的测试仪表只能测试下行无线链路，如果需要检查上行链路工作情况，应使用专门的信令仪表测试 BSC 同 BTS 间的 Abis 接口，以及 BSC 和 MSC 之间的 A 接口。DT 测试包括使用无线测试仪表对无线信号强度、越区切换位置、越区切换电平等参数进行测量，以及在移动环境中使用测试手机进行沿线全程拨打测试，通过所得无线参数以及呼叫接通情况和测试者对通话质量的评估，为网络规划、网络工程建设以及网络运行部门提供较为完备的网络覆盖情况，同时也为网络运行情况分析提供较为充分的数据基础。通过 DT 测试重点显示以下几点：重选、切换、掉话的地点及事件发生前后的各种测量参数，包括重选前后服务小区和邻近小区的接收电平，小区 ID、BSIC、C1 等；切换前后的接收电平、语音质量、C2、邻近小区的接收电平、语音质量等；掉话前后接收电平、语音质量、通话情况等，并显示 LAYER3 信息及解码后信息及统计(给出掉话、切换的统计分析报告)；网络总体覆盖情况(百分比)、语音质量(百分比)、切换次数、通话情况的统计等。

DT 路测的路线选取应遵循如下原则：

① 市区主要热点地区、商业中心、党政军等重要通信保障地段；
② 本市主要交通干线、机场、高速公路、国道沿线；
③ 本市话务热点地区、重点地区环线路段；
④ 交换局间覆盖交接处，行政区域分界点；
⑤ 用户申告较为严重和集中的地区；
⑥ 话务统计显示异常的地区。

(3) 信令跟踪法。对网络 A、Abis、Um 等各个接口的信令跟踪收集，可以了解整个通信流程，发现其中存在的问题，然后有针对性地进行分析和解决。

(4) TOP10 分析法。采用 TOP10 法对统计数据进行分析，可以较为容易地将各项数据关联起来，从而发现规律、找出问题。在日常优化工作中，每阶段对 10 个最差小区进行优化处理可有效地提高网络整体的性能指标。

(5) 网络模拟法。实际运行中网络的质量(反映各小区 RF、BSC 等参数的配置水平)可通过多种手段进行评估，如路测、OMC 性能统计等，但规划中的网络质量则难以评估，因为规划报告(如覆盖干扰报告)给出的是宏观的统计数据。另外，网络优化过程中的优化效果，只能通过上网实际运行来验证，这就存在比较大的风险。因此，有必要提供一种在网络规划阶段(未建网)或网络优化阶段(网络已运行)对网络各小区的 RF、BSC 等参数的配置水平进行评估的手段，这就是网络模拟。

在网络规划或优化阶段,根据小区参数及 BSC 参数,构造出与设计参数对应的虚拟网络,模拟手机在网络中行走(即路测),考察其切换、重选等情况,给出统计分析报告,工程师据此规划给出 RF 参数、BSC 参数调整的建议。将网络模拟应用于网络规划中,可使规划结果更令人满意;应用于网络优化中,则可大幅度地降低网络优化的风险及费用(因为在实际调整前可在计算机上进行模拟以确定优化方案的效果)。

2.8 GPRS 通用分组无线业务

1. GPRS 概述

GPRS(General Packet Radio Service)称为通用分组无线业务,是在现有 GSM 系统上发展出来的一种分组形式的数据业务。GPRS 采用与 GSM 同样的无线调制标准、频带、突发结构、跳频规则和帧结构。现有基站子系统(BSS)可提供全面的 GPRS 覆盖。GPRS 特别适用于间断的、突发性的和频繁的少量数据传输,也适用于偶尔的大数据量传输。GPRS 仅当有数据准备要发送时才使用空闲的时隙,其容量按需分配。

GPRS 的技术优势如下:

(1) 资源利用率高。GPRS 使用了分组交换的传输模式,用户只有在发送或接收数据期间才占用资源,即多个用户可高效率地共享同一无线信道,从而提高了资源的利用率。

(2) 传输速率高。GPRS 可提供高达 115 kb/s 的传输速率(最高值为 171.2 kb/s,不包括 FEC)。这意味着通过便携式电脑,GPRS 用户能和 ISDN 用户一样快速地上网浏览,同时也使一些对传输速率敏感的移动多媒体应用成为可能。

(3) 接入时间短。分组交换接入时间少于 1 s,能提供快速即时的连接,可大幅度提高一些业务(如信用卡核对、远程监控等)的效率,并可使已有的 Internet 应用(如 E-mail、网页浏览等)更加便捷、流畅。

(4) 支持 IP 协议和 X.25 协议。GPRS 支持应用最广泛的 IP 协议和 X.25 协议,而且由于 GSM 网络覆盖面广,使得 GPRS 能提供 Internet 和其他分组网络的全球性无线接入。

2. GPRS 系统结构

GPRS 的系统结构如图 2-8-1 所示。

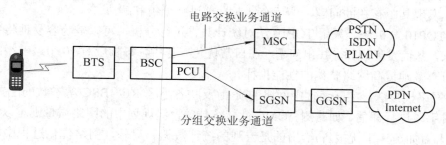

图 2-8-1 GPRS 的系统结构

GPRS 支持节点(GPRS Supporting Node,GSN)是 GPRS 网络中最重要的网络节点,也是构成 GPRS 骨干网的主体。GSN 具有移动路由管理功能,可以和各种类型的数据网络相连接，从而实现 MS 和各种数据网络之间的数据传送及格式转换。

GSN 有两种类型：一种为 GPRS 业务支持节点(Serving GSN，SGSN)，另一种为 GPRS 网关支持节点(Gateway GSN，GGSN)。SGSN 和 GGSN 相当于移动数据路由器，它们可以组合在同一个物理节点中，也可以处在不同的物理节点中。在后面的情况下，二者可以利用 GPRS 隧道协议(GPRS Tunnel Protocol，GTP)对 IP 或 X.25 数据分组进行封装，从而实现二者之间的通信。

SGSN 与 MSC 处于网络体系的同一层，二者功能相似，但又各司其职，SGSN 只针对分组交换，而 MSC 只针对电路交换。为了协调同时具有分组交换与电路交换能力的终端的信令，GPRS 在 MSC 与 SGSN 之间提供了一个接口。一方面，SGSN 可以通过帧中继与 BTS 相连，从而实现与 MS 的互通；另一方面，SGSN 通过 GGSN 可以与各种的外部网络相连。SGSN 的主要功能是负责 MS 的移动性及通信安全性管理，完成分组的路由寻址和转发，实现移动台和 GGSN 之间移动分组数据的发送和接收。此外，SGSN 还有以下功能：① 用户身份验证，加密和差错校验；② 进行数据计费(Charging Data)；③ 连接归属位置寄存器(HLR)、移动交换中心(MSC)和 BSC。

GGSN 是 GSM 网络与其他网络之间的网关，负责提供与其他 GPRS 网络和其他外部数据网络(如 IP 网、ISDN、PSPDN、LAN 等)之间的接口，其主要功能如下：① 存储 GPRS 网络中所有用户的 IP 地址，以便通过一条基于 IP 协议的逻辑链路与 MS 相通；② 把 GSM 网中的 GPRS 分组数据包进行协议转换(包括数据格式、信令协议和地址信息等的转换)，以便把这些分组数据包传送到远端的其他网络中；③ 分组数据包传输路由的计算与更新。

分组控制单元(Packet Control Unit，PCU)用来控制分组信道。PCU 可以集成在 BSC 或 BTS 中，也可以独立设置。同时，基站中还要增加与 SGSN 进行业务和信令传输的接口，软件上，BSC 要增加 GPRS 移动管理和 GPRS 寻呼的功能。

思 考 题

2-1 GSM 系统结构包含哪几个部分，各部分主要功能是什么？
2-2 GSM 系统都有哪几种突发格式？
2-3 GSM 系统的正常突发序列的结构是什么？各部分含义是什么？
2-4 GSM 信道频率间隔是多少？每帧包含多少个时隙？每时隙的时长为多少？信道传输速率为多少？
2-5 GSM 系统的上行、下行链路工作频段是多少？
2-6 简述 GSM 系统的鉴权流程和加密过程。
2-7 SIM 卡由哪几部分组成，其主要功能是什么？
2-8 GPRS 相对于 GSM 增加了哪几个部分，功能是什么？
2-9 SGSN 和 GGSN 的功能分别是什么？
2-10 GSM 蜂窝网络规划分几部分完成？
2-11 GSM 网络优化主要包括哪两个方面？

第 3 章 CDMA 蜂窝移动通信系统

3.1 CDMA 系统概述

3.1.1 CDMA 系统的发展及特点

CDMA 是码分多址(Code Division Multiple Access)的英文缩写，它是在数字技术的分支——扩频通信技术上发展起来的一种崭新而成熟的无线通信技术。

移动通信技术自产生以来，其核心技术已经历了若干个阶段。比如，从信号性质上看，经历了从模拟到数字的变化；按调制方式分，历经调频、调幅、调相的变化；按多址连接方式分，可分为频分多址(FDMA)、时分多址(TDMA)和码分多址(CDMA)。

CDMA 技术是目前处于领先地位的通信技术，它的出现源自于人类对更高质量无线通信的需求。第二次世界大战期间因战争的需要而研究开发出 CDMA 技术，其思想初衷是防止敌方对己方通信的干扰，在战争期间广泛应用于军事抗干扰通信，后来由美国 Qualcomm 公司更新为商用蜂窝电信技术。1995 年，第一个 CDMA 商用系统运行之后，CDMA 技术理论上的诸多优势在实践中得到了验证，从而在北美、南美和亚洲等地得到了迅速推广和应用。我国在 2002 年 1 月 8 日正式开通了 CDMA 网络并投入商用。

与 TDMA 和 FDMA 相比，CDMA 具有如下特点：

(1) 系统容量大。理论上，CDMA 蜂窝移动网比模拟蜂窝网容量大 20 倍，实际容量要大 10 倍，比 GSM 大 4~5 倍。在 CDMA 系统中，不同的扇区也可以使用相同频率，若小区使用 120°定向天线，干扰减为 1/3，但整个系统所提供的容量可提高约 3 倍，并且小区容量将随着扇区数的增大而增大。

(2) 系统具有"软容量"特性。CDMA 系统可以对系统容量进行灵活配置。CDMA 系统是一个自干扰系统，用户数和服务等级之间有着很灵活的关系，用户数的增加相当于背景噪声的增加，会造成语音质量的下降。如果能控制好用户的信号强度，在保持高质量通话的同时，也可以容纳更多的用户。

体现软容量的另一种形式是小区呼吸功能。所谓小区呼吸功能，是指各个小区的覆盖大小可动态变化。当相邻两个小区负荷一轻一重时，负荷重的小区通过减小导频发射功率，使得本小区的边缘用户由于导频强度不足而切换到邻小区(负荷轻的小区)。这样，会使得负荷被分担，从而不会因负荷过重而增加呼损，相当于增加了系统容量。

(3) 通话质量好。CDMA 系统的声码器可以动态地调整数据传输速率，并根据适当的门限值选择不同的发射电平级。

目前，CDMA 系统普遍采用 8 kb/s 的可变速率声码器。可变速率声码器的一个重要特点是使用适当的门限值来决定所需速率，门限值随背景噪声电平的变化而变化，即使在喧闹的环境下，也能得到良好的语音质量。

(4) 具有"软切换"功能。CDMA 移动通信系统使用软切换和更软切换。软切换就是当移动台越区离开原基站的覆盖区需要跟一个新的基站建立连接时，"先连接再断开(make before break)"，先不中断与原基站的联系。MS 在切换过程中与原小区和新小区同时保持通话，以保证电话的畅通。软切换只能在具有相同频率的 CDMA 信道间进行。

(5) 频率规划简单。用户按不同的序列码区分，因此不同 CDMA 载波可在相邻的小区内使用，这样，网络规划灵活、扩展简单。

(6) 保密性强，通话不易被窃听。CDMA 信号的扩频方式提供了高度的保密性，CDMA 码是个伪随机码，而且共有 4.4 万亿种可能的排列，因此，要破解密码或窃听通话内容是很困难的。

3.1.2 扩频技术

扩频通信，即扩展频谱通信技术(Spread Spectrum Communication)，它的基本特点是其传输信息所用信号的带宽远大于信息本身的带宽。

香农(C.E.Shannon)在信息论研究中总结的信道容量公式，即香农公式如下：

$$C = W \times \mathrm{lb}\left(1 + \frac{S}{N}\right) \tag{3-1-1}$$

式中：C 表示信息的传输速率；S 表示有用信号功率；W 表示频带宽度；N 表示噪声功率。

由香农公式可以看出：为了提高信息的传输速率 C，可通过两种途径实现，即加大带宽 W 或提高信噪比 S/N。换句话说，当信号的传输速率 C 一定时，信号带宽 W 和信噪比 S/N 是可以互换的，即增加信号带宽可以降低对信噪比的要求。当带宽增加到一定程度后，允许信噪比进一步降低，有用信号功率接近噪声功率甚至淹没在噪声之下也是可能的。扩频通信就是用宽带传输技术来换取信噪比上的收益，这就是扩频通信的基本思想和理论依据。

扩频通信系统由于在发送端扩展了信号频谱，在接收端解扩还原了信息，因此其大大提高了抗干扰容限。理论分析表明，各种扩频系统的抗干扰性能与信息频谱扩展后的扩频信号带宽比例有关。一般把扩频信号带宽 W 与信息带宽 ΔF 之比称为处理增益 G_P，即

$$G_P = \frac{W}{\Delta F} \tag{3-1-2}$$

G_P 表明了扩频系统信噪比改善的程度。除此之外，扩频系统的其他一些性能也大都与 G_P 有关。因此，处理增益是扩频系统的一个重要性能指标。

系统的抗干扰容限 M_J 定义如下：

$$M_J = G_P - \left[\left(\frac{S}{N}\right)_o + L_S\right] \tag{3-1-3}$$

式中，$(S/N)_o$ 为输出端的信噪比，L_S 为系统损耗。

由此可见，抗干扰容限 M_J 与扩频处理增益 G_P 成正比。扩频处理增益提高后，抗干扰容限大大提高，甚至信号在一定的噪声淹没下也能正常通信。通常的扩频设备总是将用户信息(待传输信息)的带宽扩展到数十倍、上百倍甚至千倍，以尽可能地提高处理增益。

1. 常用扩频码

频谱的扩展是用数字化方式实现的。在一个二进制码位的时段内，用一组新的多位长的码型予以置换，新码的码速率远远高出原码的码速率。由傅立叶分析可知，新码的带宽远远高出原码的带宽，从而将信号的带宽进行了扩展。这些新的码型也叫伪随机(PN)码，码位越长，系统性能越高。通常，商用扩频系统 PN 码码长应不低于 12 位，一般取 32 位，军用系统可达千位。

目前常见的码型有以下三种：① m 序列，即最长线性伪随机系列；② Gold 序列；③ Walsh 函数正交码。

伪随机码有类似白噪声的性质，该码随机变化，但又有周期、规律可循，因而可人为地加以产生和复制。

伪随机码的特性如下：

(1) 自相关性强，互相关性弱，在收端进行相关检测，能使信号恢复，抑制干扰；

(2) 码序列周期性强，以使调制之后的信号更接近白噪声，同时又可得到较高的处理增益(m 序列周期 $p = 2^n - 1$，n 为移存器级数)；

(3) 码序列要平衡，各游程应以一定比率出现，这样，白噪声性更强；

(4) 满足上述条件的码字数量要多，以保证可提供一定容量；

(5) 要求捕获地址码的速度快，同步建立时间短，故设计时对伪码周期进行折衷考虑；

(6) 编码方案简单，尽可能降低复杂度。

当选取上述任意一个序列后，如 m 序列，将其中可用的编码，即正交码，两两组合，并划分为若干组，各组分别代表不同用户，组内两个码型分别表示原始信息"1"和"0"。系统对原始信息进行编码、传送，接收端利用相关处理器对接收信号与本地码型进行相关运算，解出基带信号(即原始信息)后实现解扩，从而区分出不同用户的不同信息。微波无线扩频通信的原理见图 3-1-1。

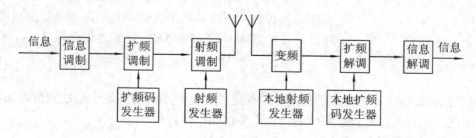

图 3-1-1 扩频通信原理

由图 3-1-1 可见，一般的无线扩频通信系统都要进行三次调制：一次调制为信息调制，二次调制为扩频调制，三次调制为射频调制。接收端有相应的变频、扩频解调和信息解调。

2. 扩频的工作方式

根据扩展频谱的方式不同,扩频通信系统可分为直接序列扩频(DS)、跳频(FH)、跳时(TH)、线性调频以及以上几种方法的组合。

(1) 直接序列扩频(Direct Scquency,DS)工作方式,或称直扩方式。直接用具有高码率的扩频码序列扩展发送信号的频谱,在接收端用相同的扩频序列进行解扩,把展开的扩频信号恢复成原始信号。这种方式实现扩频方便,是用得较多、较典型的一种。

(2) 跳变频率(Frequency Hopping,FH)工作方式,或称跳频方式。它实际上是用一定码序列进行选择的多频率移频键控技术,用扩频码序列进行移频键控调制,使载波频率不断改变。简单的移频键控只有两个频率,而扩频系统有多个、几十个,甚至上千个频率。扩展频带由整个频率合成器生成的最小频率间隔和频率间隔数目决定。跳频速度由信号种类、信息数据速率、纠错方法等决定,一般有高速、中速、低速跳频之分。

(3) 跳变时间(Time Hopping,TH)工作方式,或称跳时方式。它把时间轴分成许多时间片,在哪个时间片发射信号由扩频码序列决定,即让发射信号在时间轴上跳变,相当于用一定码序列进行选择的多时间片的时移键控。这种工作方式允许在随机时分多址通信中,发射机和接收机使用同一天线。实际中单独使用这种方式的情况比较少。

(4) 宽带线性调频(Chirp Modulation,CM)工作方式,或称Chirp方式。若在发射的射频脉冲信号的一个周期内,载波的频率作线性变化,则称为线性调频。该工作方式的频率在较宽的范围内变化,所以称为宽带线性调频。这种方式过去用于雷达测距,也可用于通信中克服多普勒效应的影响。

直接序列扩频作为最典型的扩频方式一,其频谱扩展和解扩过程如图 3-1-2 和图 3-1-3 所示。

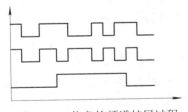

图 3-1-2 信息的频谱扩展过程

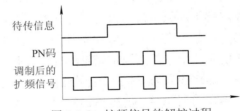

图 3-1-3 扩频信号的解扩过程

由以上图中我们可以看出:

(1) 在发端,信息码经码率较高的 PN 码调制以后,频谱被扩展了。在收端,扩频信号经同样的 PN 码解调以后,信息码被恢复。

(2) 信息码经调制、扩频传输、解调然后恢复的过程,类似于 PN 码进行了二次"模 2 加"的过程。

通过图 3-1-4 所示的能量面积图示,我们还可以看出:

(1) 待传信息的频谱被扩展了以后,能量被均匀地分布在较宽的频带上,功率谱密度下降。

(2) 扩频信号解扩以后,宽带信号恢复成窄带信息,功率谱密度上升。

(3) 相对于信息信号,脉冲干扰只经过了一次被模 2 加的调制过程,其频谱被扩展,功率谱密度下降,从而使有用信息在噪声干扰中被提取了出来。

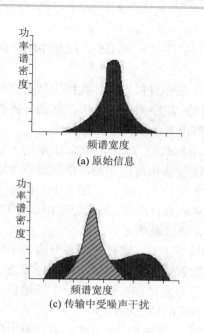
(a) 原始信息

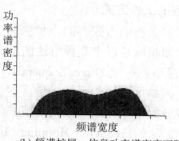
(b) 频谱扩展、信息功率谱密度下降

(c) 传输中受噪声干扰

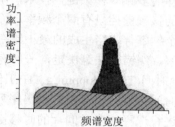
(d) 解调后，噪声功率谱密度下降，信息功率谱密度上升，原始信息被恢复

图 3-1-4　扩频通信中，频谱宽度与功率谱密度示意

3. 扩频通信的特点

扩频通信具有许多窄带通信难以替代的优良性能，使得它能迅速推广到各种公用和专用通信网络之中。简单地说，它主要具有以下优点：

(1) 抗干扰性强，误码率低。如上所述，扩频通信系统由于在发送端扩展信号频谱，在接收端解扩还原信息，因此产生了扩频增益，从而大大地提高了抗干扰容限。根据扩频增益不同，甚至在负的信噪比条件下，也可以将信号从噪声的淹没中提取出来，在目前商用的通信系统中，扩频通信是唯一能够工作于负信噪比条件下的通信方式。

各种形式的人为干扰(如电子对抗中)或其他窄带或宽带(扩频)系统的干扰，只要波形、时间和码元稍有差异，解扩后仍然保持其宽带性，而有用信号将被压缩。从图 3-1-4 可以看出，对于脉冲干扰，由于在信号的接收过程中，它是一个被一次"模 2 加"过程，可以看成是一个被扩频过程，其带宽将被扩展，而有用信号却是一个被二次"模 2 加"过程，是一个解扩过程，其信号被恢复(压缩)后，保证高于干扰。由于扩频系统这一优良性能，其误码率很低，正常条件下可达 10^{-10}，最差条件下也可达 10^{-6}，远高于普通的微波通信(如通常所说的一点多址)的效果，完全能满足目前国内数据通信系统对通信传输质量的要求。应该说，抗干扰性能强是扩频通信的最突出的优点。

(2) 易于同频使用，提高了无线频谱利用率。无线频谱十分宝贵，虽然从长波到微波都已得到开发利用，但仍然满足不了社会的需求。为此，世界各地都设计了频谱管理机构，用户只能使用申请获得的频率，依靠频道划分来防止信道之间发生干扰。

由于扩频通信采用了相关接收技术，信号发送功率极低(低于 1 W，一般为 1 mW～100 mW)，且可工作在信道噪声和热噪声环境中，易于在同一地区重复使用同一频率，也可以与现今各种窄带通信共享同一频率资源。

(3) 抗多径干扰。在无线通信中，抗多径干扰问题一直是难以解决的问题。利用扩频编码之间的相关特性，在接收端可以用相关技术从多径信号中提取分离出最强的有用信号，也可把多个路径来的同一码序列的波形相加使之得到加强，从而达到有效的抗多径干扰。

(4) 扩频通信是数字通信，特别适合数字语音和数据同时传输，同时扩频通信自身具有加密功能，保密性强，便于开展各种通信业务。扩频通信还很容易采用码分多址、语音压缩等新技术，更加适用于计算机网络以及数字化的语音、图像信息传输。

(5) 扩频通信绝大部分是数字电路，设备高度集成，安装简便，易于维护，也十分小巧可靠，便于扩展，平均无故障率时间也很长。

(6) 另外，扩频设备一般采用积木式结构，组网方式灵活，方便统一规划，分期实施，利于扩容，可有效地保护前期投资。

3.2 IS-95 CDMA 系统

3.2.1 IS-95 CDMA 系统网络结构

在 CDMA 技术的标准化经历中，IS-95 是 CDMA One 系列标准中最先发布的标准，IS-95 及其相关标准也是最早商用的基于 CDMA 技术的移动通信标准。IS 的全称为 Interim Standard，即暂时标准。CDMA IS-95A/B 是第二代移动通信技术体制标准。IS-95A 是在 1995 年发布的，主要在北美应用；IS-95B 是对 IS-95A 标准的增强，并完全与之兼容，它在 IS-95A 的基础上，通过对物理信道的捆绑，实现了比 IS-95A 更高的数据传输速率(64 kb/s)。

IS-95 是一种直接序列扩频的 CDMA 蜂窝系统，其特点如下：

(1) 在这种无线蜂窝系统中，不仅同一小区内的用户可以使用相同的射频信道，邻近小区内的用户也可以使用相同的射频信道，因此 CDMA 系统完全取消了对频率规划的要求。

(2) IS-95 信道在每个单向链路上占用 1.25 MHz 的频谱宽度。

(3) IS-95 系统具有语音激活功能，因此用户数据速率是实时变化的。

(4) IS-95 系统的声码器是 Qualcomm 公司设计的码激励线性预测编码器(QCELP)，这种编码器实际上是一种可变速率的语音编码器，它能够根据语音信号中的语音活动和能量状态，针对每个 20 ms 语音帧，在三种或是四种可用的数据速率(13.3 kb/s、6.2 kb/s、1 kb/s 和 2.7 kb/s)中动态地选择一种来实现语音编码。

IS-95 系统的网络结构如图 3-2-1 所示。与 GSM 网络类似，IS-95 CDMA 系统网络也是由无线子系统、网络子系统和运营支持子系统构成的。

移动交换中心(MSC)或称移动电话交换局(MTSO)，是网络子系统的核心。MSC 在本地用户位置寄存器(HLR)、访问用户寄存器(VLR)、操作管理中心(OMC)以及鉴权中心等设备的配合下完成对网络的控制和对用户的管理。无线子系统包括基站子系统和移动台，基站子系统又可分为基站控制器(BSC)和基站收/发信机(BTS)。

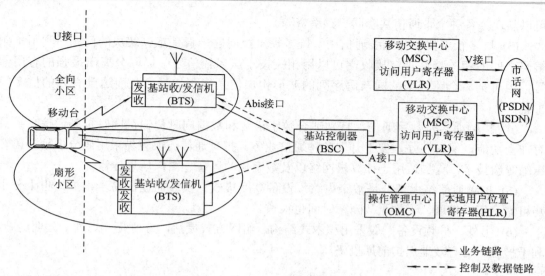

图 3-2-1 IS-95 系统的网络结构

IS-95 系统的空中接口是美国 TIA(电气工业协会)于 1993 年公布的双模式(CDMA/AMPS)的标准,简称 Q-CDMA 标准,主要包括下列几部分。

(1) 频段:下行频段为 869 MHz～894 MHz(基站发射);上行频段为 824 MHz～849 MHz(移动台发射)。

(2) 信道数:每一载频有 64 个码分信道,这 64 个码分信道是由 64 个正交 Walsh 函数组成的,在 IS-95 系统中分别用 W0～W63 标识;每一小区可分为 3 个扇区,三个扇区可共用一个载频。

(3) 调制方式:基站采用 QPSK,移动台采用 OQPSK。

(4) 扩频方式:采用 DS(直接序列扩频)技术。

(5) 语音编码:语音编码方式为可变速率 CELP,最大速率为 8 kb/s,最大数据速率为 9.6 kb/s。每帧时间为 20 ms。

(6) 信道编码:卷积编码在下行链路中采用编码率 $r = 1/2$,约束长度为 $k = 9$;在上行链路中采用编码率 $r = 1/3$,约束长度 $k = 9$。

交织编码的交织间距为 20 ms。

扩频调制码为 PN 码,码片的速率为 1.2288 Mc/s;基站识别码为 m 序列,周期为 $2^{15} - 1$;用户识别码,周期为 $2^{42} - 1$。

(7) 导频、同步信道:它们为移动台提供载频标准和时间同步。

(8) 多径信号的利用:IS-95 系统中分集方式为路径分集,采用 RAKE 接收方式,移动台使用 3 路径分集,基站使用 4 路径分集。

3.2.2 IS-95 系统的无线传输

IS-95 系统在基站到 MS 的传输(前向传输)方向上设置了导频信道、同步信道、寻呼信道和前向业务信道,MS 到基站的传输(反向传输)方向上设置了接入信道和反向业务信道,如图 3-2-2 所示。

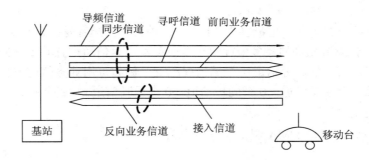

图 3-2-2　IS-95 CDMA 蜂窝系统的信道示意图

1. 前向信道

1) 前向逻辑信道

前向逻辑信道由导频信道(Pilot Channel)、同步信道(Synchronizing Channel)、寻呼信道(Paging Channel)和前向业务信道(Traffic Channel)等组成。前向码分物理信道与逻辑信道之间的映射关系如图 3-2-3 所示。

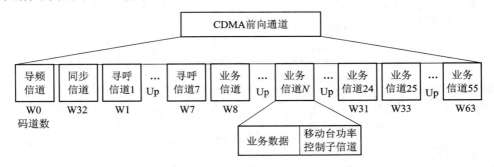

图 3-2-3　前向码分物理信道与逻辑信道之间的映射关系

(1) 导频信道。导频信道传输由基站连续发送的导频信号。导频信号是一种无调制的直接序列扩频信号，可令 MS 迅速而精确地捕获信道的定时信息，并提取相干载波进行信号的解调。基站向所有 MS 提供基准，MS 可通过对周围不同基站的导频信号进行检测和比较，决定什么时候需要进行越区切换。它占用物理信道的 W0。

(2) 同步信道。同步信道主要传输同步信息。移动台利用此同步信息进行同步调整，一旦同步完成，MS 通常不再使用同步信道，但当设备关机后重新开机时，还需要重新进行同步。当通信业务量很多，所有业务信道均被占用时，同步信道也可临时改作业务信道使用。它占用物理信道的 W32，速率为 1.2 kb/s。

(3) 寻呼信道。寻呼信道在呼叫接续阶段传输寻呼移动台的信息。移动台通常在建立同步后，立即选择一个寻呼信道(也可由基站指定)来监听系统发出的寻呼信息和其他指令。在需要时，寻呼信道也可以改作业务信道使用，直至全部用完。寻呼信道占用物理信道的 W1～W7，其速率可为 9.6 kb/s、4.8 kb/s。

(4) 前向业务信道。用于传输用户信息，业务速率可以逐帧(20 ms)改变。由于使用的声码器具有话音激活功能，因此前向业务信道可以动态地适应通信者的话音特征，如有语音时速率高，停顿时速率低。前向业务信道最多有 63 个业务信道，且有四种传输速率

(9.6 kb/s、4.8 kb/s、2.4 kb/s、1.2 kb/s)。

前向信道可使用的码分信道最多为 64 个。一种典型的配置是：1 个导频信道、1 个同步信道、7 个寻呼信道(允许的最多值)和 55 个业务信道。信道配置并不是固定的，其中导频信道一定要有，其余的码分信道可根据情况配置。例如可用业务信道取代寻呼信道和同步信道，可形成一个导频信道，0 个同步信道，0 个寻呼信道和 63 个业务信道的配置。

2) 前向信道传输

图 3-2-4 所示为前向 CDMA 逻辑信道结构图。

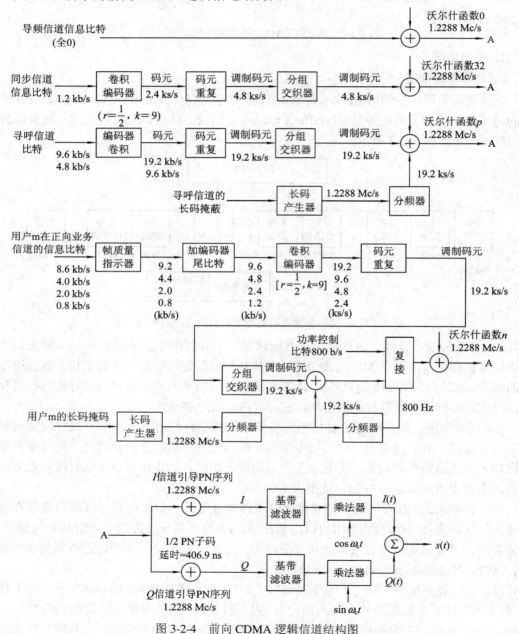

图 3-2-4　前向 CDMA 逻辑信道结构图

(1) 语音编码。CDMA 声码器是可变速率声码器，可工作于全速率、1/2、1/4 和 1/8 速率，且有速率 1 和速率 2 两种声码器。速率 1 声码器是工作于 9.6 kb/s 数据流的 8 kb/s 声码器，包含 9.6 kb/s、4.8 kb/s、2.4 kb/s 和 1.2 kb/s 四种速率。速率 2 声码器是工作于 14.4 kb/s 数据流的 13.3 kb/s 声码器，包含 14.4 kb/s、7.2 kb/s、3.6 kb/s 和 1.8 kb/s 四种速率。

(2) 卷积编码。卷积编码是通过提供纠错/检错能力为信息比特提供保护。在前向链路，同步信道、寻呼信道和前向业务信道中的信息在传输前都要进行卷积编码，其编码码率为 1/2，约束长度为 9。

(3) 码元重复。码元重复就是根据需要重复要发送的数据，数据重复的作用也是基于时间分集的原理，为抵抗无线信道的衰落特性提供的附加措施，因此可增加接收的可靠性。其中，速率 1 产生 19.2 kb/s 的速率，速率 2 产生 28.8 kb/s 的速率。从图 3-2-4 中可以看出，导频信道没有该过程。

(4) 分组交织。前向业务信道和寻呼信道交织宽度为 20 ms，在调制码元速率为 19 200 码元/s 时，等于 384 调制比特的宽度，输入到 24×16 的矩阵中。同步信道交织宽度为 26.666 ms，在码元速率为 4800 码元/s 时，等于 128 个调制宽度，交织器阵列为 16 行×8 列。三种信道的码元都是按列写入阵列，交织后按行读出。

(5) 数据掩码。只用于寻呼信道和前向业务信道，反向信道没有数据掩码，主要是提供安全性和保密性。长码掩码与使用前向业务信道 MS 的电子串号 ESN 联合使用，长码掩码的周期大约为 40 天。长码掩码根据具体 MS 的电子串号 ESN 而改变，可提供额外的安全保障。在发送端，数据掩码是对从分组交织器输出的 19.2 kb/s 调制码元与一个随机序列进行模 2 加。数据掩码使用的随机序列是由长码的每 64 个比特片取出的第一个比特片组成，因为长码的速率是 1.2288 Mc/s，所以进行数据扰码的随机序列速率为 19 200 码元/s。

(6) 功率控制子信道。在 CDMA 中，使用快速功率控制子信道技术来避免"远近效应"。

(7) 正交信道扩频。为了使前向传输的各个信道之间具有良好的正交性，在前向信道中传输的所有数据都要用六十四进制的 Walsh 函数进行扩频。Walsh 函数的子码速率为 1.2288 Mc/s，并以 52.083 μs 为周期重复，此周期就是前向业务信道调制码元的宽度。

(8) 四相扩频调制。在正交扩展之后，各种信号都要进行四相扩展。四相扩展所用的序列称为引导 PN 序列(短码)。引导 PN 序列的作用是给不同基站发出的信号赋以不同的特征，便于移动台识别所需的基站。在不同的基站使用相同的 PN 序列，但各自采用不同的时间偏置。由于 PN 序列的相关特性在时间偏移大于一个子码宽度时，其相关值就等于 0 或接近于 0，因而移动台用相关检测法很容易把不同基站的信号区分开来。在一个 CDMA 蜂窝系统中，时间偏置可以再用。CDMA 前向信道调制采用 QPSK 调制。

2. 反向信道

1) 反向逻辑信道

反向链路中的逻辑信道由反向接入信道和反向业务信道等组成，反向链路码分物理信道和逻辑信道配置，如图 3-2-5 所示。

在反向 CDMA 信道上，基站和用户使用不同的长码掩码区分每个接入信道和反向业务信道。当长码掩码输入长码发生器时，会产生唯一的用户长码序列，其长度为 $2^{42}-1$。对于接入信道，不同基站或同一基站的不同接入信道使用不同的长码掩码，而同一基站的同一接入信道用户所用的接入信道长码掩码则是一致的。

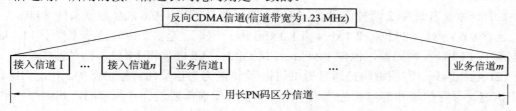

图 3-2-5　反向链路码分物理信道和逻辑信道配置

图 3-2-6 是反向 CDMA 逻辑信道结构图。网内 MS 可随机占用接入信道发起呼叫及传送应答信息。反向业务信道与前向业务信道一样，用于传送用户业务数据，同时也传送信令信息，如功率控制信息。

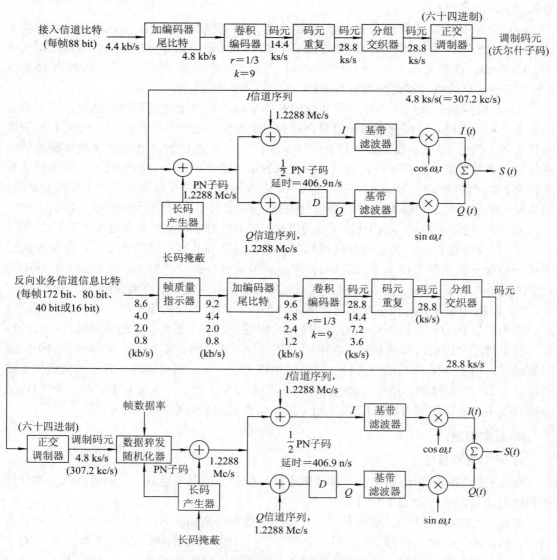

图 3-2-6　反向 CDMA 逻辑信道结构图

反向链路支持最多 62 个不同业务信道和最多 32 个不同接入信道。1 个(或多个)接入信道与 1 个寻呼信道相对应，1 个寻呼信道至少对应 1 个、最多可对应 32 个反向 CDMA 接入信道，标号从 0 到 31。

接入信道和反向业务信道的区别是：接入信道调制中没有加 CRC 校验比特，反向业务信道也只对数据速率较高的 9600 b/s 和 4800 b/s 的两种速率使用 CRC 校验；接入信道发送速率是固定的，而反向业务信道可以选择不同的速率发送。

(1) 接入信道。接入信道是一个传送 MS 随机接入请求信息的 CDMA 信道，与一个特定寻呼信道相连的多数 MS 可以同时试着使用一个接入信道。MS 在接入信道时发送信息的速率固定为 4.8 kb/s，接入信道帧长度为 20 ms。仅当系统时间为 20 ms 的整数倍时，接入信道帧才可能开始传输。每个接入信道由一个不同的长 PN 码区分。

(2) 反向业务信道。反向业务信道用于在呼叫建立期间传输用户信息和信令信息。

反向业务信道支持两种速率：速率 1 包括 9.6 kb/s、4.8 kb/s、2.4 kb/s 和 1.2 kb/s 四种。速率 2 包括 14.4 kb/s、7.2 kb/s、3.6 kb/s 和 1.8 kb/s 四种。

2) 反向信道传输

(1) 声码器。信源编码可减小语音冗余度，降低语音传输需要的比特速率。信源编码时，可工作在全速率、1/2、1/4 和 1/8 速率的可变模式。速率 1 声码器的全速输出速率为 9.6 kb/s，速率 2 的全速输出速率为 14.4 kb/s。

(2) 卷积编码。接入信道和反向业务信道所传输的数据都要进行卷积编码，卷积编码就是串行延时数据序列所选抽头的模 2 加。卷积码的码率为 1/3，约束长度为 9。

(3) 码元重复。反向业务信道的码元重复办法和前向业务信道一样。当工作在速率 1 时，数据速率为 9.6 kb/s 时，码元不重复；数据速率为 4.8、2.4 和 1.2 kb/s 时，码元分别重复 1 次、3 次和 7 次(每一码元连续出现 2 次、4 次和 8 次)，这样就使得各种速率的数据都变换成 28 800 码元/秒。这里不同的地方是重复的码元不是重复发送多次，相反，除去发送其中的一个码元外，其余的重复码元全部被删除。在接入信道上，因为数据速率固定为 4.8 kb/s，因而每一码元只重复 1 次，而且两个重复码元都要发送。

(4) 块交织。块交织功能与前向信道相似，所有码元在重复之后都要进行块交织。块交织的跨度为 20 ms，交织器组成的阵列是 32 行 × 18 列(即 576 个单元)。编码符号以列顺序写入阵列，以行顺序读出。

(5) 可变数据率传输。在反向 CDMA 信道上传输的是可变速率数据。当数据速率小于 9.6 kb/s 时，码元的重复引入了冗余量。为了减少 MS 的功耗和减小它对 CDMA 信道产生的干扰，对交织器输出的码元，用一时间滤波器进行选通，只允许所需码元输出，删除其他重复的码元。

(6) 正交多进制调制。在反向 CDMA 信道中，把交织器输出的码元每 6 个作为一组，用六十四进制的 Walsh 函数之一(称调制码元)进行传输。调制码元的传输速率为 28 800/6 = 4.8 kb/s，调制码元的时间宽度为 1/4800 = 208.333 μs，每一调制码元含 64 个子码，因此沃尔什函数的子码速率为 64 × 4800 = 307.2 kb/s，相应的子码宽度为 3.255 μs。

(7) 直接序列扩频。反向业务信道用速率为 1.2288 Mb/s 的长码 PN 序列来扩频，每个 Walsh 码片由 4 个长码 PN 码片来扩频。

长码的各个 PN 子码是用 42 位的掩码和序列产生器的 42 位状态矢量进行模 2 加而产生的。整个 CDMA 系统中所用到的长码序列只有一个，但是 CDMA 系统通过不同的掩码给每个信道分配一个不同的初相。

用于长码产生器的掩码根据 MS 用于信息传输的信道类型而变。当在反向业务信道传输时，移动台要用到两个掩码中的一个：一个是公开掩码，另一个是私用掩码。这两个掩码都属于该 MS 所独有的。

(8) 四相扩展。反向 CDMA 信道四相扩展所用的序列与前向 CDMA 信道所用的 I 与 Q 导频 PN 序列相同。经过 PN 序列扩展之后，Q 支路的信号要经过一个延迟电路，把时间延迟 1/2 个子码宽度(409.901 ns)，再送入基带滤波器。信号经过基带滤波器之后，进行四相调制。

CDMA 反向信道采用 OQPSK 调制，Q 导频 PN 序列扩频的数据相对于 I 导频 PN 序列扩频的数据将延时半个 PN 子码的时间。OQPSK 调制适用于功率效率高、非线性、完全饱和的 C 类放大器，有助于节省移动台的功耗。

3.3 IS-95 CDMA 系统关键技术

3.3.1 CDMA 系统的功率控制

在 CDMA 系统中，如果小区中所有用户均以相同功率发射，则靠近基站的 MS 到达基站的信号就会比较强，离基站远的 MS 到达基站的信号就会比较弱，这样有可能导致强信号掩盖弱信号，从而降低 CDMA 系统的用户容量。这就是移动通信中的"远近效应"问题。因为 CDMA 系统中所有用户共同使用同一频率，是一个自干扰系统，所以任何一个移动台的发射信号对其他移动台来说都是干扰源，因此 CDMA 系统总是力求使每个用户的发射信号在到达基站接收机时具有相同的功率电平。CDMA 功率控制的目的就是克服"远近效应"，使系统既能维持高质量通信，也不降低系统容量。

功率控制的原则是当信道的传播条件突然改善时，功率控制应作出快速反应(在几微秒时间内)，以防止信号突然增强而对其他用户产生附加干扰；相反，当传播条件突然变坏时，功率调整的速度可以相对慢一些，也就是说，宁使单个用户的信号质量短时间恶化，也要防止这个用户的功率调整对其他用户造成干扰。

功率控制分为前向功率控制和反向功率控制。

1. 前向功率控制

前向功率控制也称下行链路功率控制，是调整基站向移动台发射的功率，使任何一个 MS 无论处于小区中的任何位置，收到基站信号的电平都刚刚达到信干比所要求的门限值。因此基站必须控制发射功率，给每个用户的前向业务信道都分配适当的功率。采用前向功率控制可以避免基站向近距离的 MS 发射过大的信号功率，也可以防止或减少由于 MS 进入传播条件恶劣或背景干扰过强的地区而发生误码率增大或通信质量下降的现象。前向功率控制示意图如图 3-3-1 所示。

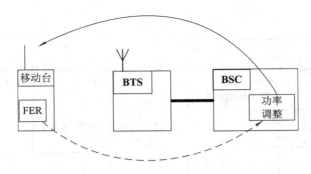

图 3-3-1　前向功率控制示意图

基站通过 MS 提供的对前向 FER(误帧率)的报告决定是增加还是减少发射功率。MS 的报告可为定期报告和门限报告。定期报告就是隔一段时间汇报一次，门限报告就是当 FER 达到一定门限值时才报告。FER 门限值是由运营商根据对语音质量的不同要求而设置的。MS 中两种报告方式可同时存在，也可只用其中一种，或者两种都不用，这可根据运营商的具体要求进行设定。基站系统根据 MS 提供的报告，缓慢地减少对每一移动台的前向链路发射功率，若移动台检测到 FER 增大，就请求基站系统增大前向链路发射功率。

2. 反向功率控制

反向功率控制也称上行链路功率控制。目的是使所有 MS 无论在小区的什么位置，信号到达基站接收机时，都具有相同的电平值，且刚刚达到基站对 MS 的信干比要求的门限值。

反向功率控制分开环功率控制和闭环功率控制。

1) 开环功率控制

开环功率控制完全是由 MS 自己进行控制的。CDMA 系统中的每一个 MS 时刻计算着从基站到 MS 的路径衰耗，若 MS 接收到的信号很强，则表明离基站很近或有一个特别好的传播路径。这时 MS 可降低它的发射功率，而基站依然可以正常接收。相反，当 MS 接收的来自基站的信号很弱时，MS 就会增加发射功率，以抵消衰耗。

开环功率控制只是对发送电平的粗略估计，因此它的反应时间要恰当，不应太快，也不应太慢。如反应太慢，在开机或进入阴影、拐弯效应时，开环起不到应有的作用；如果反应太快，将会由于前向链路中的快衰落而浪费功率。

2) 闭环功率控制

CDMA 系统的前向、反向信道分别占用不同的频段，收、发间隔为 45 MHz。这使收发两个频道衰减的相关性很弱，在整个测试过程中，收发两个频道衰减的平均值应该相等，但在具体某一时刻，则很可能不等。为了能估算出瑞利衰落信道下对 MS 发射功率的调节量，采用闭环功率控制的方法，随时命令 MS 调整发射功率(即闭环调整)。图 3-3-2 所示为反向闭环功率控制示意图。

BTS 对从 MS 收到的信号进行 E_b/N_0 测量，测量结果如果大于所需门限值，则发送"下降"命令(步长 1 dB)；而如果小于门限，则发送"上升"命令(步长 1 dB)。MS 则根据收到的命令调整它的发射功率，直到最佳。

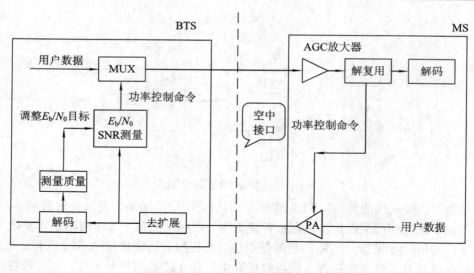

PA—功率放大器；AGC—自动增益控制

图 3-3-2　反向闭环功率控制示意图

在闭环功率控制中，基站起着非常重要的作用。在对反向业务信道进行闭环功率控制时，MS 将根据在前向业务信道上收到的有效功率控制比特(在功率控制子信道上)来调整其平均输出功率。功率控制比特("0"或"1")是连续发送的，其发送周期为 1.25 ms，即 800 b/s。"0"指示 MS 增加平均输出功率，"1"指示 MS 减少平均输出功率。每个功率控制比特使 MS 增加或减少功率 1 dB。

3.3.2　CDMA 系统的软切换

在 CDMA 系统中，信道切换包括如下三种：硬切换、软切换和更软切换。硬切换发生在使用不同载频的两个 CDMA 基站之间。CDMA 的硬切换过程和 GSM 的硬切换大体相似。软切换发生在具有相同载频的 CDMA 基站之间。软切换过程中原小区基站和新小区(一个或多个)基站都为要切换的 MS 提供服务，保持呼叫不间断，如图 3-3-3。更软切换是一种发生在同一基站的不同扇区的切换，发生在两个扇区或三个扇区之间。这种类型的切换只发生在小区内，而不涉及移动交换中心，如图 3-3-4 所示。

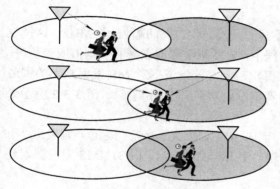

图 3-3-3　软切换示意图

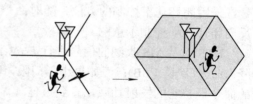

图 3-3-4　更软切换示意图

软切换的具体过程包含三个阶段：MS 与原小区基站保持通信链路；MS 与原小区基站保持通信链路的同时，与新的目标小区(一个或多个)的基站建立通信链路；MS 只与其中的一个新小区基站保持通信链路，切换结束。软切换可以减小呼叫中断的可能性，并减少了在切换过程中切换信令的乒乓效应。

软切换的具体过程如下：

(1) 在呼叫建立过程中，MS 被提供了一套切换门限电平的上限和下限值集合。实现软切换的前提条件是 MS 能够不断地测量原基站和相邻基站导频信道的信号强度，并把测量结果通知 MSC。

(2) 当 MS 测量到相邻小区基站的导频信号强度大于门限上限值时，MS 将所有高于此值的导频信号信息报告给 MSC，并将发送这些导频信号的基站作为切换的候选者。这时，MS 进入软切换区。

(3) MSC 通过原小区基站向 MS 发送一个切换导向指令，MS 根据切换导向的指令，跟踪(一个或多个)新的目标小区的导频信号，将这些导频信号作为有效者(或激活者)。同时，MS 在反向信道上向所有激活者的基站发送一个切换完成的信息。这时，MS 在保持与原小区基站链路的同时，与新小区基站建立了链路。因此，在此阶段 MS 的通信是多信道并行的。

(4) 当原小区基站的导频信号强度低于下门限时，MS 切换定时器开启计时，计时期满，MS 向基站发送导频信号强度的测量数据。基站向 MS 发送一个切换导向指令，依此切换导向指令，MS 拆除与原小区的链路，保持一个新小区的链路，并向基站发送一个切换完成的信息。这时，就完成了越区软切换的全过程。

思 考 题

3-1 CDMA 的特点有哪些？

3-2 主要采用的扩频技术有哪些？

3-3 IS-95 系统的前向链路和反向链路中信道编码有何相同之处和不同之处？

3-4 IS-95 系统的前向和反向链路包括哪些信道，主要功能是什么？前向业务信道的数据传输主要可以分为几部分完成？

3-5 什么是"远近效应"？

3-6 IS-95 系统中，前向、反向功率控制的原则是什么？

3-7 简述开环功率控制和闭环功率控制的原理。

3-8 为什么说 CDMA 系统具有软容量特性？

3-9 CDMA 系统的切换类型都有哪些？都在什么条件下进行应用？

第 4 章 WCDNA 系统

4.1 第三代移动通信系统概述

本书第二章和第三章介绍了典型的第二代移动通信系统——GSM 系统和 IS-95 系统。GSM 是作为全球数字蜂窝通信的 TDMA 标准而设计的，采用 FDD 双工方式。IS-95 是北美的另一种数字蜂窝标准，指定使用 CDMA 多址方式，已成为美国 PCS(个人通信系统)网的首选技术。由于第二代移动通信以传输语音和低速数据业务为目的，从 1996 年开始，为了解决中速数据传输问题，又出现了 2.5 代的移动通信系统，如 GPRS 和 IS-95B。

CDMA 系统容量大，相当于模拟系统的 10 倍~20 倍，与模拟系统的兼容性好。由于窄带 CDMA 技术比 GSM 成熟晚等原因，使其在世界范围内的应用远不及 GSM，只在北美、韩国和中国等地有较大规模的商用。移动通信现在主要提供的服务仍然是语音服务以及低速率数据服务。随着网络的发展，数据通信和多媒体通信的发展势头很快，所以，第三代移动通信的目标就是宽带多媒体通信。第三代移动通信系统现在正处于预商用阶段，有些欧洲和亚洲的国家已进行商用。

第三代移动通信系统(3G)的目标是实现个人用户终端在全球范围内任何时候(Whenever)、任何地点(Wherever)、与任何人(Whomever)、以任何方式(Whatever)可以进行通信。目前，3G 的框架已确定，将卫星移动通信网与地面移动通信网相结合，形成一个全球无缝覆盖的立体通信网络，满足城市和偏远地区不同密度用户的通信需求，支持语音、数据和多媒体业务。3G 系统中采用了高效信道编码、软件无线电、智能天线、多用户检测和干扰消除等新技术。

第三代移动通信系统最早由国际电信联盟 ITU 于 1985 年提出，当时称为未来公众陆地移动通信系统(Future Public Land Mobile Telecommunication System，FPLMTS)，1996 年更名为 IMT-2000(International Mobile Telecommunication-2000，国际移动通信-2000)，主要体制有 WCDMA、CDMA 2000 和 UWC-136。1999 年 11 月 5 日，国际电联 ITU-R TG8/1 第 18 次会议通过了"IMT-2000 无线接口技术规范"建议，其中我国提出的 TD-SCDMA 技术写入了第三代无线接口规范建议的 IMT-2000 CDMA TDD 部分中。"IMT-2000 无线接口技术规范"建议的通过表明第三代移动通信系统无线接口技术规范方面的工作已经基本完成。第三代移动通信系统开发和应用将进入实质阶段，因此国际电联 ITU-R TG8/1 第 18 次会议是一次具有历史意义的重要会议。IMT-2000 是供全世界使用的 3G 标准，其特点是综合了蜂窝、寻呼、集群、无线接入、移动数据、移动卫星、个人通信等各类移动通信功能，提供与固定电信相兼容和移动接入互联网的高质量业务，在较高传输速率和较大带宽的条件下工作。

由于 ITU 要求第三代移动通信的实现应易于从第二代系统逐步演进,而第二代系统又存在两大互不兼容的通信体制,即 GSM 和 CDMA,因此 IMT-2000 的标准化研究实际上出现了两种不同的主流演进趋势。一种是以由欧洲 ETSI、日本 ARIB/TTC、美国 T1、韩国 TTA 和中国 CWTS 为核心发起成立的 3GPP 组织,专门研究如何从 GSM 系统向 IMT-2000 演进;另一种是以美国 TIA、日本 ARIB/TTC、韩国 TTA 和中国 CWTS 为首成立的 3GPP2 组织,专门研究如何从 CDMA 系统向 IMT-2000 演进。

1. IMT-2000 的主要要求

ITU 对第三代陆地移动通信系统的基本要求如下:

(1) 业务数据速率方面。

室内:2 Mb/s;

手持机:384 kb/s;

高速移动:FDD 方式——144 kb/s,移动速度达到 500 km/h;TDD 方式——144 kb/s,移动速度达到 120 km/h。

(2) 业务质量。

数据业务的误码率不超过 10^{-3} 或 10^{-6}(根据具体业务要求而定),并可提供高速数据、图像、电视图像等数据传输业务。

(3) 兼容性方面具有全球设计范围内的高度兼容性,能够实现多种网络互联,具有从 2G 向 3G 过渡的灵活性,以及向未来通信演进的灵活性。IMT-2000 业务应与固定网络业务兼容。

(4) 全球无缝覆盖,移动终端可以连接到地面网和卫星网,使用方便。

(5) 移动终端体积小、重量轻,应具有全球漫游功能。

2. 3G 标准化组织机构

国际上研究 3G 标准化的组织主要有 3GPP 和 3GPP2。3GPP 主要负责 FDD(WCDMA) 和 TDD(HCR TDD 和 LCR TDD)技术的标准化工作,其中 HCR TDD 为高码片速率的 TDD,指的是 TD-CDMA 技术标准,LCR TDD 为低码片速率的 TDD,指的是我国提出的 TD-SCDMA 技术标准。3GPP2 主要负责 CDMA 2000 技术的标准化工作。自从 3GPP 和 3GPP2 成立之后,IMT-2000 的标准化研究工作就主要由这两个组织承担,而 ITU 主要负责标准的正式制定和发布方面的管理工作。

3GPP 的标准分为不同版本(Release),采取整体推进的方式,各版本之间的发布时间间隔约为 1 年。目前,3GPP 已完成了 R99、R4、R5 和 R6 多个版本,正在制定 R7 标准。各个 Release 的发布体现了 3GPP 确定的技术发展路线。

3GPP2 与 3GPP 组织类似,各国的主要标准化组织也均是 3GPP2 的项目伙伴。在 2G IS-95A/B 基础上发展到 CDMA2000-1X 之后,从 2000 年至 2006 年,3GPP2 在 CDMA 2000 发展方向及标准的研究主要集中在 1X-EV 方面(其中,1X 表示 1 个 1.25 MHz 载波,EV 意为演进),包括 1X-EV-DO(也称为高速分组数据 HRPD)和 1X-EV-DV 两大体系和趋势。其中,1X-EV-DO 专门为高速无线分组数据业务设计,1X-EV-DV 系统则能够提供混合的高速数据和语音业务。

3G 标准是一个大家族,由于牵涉到不同国家和企业的切身利益,因此没有达到统一的唯一标准,最终 ITU 批准了五种 IMT-2000 标准,其中主要的三个标准是 WCDMA、TD-SCDMA、CDMA2000。本书的第 4~6 章分别介绍这三个标准对应的系统。

4.2 WCDMA 系统结构

4.2.1 WCDMA 网络结构及主要参数

WCDMA 通信系统也称为 UMTS。整个系统由陆地无线接入网络(UMTS Terrestrial Radio Access Network,UTRAN)子系统、核心网络(Core Network,CN)子系统和用户终端(User Equipment,UE)设备三部分构成,如图 4-2-1 所示。

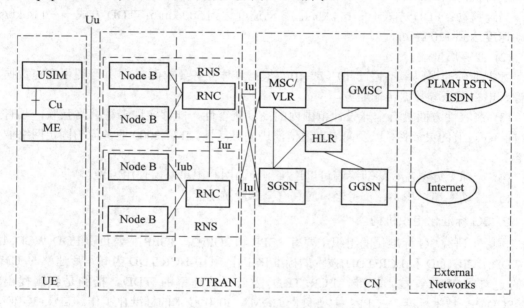

图 4-2-1　UMTS 网络系统构成示意图(从 3G R99 标准角度)

UTRAN 子系统为 UE 提供无线接口,完成与用户无线接入有关的所有功能,包括无线信道的分配、释放、切换、管理等。UTRAN 包括多个无线网络子系统 RNS,通过 Iu 接口与核心网络子系统 CN 连接。

核心网络子系统 CN 处理 UMTS 系统内所有的语音呼叫和数据连接,并提供外部网络连接的交换和路由。核心网络从逻辑上可分为电路交换域(CS)和分组交换域(PS)。CS 域是 UMTS 的电路交换核心网,用于支持电路数据业务,PS 域是 UMTS 的分组业务核心网,用于支持分组数据业务(GPRS)和一些多媒体业务;根据 UTRAN 连接到核心网络逻辑域的不同实体,Iu 接口可分为 Iu-CS 和 Iu-PS,其中 Iu-CS 是 UTRAN 与 CS 域的接口,Iu-PS 是 UTRAN 与 PS 域的接口。

用户终端设备 UE 主要包括射频处理单元、基带处理单元、协议栈模块以及应用层软件模块等。UE 通过空中接口 Uu 与网络设备进行数据交互,为用户提供电路域和分组域内的各种业务功能，包括普通语音、宽带语音、移动多媒体、Internet 应用等。

3G 的 UE 是一种多模设备，UE 由移动设备(Mobile Equipment，ME)、2G 用户识别卡 SIM 及 3G 手机卡 USIM(UMTS Subscribe Identity Module)等部分组成。其中，ME 是一个裸的终端设备，通过它可以完成无线连接，实现应用功能；SIM 存储的是 2G 用户的签约数据；USIM 存储的是 3G 用户的签约数据。

从 3GPP R99 标准的角度来看，UE 和 UTRAN 的实现采用全新的协议，其设计基于 WCDMA 无线技术。而 CN 则采用了 GSM/GPRS 的定义，这有利于实现从 2G 到 3G 网络的平滑过渡。

除上述部分外，UMTS 系统也有一个运营维护子系统 OSS，执行网络操作维护、用户管理等相关功能，这一点与 GSM 系统相同。

WCDMA 系统的基本技术参数如表 4-2-1 所示。

表 4-2-1　WCDMA 系统的基本技术参数

参　数　名　称	规　　　格
载频间隔	5 MHz
码片速率	3.84 Mc/s
双工方式	FDD/TDD
帧长	10 ms
基站同步方式	异步
扩频调制	下行链路：平衡 QPSK 上行链路：双信道 QPSK
扩展因子	FDD 模式上行：4～256 FDD 模式下行：4～512 TDD 模式下行：1～16
功率控制	开环和快速闭环，1600 b/s
切换	软切换，频率间切换

4.2.2　WCDMA 陆地无线接入网络子系统(UTRAN)

UTRAN 由一组通过 Iu 接口连到核心网 CN 的无线网络子系统(Radio Network Subsystem，RNS)组成。一个 RNS 由一个基站控制器(RNC)和一个或多个基站(Node B)组成。

1. RNC

RNC 是 RNS 的控制部分，主要负责各种接口的管理，承担无线资源和无线参数的管理。RNC 通过 Iu 接口与核心网络 CN 的 MSC 和 SGSN 相连接。UE 和 UTRAN 之间的协议在 RNC 终结。RNC 可分为 SRNC 与 DRNC。SRNC 又称为服务 RNC，它向上终止与核心网联接的 Iu 接口，向下终止 Uu 接口的第二层；DRNC 与 SRNC 对应，又称为漂游 RNC，它出借资源给 SRNC，共同完成无线接入功能，它与 SRNC 的通信通过 Iur 接口完成。SRNC 实现无线资源管理，当移动终端在不同的 RNC 间进行软切换时，SRNC 汇合从 SRNC 和 DRNC 两个分支上来的流量。

(1) RNC 完成以下主要功能：
① 提供标准和开放的 Iub 接口与 Node B 相连；
② 对与之连接的所有 Node B 进行无线资源管理和控制；
③ 提供标准的、开放的 Iur 接口与其他 RNC 相连；
④ 提供标准的、开放的 Iu 接口与 CN 相连，包括 Iu-CS 和 Iu-PS；
⑤ 支持 FDD 方式并可以扩充至支持 TDD 的 Uu 接口；
⑥ 可以选择大容量的 ATM 交换功能，提供多种中继接口如 E1 和 STM-1；
⑦ 支持多种业务包括电路数据业务、分组数据业务和多媒体业务；
⑧ 支持最高用户数据速率为 2 Mb/s 的电路数据业务与分组数据业务的处理与传输。

(2) 典型 RNC 设备的逻辑结构。图 4-2-2 所示为典型 RNC 设备的系统逻辑结构，主要包括交换子系统、业务处理子系统和操作维护子系统。交换子系统和业务处理子系统统称为主机系统。

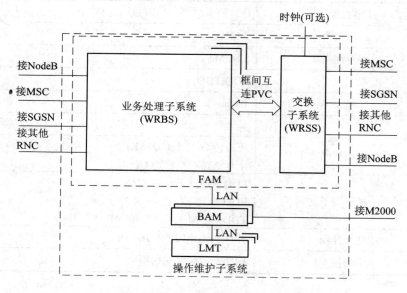

图 4-2-2 典型 RNC 设备的系统逻辑结构

① 交换子系统。交换子系统主要由交换插框完成，它实现设备内部交换功能，并完成 Iu-PS 用户面传输网络层处理。对外可提供 Iu-CS、Iu-PS、Iu-BC、Iur 和 Iub 的高速 STM-1 光接口(其中 Iu 接口还可以提供 STM-4 光接口)，采用 ATM PVC(Permanent Virtual Circuit)传输。

交换子系统还提供操作维护接口和系统时钟信号接口。

② 业务处理子系统。业务处理子系统主要由业务插框完成，它是基本业务处理模块，主要完成 3GPP 中 RNC 相关协议功能，包括宏分集合并、帧处理、Uu 接口层 2 处理，以及呼叫控制、切换、功率控制等无线资源管理。同时可提供 Iu-CS、Iu-PS、Iu-BC、Iur 和 Iub 接口的低速传输端口(E1/T1)。

业务处理子系统可以根据业务容量需求进行配置。

③ 操作维护子系统。操作维护子系统由 FAM、主用 BAM(Back Administration Module)

服务器、备用 BAM 服务器、LMT(Local Maintenance Terminal)、LAN Switch、告警箱等组成，主要完成故障管理、配置管理、安全管理、测试管理、状态监测、消息跟踪等操作维护功能。操作维护子系统同时提供到集中网管 M2000 的接口。一个设备只配置一个操作维护子系统。

2. Node B

Node B 是 RNS 的无线收发信设备，由 RNC 控制，服务于一个无线小区。Node B 通过标准的 Iub 接口和 RNC 互连，主要完成 Uu 接口物理层协议的处理。Node B 在逻辑上对应于 GSM 网络中的收发信机 BTS。Node B 完成的主要功能有执行宏分集的分集/组合和软切换；传输信道复用及码组合传输信道解复用；传输信道到物理信道的速率匹配；传输信道到物理信道的映射；物理信道功率加权/合成；传输信道错误检测；传输信道 FEC 编解码；扩频调制；频率和时间同步(包括码片同步、比特同步、时隙同步和帧同步)；RF 处理；内环功控；测量并提供给高层(FER、SIR)、干扰功率和发射功率等测量信息；参与无线资源管理等。

Node B 由下列几个逻辑功能模块构成：多载波功放、TRX 收发信机、基带处理、传输接口单元、主控制单元等，如图 4-2-3 所示。

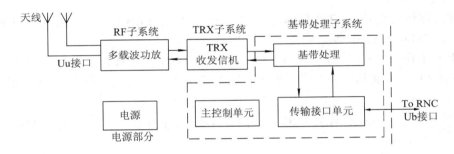

图 4-2-3 Node B 的逻辑组成原图

3. 接入网接口

接入网接口包含 Iub、Iur、Iu 三大接口，分别用于 Node B 和 RNC、RNC 和 RNC、RNC 和 CN 之间的互连，并支持业务数据流和信令流在其上的传输。

与 GSM 不同，接入网接口都是开放的接口，它在协议结构上分为无线网络层和传输网络层。无线网络层实现所有与 WCDMA 无线接入网络相关的功能，传输网络层实现一种标准传输技术，与无线网络层特定功能无关。

1) Iub 接口

Iub 为 RNC 和 Node B 之间的开放接口，控制面应用协议是 NBAP，用户面处理协议为 Iub-FP。

Iub 接口在 WCDMA 无线接入网中的地位类似于 GSM BSS 中的 Abis 口，它实现如下功能：Iub 接口传输资源管理；Node B 逻辑操作维护；特定操作维护传输的实现；系统信息管理；公共信道传输管理；专用信道传输管理；共享信道传输管理；定时与同步管理。

NBAP 协议由一组为完成以上功能而设计的 RNC 与 Node B 之间消息交互流程组成。Iub-FP 协议是一种数据传输帧协议。该协议按空中接口(Uu)的传输时间间隔(TTI)将传输信道上数据块组帧，由传输网络层传输到 Iub 接口的对端，或从传输网络层接收数据帧，按协议规范帧为传输块。

目前，在传输层采用 ATM 传输技术的情况下，Node B 与 RNC 之间一般采用以下两种物理传输方式：E1 和 STM-1 光传输。在逻辑上，Iub 接口采用 ATM PVC 来承载控制面消息(AAL5)和用户面数(AAL2)。

2) Iu 接口

Iu 为 RNC 和 CN 之间的开放接口，控制面应用协议是 RANAP，用户面处理协议为 Iu-UP。Iu 接口包括两个域：Iu-CS 和 Iu-PS。Iu-CS 域连接 RNC 和 CN 的电路域，为电路数据业务如语音、ISDN 数据业务提供传输承载；Iu-PS 为 RNC 与 CN 之间的分组数据业务如 IP、X.25 等提供传输承载。

Iu 接口在 WCDMA 无线接入网中的地位类似于 GSM 中的 A 接口，它具有如下功能：无线接入承载(RAB)管理；无线资源管理；速率适配；Iu 链路管理；Iu 用户面管理；移动性管理；安全性管理；业务及网络接入功能。

RANAP 协议由一组为完成以上功能而设计的 RNC 与 CN 之间消息交互流程组成。Iu-UP 协议用于传输与 RAB 关联的数据流，支持两种传输方式：透明传输方式和预定义 SDU 大小支持模式。

目前，在传输层采用 ATM 传输技术的情况下，CN 与 RNC 之间一般采用 SDH 传输，如 STM-1/STM-4/STM-16 等。

由于 CN 存在 CS 和 PS 两个域，CS 数据采用 PVC + AAL2 方式承载，PS 数据采用 IPOA + GTP-U 方式传送分组数据。RNC 和 CN 之间的信令连接由 SCCP 链路承载。

3) Iur 接口

Iur 为具有相邻小区的两个 RNC 之间的开放接口，控制面应用协议是 RNSAP，用户面处理协议为 Iur-FP。

在 WCDMA 无线接入网中引入一个开放的接口(Iur)的主要目的，是当一个与网络处于连接态的 UE 在不同小区(可以属于不同 RNC)之间移动时，由无线接入网络(多个 RNS 组成)通过该接口传递信令和数据来跟踪和保持该 UE 的各种信息(UE 上下文)和数据通路，而不是频繁地由 UE 和 CN 重新建立连接，即 CN 尽可能只关心业务本身而不关心 UE 在无线接入网中的位置。

目前，在传输层采用 ATM 传输技术的情况下，RNC 之间一般采用 STM-1 光传输。两个 RNC 可以物理直联，也可以通过 CN 联网。

4.2.3 WCDMA 核心网的演进

核心网 CN 从逻辑上可划分为电路域(CS 域)、分组域(PS 域)和广播域(BC 域)。CS 域设备是指为用户提供"电路型业务"，或提供相关信令连接的实体，CS 域特有的实体包括 MSC、GMSC、VLR、IWF。PS 域为用户提供"分组型数据业务"，PS 域特有的实体包括 SGSN 和 GGSN。其他设备如 HLR(或 HSS)、AuC、EIR 等为 CS 域与 PS 域共用。

WCDMA 的网络总体结构定义在 3GPP TS 23.002 中，目前有三个版本，分别为 R99、R4、R5。对于这三个版本，PS 域特有的设备主体没有变化，只进行协议的升级和优化；

CS 域设备变化也不是非常大。在 R4 网络中，MSC(或 GMSC)可根据需要被 MSCServer(或 GMSCServer)和 MGW 替代，新增了一个 R-SGW，HLR 也可被替换为 HSS(规范中没有给出明确说明)。在 R5 网络中，如果有 IMS(IP 多媒体子系统)，则网络使用 HSS 以替代 HLR。下面简单介绍这三个版本的网络结构。

1．R99 网络结构及接口

为了确保运营商的投资利益，在 R99 网络结构设计中充分考虑了 2G 和 3G 的兼容性问题，以支持 GSM/GPRS/3G 的平滑过渡。因此，在网络中，CS 域和 PS 域是并列的，R99 核心网设备包括 MSC/VLR、IWF、SGSN、GGSN、HLR/AuC、EIR 等。为支持 3G 业务，有些设备增添了相应的接口协议，另外对原有的接口协议进行了改进。

图 4-2-4 是 R99 的基本网络结构(包括 CS 域和 PS 域)，图中所有功能实体都可作为独立的物理设备。

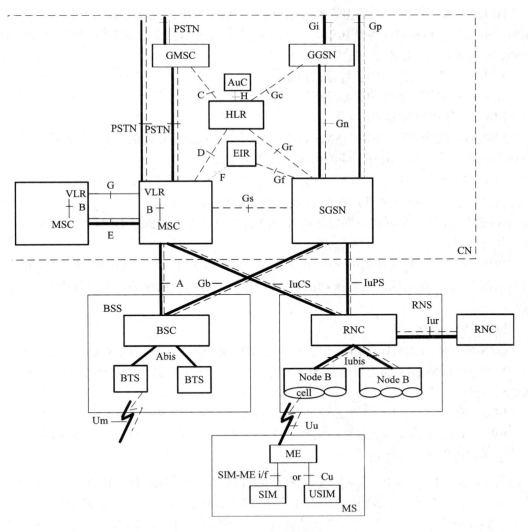

图 4-2-4　R99 网络结构图

核心网络分为 CS 域和 PS 域。CS 域以原有的 GSM 网络为基础，PS 域以原有的 GPRS 网络为基础。

CS 域：用于向用户提供电路型业务的连接，实现方式包括 TDM 方式和 ATM 方式。它包括 MSC/VLR、GMSC 等交换实体以及用于与其他网络互通的 IWF 实体等。

PS 域：用于向用户提供分组型业务的连接，实现方式为 IP 包分组方式。它包括 SGSN、GGSN 以及与其他 PLMN 互连的 BG 等网络实体。

MSC 与 SGSN 两个功能实体可以合设也可独立设置。呼叫控制部分的信令增强了对多媒体业务的支持。移动性管理仍沿用 MAP 信令，只是由于对 CAMEL、GPRS 等功能的增强而对 MAP 信令做了相应的补充。

下面对 R99 核心网络的各功能实体作一简单介绍。

1) CS 域和 PS 域共用的功能实体

HLR：完成移动用户的数据管理(MSISDN、IMSI、PDP ADDRESS、LUM INDICATOR、签约的电信业务和补充业务及其业务的适用范围)和位置信息管理(MSRN、MSC 号码、VLR 号码、SGSN 号码、GMLC 等)。

VLR：处理当前用户的各种数据信息。

AUC：存储用户的鉴权信息(密钥)。

EIR：存储用户的 IMEI 信息。

SMS-GMSC 和 SMS-IMSC：SMS-GMSC 用于保证短消息正确的由 SC 发送至移动用户，SMS-IMSC 用于保证短消息正确的由用户发送至 SC。

2) CS 域功能实体

MSC：完成电路交换型业务的交换功能和信令控制功能。

GMSC：在某一个网络中完成移动用户路由寻址功能的 MSC。GSMC 可以与 MSC 合设，也可分设。

IWF：与 MSC 紧密相关的一个功能实体，完成 PLMN 网络与 ISDN、PSTN、PDN 网络之间的互通(主要完成信令转换功能)，其具体功能可以根据业务和网络种类的不同进行规定。

3) PS 域功能实体

GSN(SGSN、GGSN)：完成分组业务用户的分组包的传送，包括存储用户的签约信息(IMSI、PDP ADDRESS)和位置信息(SGSN：VLR 号码、CELL 或 ROUTING AREA；GGSN：SGSN 号码)。

BG：完成两个 GPRS 网络之间的互通，保证网络互通的安全性。

R99 中核心网的接口协议详细说明可查阅 3GPP 规范的 08、23、29 系列标准。

2. R4 网络结构及接口

图 4-2-5 是 R4 版本的 PLMN 基本网络结构，图中所有功能实体都可作为独立的物理设备。关于 Nb、Mc 和 Nc 等接口的标准包括在 23.205 和 29 系列的技术规范中。

在实际应用中，一些功能可能会结合到同一个物理实体中，如 MSC/VLR、HLR/AuC 等，使得某些接口成为内部接口。

第 4 章 WCDMA 系统

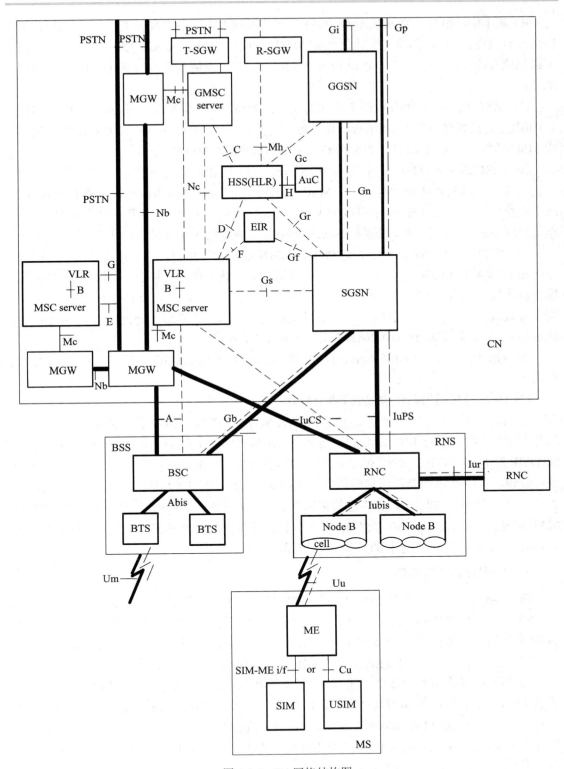

图 4-2-5 R4 网络结构图

R4 版本中，相对于 R99 版本 PS 域的功能实体 SGSN 和 GGSN 没有改变，与外界的接口也没有改变。CS 域的功能实体仍然有 MSC、VLR、HLR、AUC、EIR 等设备，相互间关系也没有改变。但为了支持全 IP 网发展，R4 版本中 CS 域实体有所变化，其中有变化的部分如下：

（1）MSC 根据需要可分成两个不同的实体：MSC 服务器(MSC Server，仅用于处理信令)和电路交换媒体网关(CS-MGW，用于处理用户数据)。MSC Server 和 CS-MGW 共同完成 MSC 功能。对应的 GMSC 也分成 GMSC Server 和 CS-MGW。

① MSC 服务器(MSC Server)。MSC Server 主要由 MSC 的呼叫控制和移动控制组成，负责完成 CS 域的呼叫处理等功能。MSC Server 终接用户—网络信令，并将其转换成网络—网络信令。MSC Server 也可包含 VLR，以处理移动用户的业务数据和漫游等相关数据。MSC Server 可通过接口控制 CS-MGW 中媒体通道的关于连接控制的部分呼叫状态。

② 媒体网关(MGW)。MGW 是 PSTN/PLMN 的传输终接点，并且通过 Iu 接口连接核心网和 UTRAN。MGW 可以是从电路交换网络来的承载通道的终接点，也可是分组网来的媒体流(例如，IP 网中的 RTP 流)的终接点。在 Iu 上，CS-MGW 可支持媒体转换、承载控制和有效载荷处理(例如，多媒体数字信号编解码器、回音消除器、会议桥等)，可支持 CS 业务的不同 Iu 选项(基于 AAL2/ATM 或基于 RTP/UDP/IP)。

③ GMSC 服务器(GMSC Server)。GMSC Server 主要由 GMSC 的呼叫控制和移动控制组成。

（2）HLR 可更新为归属位置服务器(HSS)。

（3）R4 新增一个实体，即漫游信令网关(R-SGW)。在基于 No.7 信令的 R4 之前的网络和基于 IP 传输信令的 R99 之后的网络之间，R-SGW 完成传输层信令的双向转换(Sigtran SCTP/IP 对 No.7 MTP)。R-SGW 不对 MAP/CAP 消息进行翻译，但对 SCCP 层之下的消息进行翻译，以保证信令能够正确传送。为支持 R4 版本之前的 CS 终端，R-SGW 实现不同版本网络中 MAP-E 和 MAP-G 消息的正确互通。也就是保证 R4 网络实体中基于 IP 传输的 MAP 消息，与 MSC/VLR (R4 版本前)中基于 No.7 传输的 MAP 消息能够互通。图 4-2-5 中，T-SGW 是在具有 HSS 时才有的，而 HSS 在 R4 中不是必需的。

3. R5 网络结构及接口

图 4-2-6 是 R5 版本的 PLMN 基本网络结构。图中所有功能实体都可作为独立的物理设备。R5 版本不但在核心网络实现 IP，在无线接入部分也引入 IP。使用 IPV6 协议作为基本的 IP 承载协议。为适应 IP 多媒体业务的出现，新增 IPM 子域。引入大量新的功能实体，可连接多种无线接入技术(UTRAN、ERAN)。

R5 版本的网络结构和接口形式与 R4 版本的基本一致。差别主要是，当 PLMN 包括 IM 子系统时，HLR 被 HSS 所替代；另外，BSS 和 CS-MSC、MSC-Server 之间同时支持 A 接口及 Iu-CS 接口，BSC 和 SGSN 之间支持 Gb 及 Iu-PS 接口。

图 4-2-7 是 R5 版本的 IMS 基本网络结构，主要表示的是 IMS 域的功能实体和接口。图中所有功能实体都可作为独立的物理设备。

第 4 章 WCDMA 系统

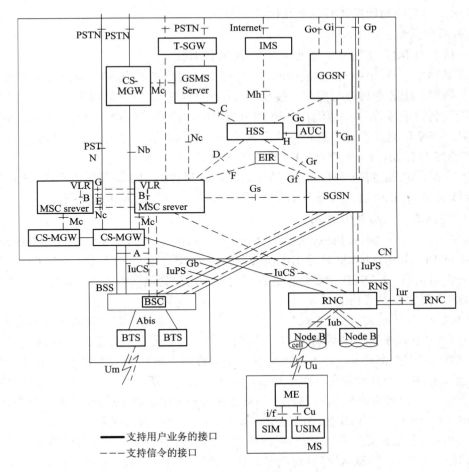

图 4-2-6 R5 的网络结构图

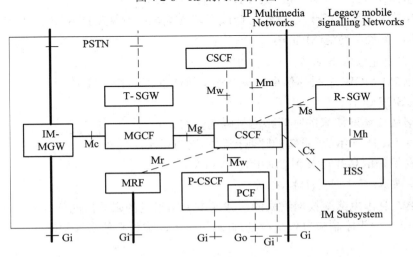

图 4-2-7 R5 的 IMS 网络结构图

R5 版本新增的物理实体有以下几种：

1) 归属位置服务器(HSS)

当网络具有 IM 子系统时，需要利用 HSS 替代 HLR。

HSS 是网络中移动用户的主数据库，存储有支持网络实体完成呼叫/会话处理相关的业务信息。例如，HSS 通过进行鉴权、授权、名称/地址解析、位置依赖等，以支持呼叫控制服务器能顺利完成漫游/路由等流程。和 HLR 一样，HSS 负责维护和管理有关用户识别码、地址信息、安全信息、位置信息、签约服务等用户信息。基于这些信息，HSS 可支持不同控制系统(CS 域控制、PS 域控制、IM 控制等)的 CC/SM 实体。

HSS 支持的功能包括：IM 子系统请求的用户控制功能；PS 域请求的有关 HLR 功能子集；CS 域部分的 HLR 功能(如果容许用户接入 CS 域，或漫游到传统网络)。

2) 呼叫状态控制功能(CSCF)

CSCF 的功能形式有：Proxy CSCF(P-CSCF)、Serving CSCF(S-CSCF)或 Interrogating CSCF(I-CSCF)。其中：P-CSCF 是 UE 在 IM 子系统中的第一个接入点；S-CSCF 用于处理网络中的会话状态；I-CSCF 主要是在运营网内的，连接到该网内一个用户的所有连接点。

CSCF 主要完成以下功能：

(1) ICGW(入呼网关，在 I-CSCF 中实现)。作为第一个接入点，完成入呼的路由功能；入呼业务的触发(如呼叫的显示/呼叫的无条件转发)；地址的查询处理；与 HSS 通信。

(2) CCF(呼叫控制功能，在 S-CSCF 中实现)。呼叫的建立/终结与状态/事件的管理；与 MRF 交互支持多方或其他业务；用于计费、审核、监听等所有事件的上报；接收与处理应用层的登记；地址的查询处理；向应用与业务网络(VHE/OSA)提供业务触发机制(Service Capabilities Features)；可向服务网络触发位置业务；检查呼出的权限。

(3) SPD(业务描述数据库)。与归属网络的 HSS 交互获取 IM 域的用户签约信息，并可根据与归属网络签定的 SLA 将签约数据存储；通知归属网络最初的用户接入(包括 CSCF 的信令传输地址，用户的 ID 等)；缓存接入的相关信息。

(4) AH(寻址处理)。分析、转换、修改、映射地址；网络之间互联路由的地址处理。

3) 媒体网关控制功能(MGCF)

MGCF 主要完成以下功能：

(1) 控制 IM-MGW 中媒体信道中关于连接控制的部分呼叫状态。

(2) 与 CSCF 通信。

(3) 根据从传统网络来的呼叫路由号码选择 CSCF。

(4) 进行 ISUP 与 IM 子系统的呼叫控制协议的转换。

(5) 接收带外信息并转发到 CSCF/IM-MGW。

4) IP 多媒体-媒体网关(IM-MGW)

IM-MGW 是由电路交换网络来的承载通道和由组网的媒体流的终接点。IM-MGW 可支持媒体转换、承载控制和有效载荷处理(例如，多媒体数字信号编解码器、回音消除器、会议桥等)。

IM-MGW 的主要功能与 MGCF、MSC 服务器和 GMSC 服务器相连，进行资源控制；拥有并使用如回音消除器等资源；可能需要具有多媒体数字信号编解码器。

CS-MGW 可具有必要的资源以支持 UMTS/GSM 传输媒体。进一步，可要求 H.248 裁剪器支持附加的多媒体数字信号编解码器和成帧协议等。

5) 信令传输网关功能(T-SGW)

T-SGW 完成将来自或去向 PSTN/PLMN 的呼叫相关的信令映射为 IP 承载，并将它发送到 MSGCF 或从 MGCF 接收。但必须提供 PSTN/PLMN ↔ IP 的传输层的地址映射。

6) 多媒体资源功能(MRF)

MRF 完成多方呼叫与多媒体会议功能，与 H.323 的 MCU 功能相同。在多方呼叫与多媒体会议中负责承载控制(与 GGSN 和 IM-MGW 一起完成)。而且，MRF 与 CSCF 通信可完成多方呼叫与多媒体会话中的业务确认功能。

4.3 WCDMA 空中接口

4.3.1 空中接口的协议结构

图 4-3-1 显示的是从 UE 角度所看到的空中接口协议层结构图。UMTS 将空中接口的协议层分为两个层面：接入层面(Access Stratum)和非接入层面(Non-Access Stratum)。其中，接入层面就是移动台和 UTRAN 网络对话所应用到的层面，而非接入层面是移动台和核心网之间的对话透明通过的接入层面。接入层面协议与接入类型的变化有关，非接入层面不会发生变化。目前的接入类型是 UTRAN FDD 模式。

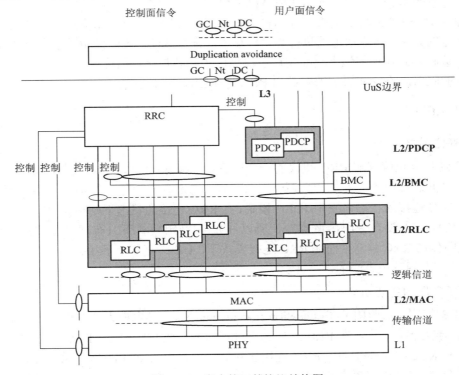

图 4-3-1 空中接口的协议结构图

协议层上层将其分成两个平面,即控制平面和用户平面。控制平面处理信令,无论是系统内还是系统间的信令,都位于控制平面;而用户平面定义的是业务信息的传递。作为用户平面来说,在空中接口上无非有两类——数据和话音。对于话音业务,通过上层 AMR 协议层的编码,直接利用底层的承载进行发射。对于数据业务,不同数据的应用选择合适的网络层,再选择合适的传输层,作传输承载,其中的分组数据集中协议 PDCP(Packet Data Convergence Protocol)(可选)只位于用户平面,只针对数据业务,完成数据包头和数据段的压缩。用户平面的 BMC 称为广播、组播业务控制协议。控制平面的上层通常称为层 3 消息,该层消息一部分属于接入层面,另一部分属于非接入层面(移动台与核心网对话)。在非接入层面的协议有 MM(移动性管理,如位置登记、与切换过程有关的消息)、CC(呼叫建立,如呼叫建立、服务申请)和 CM 等,这部分协议与 GSM 完全一样。在接入层面,UTRAN 网络接入层的核心就是 RRC 层的模块协议。RRC 层位于 RNC,是移动台和 RNC 之间的对话。RRC 层功能包括无线资源管理和分配、CAC 算法、QoS 映射、无线承载的分配、安全性功能等。这些功能的控制全在 RRC 层,RRC 同层的对话是与移动台的对话;不同层之间,由 RRC 完成对 RLC、MAC 层以及物理的传输子层的控制。

RLC 层在 RRC 层控制下完成上层的应用到逻辑信道的映射,RLC 可以区分上层控制层面或用户层面的不同信息,映射到不同的逻辑信道上。换言之,RLC 层可以根据上层不同的逻辑消息来添加不同的 RLC 的字头(Header),选择合适的 RLC 层工作模式。

MAC 层同样需在 RRC 层控制下完成从逻辑信道到传输信道的映射,MAC 会选择不同类的逻辑消息再映射到不同类的传输信道。由于映射的传输信道的不同,MAC 所添加的字头也是不一样的。需强调的是,它只是映射到传输信道的类别上,并不完成传输信道的处理,也就是整个基带信号的处理并非在 MAC 层完成。

物理层(PHY)包含两个子层,分别称为传输子层和物理子层。传输子层的功能就是完成基带信号的处理,传输信道的执行是由传输子层来完成的。通过传输子层完成处理之后,信息将会被映射到物理信道上,在物理子层完成扩频和加扰,这样就完成了从传输信道向物理信道的映射。不论何层的映射都由 RRC 层来控制。

4.3.2 RRC 层

1. RRC 连接

RRC 连接是正确理解 RRC 协议的一个很重要的概念,一个 RRC 连接可以看做在 UE 和 SRNC 之间进行信令交互的一条逻辑通路,每个 UE 最多只有一个 RRC 连接。对 UE 来说,没有 RRC 连接的状态为空闲(IDLE)模式,有 RRC 连接的状态下则称为 RRC 连接模式。UE 在空闲模式下没有专用信道资源,所以 UE 在空闲模式下只有通过公共控制信道和 SRNC 之间传送 RRC 消息。而在 RRC 连接模式下,UE 又有 4 个子状态,并不是每个状态下,UE 都有专用信道资源的。

2. RRC 层的主要功能

(1) RRC 连接管理(RRC Connection management)。移动台向系统提出接入请求,需要完成 RRC 连接建立过程。在 RRC 连接建立过程前要完成开环功控,RRC 连接建立实际上是移动台和 RNC 之间的对话,RRC 连接建立的标志是由 RNC 分配给移动台的 24 位临时识别符将会在 RRC 连接建立响应消息中发送给移动台。移动台会获得上行链路扰码的码序列发生器的初始值。RNC 通过临时识别符来区分各移动台的 RRC 连接。

(2) 无线承载管理(Radio Bearer management)。RNC 接收来自核心网的无线访问承载请求,根据 QoS 的请求,与 RNC 内部的业务模板进行匹配,然后完成无线承载的分配。涉及到如吞吐量、QoS、传输信道等的描述。

(3) 无线资源管理(Radio Resource management)。无线资源管理包括码字、POWER 的分配,无论是 RRC 建立初期的资源分配还是移动台处于业务通信状态下资源的分配,都是由 RRC 来控制的。在分配无线资源时,首先是移动台提出请求到 RNC,RNC 在分配无线信道之前,要激活基站中的资源,在得到正证实后,才可以为移动台分配资源;如果基站给予 RNC 负证实或响应超时,将被视为连接失败。

(4) 寻呼/事件报告的发送(Paging/Notification)。在 GSM 中,寻呼请求(request)是由 MSC 触发的。UTRAN 中也是由核心网来触发的,而 RNC 中的寻呼功能是指 RNC 作为寻呼的执行,完成来自核心网的寻呼请求。由 RNC 控制无线寻呼的过程,也就是无线寻呼信道的控制算法。所以与 GSM 相同,无线有无线的寻呼控制,核心网有核心网的寻呼控制。

(5) 信息广播(Broadcasting of information)。RNC 与 OMC 通信,将系统信息通过空中接口向移动台发送。

(6) 测量报告管理(Measurement Reporting management)。移动台和基站发送上来的测量报告都是以 Ec/Io 为参考的。由 RNC 的 RRC 层完成对测量报告的处理,根据测量报告完成一些过程如开环功控、闭环功控、切换等。在 GSM 系统中,测量报告的处理是在基站侧完成的,相邻小区的删选也是先在基站侧完成,再送往 BSC;而在 UTRAN 网络中,测量报告则都是由 RNC 完成的,基站只涉及物理层。

(7) 功率控制管理(Power Control management)。功率控制管理指的是外环功控的管理,计算 SIR 目标值,由 RRC 层实现 SIR 目标值算法的启动。

(8) 加密管理(Ciphering management)。加密的执行不是 RRC 的功能,加密的对象是 RLC、MAC 层的块(传输层的块)。这里的加密管理指的是由 RRC 控制加密的执行,决定由谁来完成,也就是 RRC 层提供加密参数,将加密参数送往 RLC 层和 MAC 层并由传输层执行。

(9) 路由(Routing)。路由高层的协议单元为 PDU。RRC 层的上层有不同类型的各种高层协议数据单元,RRC 将根据不同的数据单元路由到相应的不同底层,指的只是协议内部的功能。

(10) 完整性管理(Integrity management)。完整性管理属于加密过程,是对信令消息的完整性进行验证。信令消息无论是接收还是发送都要获得完整性 key(IK)参数,IK 是由鉴权中心产生的鉴权五元组之一。IK 与发送方向、发送帧号、随机号经过 F9 算法产生一个比特序列,称为 MAC-I。MAC-I 对 MAP 层消息进行封装,在空中接口发送至接收端,接收端将首先判定接收的 MAC-I 与自己产生的 MAP-I 序列是否相同,如果一致则对信令消息进行处理,如不一致,则认为该信令消息的完整性被破坏,信令消息非法,直接丢弃不作处理。

3. RRC 在呼叫过程中的应用

UE 在开机之后,首先需要选择当前小区,UE 是通过测量不同小区的导频信道强度来完成小区选择的。在 UE 没有专用信道资源的情况下,它需要读取小区的广播信道和寻呼信道，系统消息广播和寻呼都是 RRC 实现的功能。因为每个小区的系统消息广播使用的信道的信道码都是固定的，而且系统消息会通过广播信道周期性的广播，所以 UE 就可以读取小区中特定的系统广播信息了，小区的系统广播信息中有些内容是专门和接入所使用的公共信道相关的。

因为空中接口的资源非常有限，在空闲状态下，系统不可能给每个用户都预留专用信道资源，所以最初 UE 是没有准予信道资源的，UE 只能通过公共信道来要求系统给它分配专用信道资源。通过上行公共信道上的 RRC 消息，UE 就可以和网络侧(SRNC)通信了，如果这时 SRNC 决定给 UE 分配专用信道，它就可以通过下行的公共信道告知专用信道(SRB)的相关参数，这样两者就可以通过 SRB(映射到专用控制信道 DCCH)进行信令交互了。

在分配了 UE 专用的 SRB 以后，UE 可以使用 SRB 和 SRNC 以及核心网进行信令交互，接下来就可以通过这种信令交互将呼叫所需要的用户面资源进行分配。

4.3.3　RLC 层

作为空中接口层 2 的一部分，RLC 是属于一个数据链路层的协议。

RLC 层的主要功能就是在 UE 和网络之间传输空中接口的控制和用户数据。

上层协议(RRC 层)使用 RLC 层提供的服务，上层协议提供给 RLC 层的数据包称为 RLC SDU(Service Data Unit)。RLC 同时使用下层(MAC 层)提供的服务，RLC 层的 SDU 经 RLC 层处理后，传递给下层的数据就是 RLC PDU(Protocol Data Units)。

1. RLC 的主要功能

(1) 对数据进行分段、重组和填充；
(2) 用户数据的传输；
(3) 使用不同的传输模式进行差错纠正；
(4) 顺序传递高层 PDU、数据重复检测；
(5) 流量控制；
(6) 协议错误检测和恢复；
(7) 服务质量的设定；
(8) 对于不可恢复的错误提供报错功能。

2. RLC 层的工作模式

RLC(Radio Link Control)层对上层的逻辑消息进行处理，接收 RRC 层的控制，选择合适的传输模式是比较重要的。RLC 层的工作模式一共有三种，分别称为透明传输模式(Transparent)、非确认模式(Unacknowledged)和确认模式(Acknowledged)。当 RLC 工作于透明模式时，上层消息透明穿过 RLC 层到达 MAC 层，没有任何的 RLC 层字头的添加，在 RLC 层不作任何处理，适合于实时性要求比较高的业务，减少 RLC 层的繁杂处理。

非确认和确认模式都属于非透明方式。消息在经过 RLC 层时，要添加 RLC 层的字头进行封装；封装的包头的长短决定了不同的模式。对于非确认模式，包头较短，不会触发重复机制，RLC 层数据块出错时 RLC 层不作处理，它的重发将由上层(应用层)启动，同时要执行分段、RLC 层包头的添加和对 RLC 层的块实行加密等过程，这样的模式适合于 VoIP 业务。确认模式适合于绝大多数的数据业务，包头较长含有重发机制，RLC 如果收到错误数据包，会启动重发算法，要求发端进行重发。由于要实现重发，在 RLC 层就要求有缓冲区(Buffer)，数据包将存放在缓冲区进行处理。这种模式适合于可靠性较高的信息传递，如传真类业务、背景类业务。RLC 层根据上层的不同逻辑消息(逻辑信道)以及同一类信道内的不同类业务要求选择的传输模式各不一样。传输模式的选择来自于 RRC 层控制。

4.3.4 MAC 层

　　MAC(Medium Access Control)层仍然是第二层协议，完成从逻辑信道向传输信道的映射，MAC 层包含了多种映射的软件包，如 MAC-c、MAC-sh、MAC-d 等，如图 4-3-2 所示。

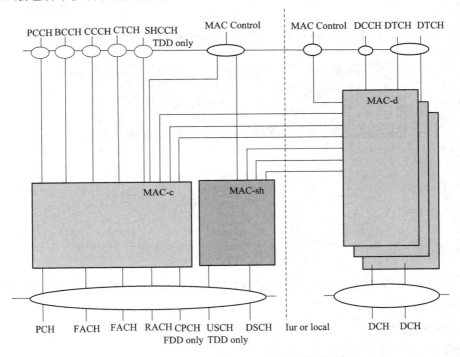

图 4-3-2　UTRAN 侧 MAC 实体的互联关系

　　MAC-sh 代表的是映射到广播信道，MAC-c 代表的是映射到公共信道，MAC-d 代表的是映射到专用信道。这种映射关系体现在传输格式的选择上，同时，MAC 层也是接收来自 RRC 的控制。作为 MAC 层来说，对于数据流有优先级的选择处理，此外还有对移动台的优先处理选择过程。MAC 层完成在公共业务信道上不同用户的识别。所谓公共业务信道，是 UMTS 定义的一种新的信道类型，它可以在上下行链路方向，在用户数据量不大的情况下，多个移动台共用同一个物理信道来完成信息传送。在传输信道上，公共信道映射需要表明不同用户数据的块，就需要由 MAC 层来添加移动台标识符域加以识别，即 URNTI 和 CRNTI。传输信道在 MAC 层的封装长度是不固定的，取决于当前的工作方式和完成怎样的映射。MAC 层有来自高层的多种逻辑信道将会映射到相同的传输信道，从逻辑概念上讲是完成了一个复用。同样，从 MAC 层向高层传送消息时会分成不同的逻辑信道类型由 RRC 层处理，即所谓的解复用过程，MAC 层交换传输数据块送往物理层时对块进行监视。MAC 层的加密指加密的执行，MAC 层接收来自 RRC 的控制，获得加密参数对 MAC 层的块进行加密,它对等是在 RNC 侧解密而不是在基站侧。MAC 层完成随机接入控制,提供不同优先级的随机接入。

4.3.5 分组数据会聚协议(PDCP)

1. PDCP 层结构

PDCP 层的结构如图 4-3-3 所示。

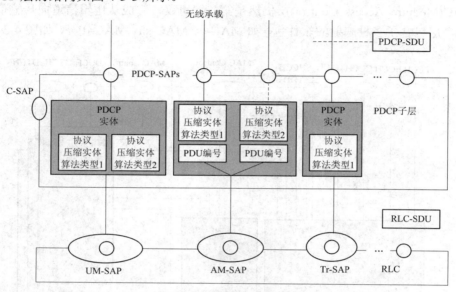

图 4-3-3 PDCP 结构图

由图可知,每个 PDCP-SAP 使用一个 PDCP 实体。每一个 PDCP 实体使用零种、一种或多种头部压缩协议。

2. PDCP 层功能

分组数据集中协议应当执行下列功能:

(1) 在发送与接收实体中分别执行 IP 数据流的头部压缩与解压缩(如 TCP/IP 和 RTP/UDP/IP 头部)。

(2) 传输用户数据,也就是将非接入层送来的 PDCP-SDU 转发到 RLC 层,或相反。

(3) 将多个不同的 RB 复用到同一个 RLC 实体。

所有与上层报文的传送相关的功能,应当被 UTRAN 的网络层实体以透明方式执行。这是对 UTRAN PDCP 的一个必备要求。

对 UTRAN PDCP 的另一个要求是提高信道效率,这个要求是通过采用多种优化方法来完成的。

4.3.6 广播/多播控制协议(BMC)

1. BMC 层结构

BMC 层的结构模型如图 4-3-4 所示。

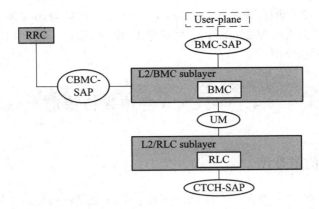

图 4-3-4 BMC 层的结构模型

BMC 是仅存在于用户平面的层 2 的一个子层,它位于 RLC 层之上。L2/BMC 子层对于除广播多播之外的所有业务均是透明的。

在 UTRAN 端,BMC 子层在每一个小区应该包含一个 BMC 协议实体。一个 MC 协议实体仅服务于来自 BMC-SAP 的消息,这些消息将广播到指定小区。

2. BMC 层功能

BMC 层主要完成以下功能:
(1) 小区广播消息的存储;
(2) 业务量监测和为 CBS 请求有线资源;
(3) BMC 消息的调度;
(4) 向 UE 发送 BMC 消息;
(5) 向高层(NAS)传递小区广播消息。

4.3.7 PHY 层

物理层主要执行以下功能:
(1) 宏分集的合并/分离和软切换的执行;
(2) 传输信道上错误检测并向高层指示;
(3) 前向纠错码编解码和传输信道的交织/解交织;
(4) 传输信道的复用和编码组合传输信道的解复用;
(5) 速率匹配;
(6) 编码组合传输信道到物理信道上的映射;
(7) 物理信道的功率加权和合并;
(8) 频率和时间同步;
(9) 闭环功率控制;
(10) RF 处理。

物理层将通过信道码(码道)、频率、正交调制的同相(I)和正交(Q)分支等基本的物理资源来实现物理信道,并完成与上述传输信道的映射。与传输信道相对应,物理信道也分为专用物理信道和公共物理信道。一般的物理信道包括三层结构:超帧、帧和时隙。超帧长度为 720 ms，包括 72 个帧；每帧长为 10 ms，对应的码片数为 38 400 chip；每帧由 15 个时隙组成，一个时隙的长度为 2560 chip；每时隙的比特数取决于物理信道的信息传输速率。详细内容在 4.4 节进行介绍。

4.4 WCDMA 空中接口信道

4.4.1 空中接口信道类型

在 UE 和 UTRAN 之间存在 3 个层次的信道，分别是逻辑信道、传输信道和物理信道。所有的信道都是用来在 UE 和 UTRAN 之间传输数据的通道，只是它们在整个空中接口协议栈中的层次不同。

1. 逻辑信道

逻辑信道位于 RLC 层与 MAC 层之间，按照传输信息的内容划分，有控制信道(CCH)(包括 BCCH、PCCH、DCCH、CCCH)和业务信道(TCH)(包括 DTCH、CTCH)。

2. 传输信道

传输信道位于 MAC 层和物理层之间。传输信道的定义和分类是根据该信道使用的组合传输格式或者组合传输格式集进行的。一个传输格式是由编码方式、交织、比特率和映射的物理信道定义的；传输格式集是特定传输格式的集合，有专用传输信道(DCH—专用信道)和公共传输信道(BCH—广播信道；FACH—前向接入信道；PCH—寻呼信道；RACH—反向(随机)接入信道；CPCH—公共分组信道；DSCH—下行共享信道)。

3. 物理信道

物理信道可以由某一载波频率、码(信道码和扰码)、相位确定。在采用扰码与扩频码的信道里，扰码或扩频码任何一种不同，都可以确定为不同的信道。多数信道是由无线帧和时隙组成的，每一无线帧包括 15 个时隙。物理信道分为上行物理信道和下行物理信道。

4.4.2 传输信道

传输信道是指由 L1 提供给高层的服务。L2 负责通过 L1/L2 接口向 L1 映射数据，此接口即传输信道。所有的传输信道都被定义为单向的(即上行、下行、接续链路)，这表明 UE 在上、下行链路可同时拥有一个或多个传输信道(依赖于业务及 UE 状态)。

传输信道定义了在空中接口上数据传输的方式和特性。传输信道一般分为两类：专用信道，使用 UE 的内在寻址方式；公共信道，如果需要寻址，必须使用明确的 UE 寻址方式。

1. 传输信道的相关概念

(1) 传输块(Transport Block，TB)：是供物理层处理 MAC 子层和 L1 之间数据交换的基本单元。

(2) 传输块大小(Transport Block Size)：定义为一个 TB 内的比特数。在一个给定的传输块集合内，传输块大小总是固定的；也就是说，一个传输块集合内所有的传输块大小一致。

(3) 传输块集(Transport Block Set)：在一个 TTI 中传送的一组 TB(从逻辑信道上复用)，这些传输块是在 L1 与 MAC 间的同一传输信道上同时交换。

(4) 传输块集大小(Transport Block Set Size)：TBS 中包含所有的比特长度。

(5) 传输时间间隔(Transmission Time Interval，TTI)：一个传输块集合到达的时间间隔，等于在无线接口上物理层传送一个传输块集所需的时间。它总是最小交织周期(10 ms，无线帧长度)的倍数。在每一个 TTI 内，MAC 传送一个传输块集到物理层。

(6) 传输格式(Transport Format，TF)：在一个 TTI 内，一个传输信道上传送传输块集的格式，这些格式是由 L1 提供给 MAC 层(或 MAC 提供给 L1)的。传输格式由两部分组成，即动态部分和准静态部分。

(7) 传输格式集(Transport Format Set，TFS)：一个传输信道可能的 TF 集合。

(8) 传输格式组合(Transport Format Combination，TFC)：每个 TTI 不同传输信道选定的 TF 的集合。

(9) 传输格式组合集(Transport Format Combination Set，TFCS)：定义所有 TFC 可能的组合情况，即码组合传送信道(CCTrCH)上传输格式组合的集合。

(10) 传输格式标识符(Transport Foramt Indicator，TFI)：TFI 是传输格式集合内特定传输格式的标签。当每次 L1 和 MAC 在一个传输信道上交换一个传输块集时，它用于这两层间的通信。当 DSCH 与一个 DCH 相关时，TFI 将标识 DSCH 映射的物理信道(即信道码)，且 UE 必须监听此 DSCH。

(11) 传输格式组合标识符(Transport Format Combination Indicator，TFCI)：当前传输格式组合的一种表示。TFCI 的值和传输格式组合间是一一对应的，TFCI 用于通知接收侧当前有效的传输格式组合，即如何解码、解复用以及在适当的传输信道上递交接收到的数据。

在传输信道上每一次传递传输块集时，MAC 都要向 L1 指示 TFI。L1 将 UE 所有并行传输信道上的 TFI 组合成 TFCI，对传输块进行适当的处理，将 TFCI 加到物理控制信令中。接收侧利用对 TFCI 的检测来识别传输格式组合。FDD 模式下，在限定传输格式组合集时，TFCI 信令可忽略，并代之为盲检测。无论如何，通过赋予的传输格式组合，接收侧有了足够的信息进行解码并通过相应的传输信道将信息传送到 MAC 层。

复用和速率匹配模式遵循预先定义好的规则，并可在发送侧和接收侧被推知(给定传输格式组合)，而不需要在无线接口上传送 TFCI。当 TFCI 字段需要重配置时，根据重配置的等级，有两个过程可使用：

① TFCI 的完全重配置。在此过程中，所有的 TFCI 值都要重新初始化和定义值。当重配置有效时完全重配置需要 UE 与 UTRAN 间显式的同步。

② TFCI 的增量重配置。在此过程中，部分 TFCI 值在重配置前后保持不变(注意至少要有一个携带此 TFCI 值的信令连接)。此过程支持 TFCI 的增加、删除和重定义，不需要显式的执行时间。此过程还可能意味着某些用户平面数据的丢失。

(12) 速率匹配(Rate Matching，RM)。在无线接口上，存在两个等级的速率匹配：

① 传输信道的静态速率匹配，它是传输信道准静态特性的一部分。

② CCTrCH 的动态速率匹配，它是 RRC 层调整物理层数据净荷的长度。

静态速率匹配和动态速率匹配的使用是由 RRC 层向 L1 层通知的。

2. 专用传输信道

仅存在一种专用传输信道，即专用信道(DCH)。专用信道(DCH)是一个上行或下行传输信道。DCH 在整个小区或小区内的某一部分使用波束赋形的天线进行发射。

专用信道(DCH)的特征有：存在于上行链路或下行链路；可使用波束形成；可使用快速速率改变(每一 10 ms)；快速功控；可使用上行链路的同步。

3. 公共传输信道

公共传输信道共有六类，即 BCH、FACH、PCH、RACH、CPCH 和 DSCH。

(1) 广播信道(BCH)。BCH 是一个下行传输信道，用于广播系统或小区特定的信息。BCH 总是在整个小区内发射，并且有一个单独的传输格式。

(2) 前向接入信道(FACH)。FACH 是一个下行传输信道，它在整个小区或小区内某一部分使用波束赋形的天线进行发射。FACH 使用慢速功控。

(3) 寻呼信道(PCH)。PCH 是一个下行传输信道，它总是在整个小区内进行发送。PCH 的发射与物理层产生的寻呼指示的发射是相随的，以支持有效的睡眠模式程序。

(4) 随机接入信道(RACH)。RACH 是一个上行传输信道，它总是在整个小区内进行接收。RACH 的特性是带有碰撞冒险和使用开环功率控制。

(5) 公共分组信道(CPCH)。CPCH 是一个上行传输信道，它与一个下行链路的专用信道相随，该专用信道用于提供上行链路 CPCH 的功率控制和 CPCH 控制命令(如紧急停止)。CPCH 的特性是带有碰撞冒险和使用内环功率控制。

(6) 下行共享信道(DSCH)。DSCH 是一个被一些 UEs 共享的下行传输信道，它与一个或几个下行 DCH 相随。DSCH 使用波束赋形天线在整个小区内发射，或在一部分小区内发射。

4.4.3 物理信道和物理信号

用一个特定的载频、扰码、信道化码(可选的)、开始和结束的时间(有一段持续时间)来定义一个物理信道，其中，在上行链路中有一个相对的相位(0 或π/2)。持续时间由开始和结束时刻定义，用 chip 的整数倍来测量。在规范中使用的码片倍数有：

无线帧：无线帧是一个包括 15 个时隙的处理单元，每个时隙具有相似的结构。一个无线帧的长度是 38 400 chip。

时隙：时隙是由包含一定比特的字段组成的一个单元。时隙的长度是 2560 chip。

一个物理信道缺省的持续时间是从它的开始时刻到结束时刻这一段连续的时间。不连续的物理信道会被明确说明。

传输信道被描述(比物理层更抽象的高层)为可以映射到物理信道上。在物理层看来，映射是从一个码组合传输信道(CCTrCH)到物理信道的数据部分。除了数据部分，还有信道控制部分和物理信号。

物理信号是一个实体，它和物理信道有着相同的空中特性，但是没有传输信道或指示符映射到物理信道。为了支持物理信道的功能，物理信道可以带有随路的物理信号。物理信道的分类图如图 4-4-1 所示。

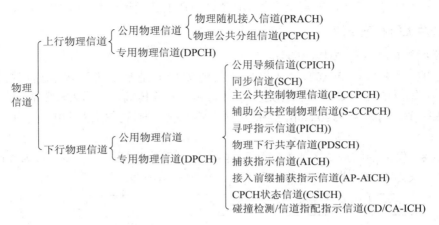

图 4-4-1 物理信道分类图

1. 专用上行物理信道

上行专用物理信道有两种,即上行专用物理数据信道(上行 DPDCH)和上行专用物理控制信道(上行 DPCCH)。DPDCH 和 DPCCH 在每个无线帧内是 I/Q 码复用的。

上行 DPDCH 用于传输专用传输信道(DCH)。在无线链路载频中可以有 0 个、1 个或几个上行 DPDCH。

上行 DPCCH 用于传输 L1 产生的控制信息。L1 的控制信息包括支持信道估计以进行相干检测的已知导频比特、发射功率控制指令(TPC)、反馈信息(FBI),以及一个可选的传输格式组合标识符(TFCI)。TFCI 将复用在上行 DPDCH 上的不同传输信道的瞬时参数通知给接收机,并与同一帧中要发射的数据相对应起来。在每个 L1 连接中有且仅有一个上行 DPCCH。

图 4-4-2 显示了上行专用物理信道的帧结构。每个帧长为 10 ms,分成 15 个时隙,每个时隙的长度为 T_{slot} = 2560 chip,对应于一个功率控制周期。

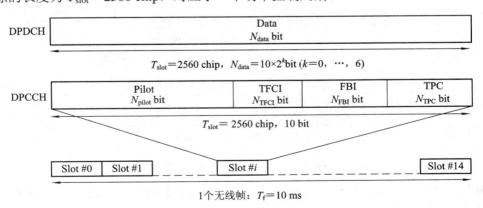

图 4-4-2 上行物理信道(DPDCH/DPCCH)的帧结构

图 4-4-2 中的参数 k 决定了每个上行 DPDCH/DPCCH 时隙的比特数,它与物理信道的扩频因子 SF 有关,SF = $256/2^k$。DPDCH 的扩频因子的变化范围为 4~256。上行 DPCCH

的扩频因子一直等于 256，即每个上行 DPCCH 时隙有 10 bit。

2. 公共上行物理信道

1) 物理随机接入信道(PRACH)

PRACH 用来传输 RACH。随机接入信道的传输是基于带有快速捕获指示的时隙 ALOHA 方式。UE 可以在一个预先定义的时间偏置开始传输，表示为接入时隙。每两帧有 15 个接入时隙，间隔为 5120 chip。当前小区中哪个接入时隙的信息可用，是由高层信息给出的。

随机接入发射的结构如图 4-4-3 所示。随机接入发射包括一个或多个长为 4096 码片的前缀和一个长为 10 ms 或 20 ms 的消息部分，图中所示为 20 ms 消息部分。

图 4-4-3　随机接入发射的结构

（1）RACH 前缀部分。随机接入的前缀部分长度为 4096 chip，是对长度为 16 chip 的一个特征码(Signature)的 256 次重复。总共有 16 个不同的特征码。

（2）RACH 消息部分。图 4-4-4 显示了随机接入的消息部分的结构。10 ms 的消息被分作 15 个时隙，每个时隙的长度为 T_{slot} = 2560 chip。每个时隙包括两部分，一个是数据部分，RACH 传输信道映射到这部分；另一个是控制部分，用来传输层 1 控制信息。数据和控制部分是并行发射传输的。一个 10 ms 消息部分由一个无线帧组成，而一个 20 ms 的消息部分是由两个连续的 10 ms 无线帧组成。消息部分的长度可以由使用的特征码接入时隙决定，这是由高层配置的。

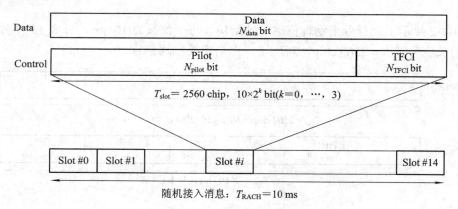

图 4-4-4　随机接入消息部分的结构

数据部分包括 10×2^k bit，其中 k = 0，1，2，3；对消息数据部分来说分别对应着扩频因子 256、128、64 和 32。

控制部分包括 8 个已知的导频比特，用来支持用于相干检测的信道估计，以及 2 个 TFCI 比特，对消息控制部分来说，这对应于扩频因子 256。在随机接入消息中，TFCI 比特的总数为 15 × 2 = 30 bit。TFCI 值对应于当前随机接入消息的一个特定的传输格式。在 PRACH

消息部分长度为 20 ms 的情况下，TFCI 将在第 2 个无线帧中重复。

2) 物理公共分组信道(PCPCH)

PCPCH 用于传送 CPCH。CPCH 的传输是基于带有快速捕获指示的 DSMA-CD(Digital Sense Multiple Access-Collision Detection)的方法。UE 可在一些预先定义的、与当前小区接收到的 BCH 的帧边界相对的时间偏置处开始传输。接入时隙的定时和结构与 RACH 相同。CPCH 随机接入传输的结构如图 4-4-5 所示。

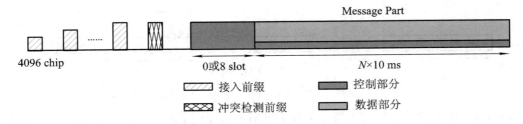

图 4-4-5 CPCH 随机接入传输的结构

CPCH 随机接入传输包括一个或多个长为 4096 chip 的接入前缀(A-P)，一个长为 4096 chip 的冲突检测前缀(CD-P)，一个长度为 0 时隙或 8 时隙的 DPCCH 功率控制前缀(PC-P) 和一个可变长度为 $(N \times 10)$ ms 的消息部分。

图 4-4-6 显示了上行公共分组物理信道的帧结构。每帧长为 10 ms，被分成 15 个时隙，每一个时隙长度为 $T_{slot} = 2560$ chip，等于一个功率控制周期。

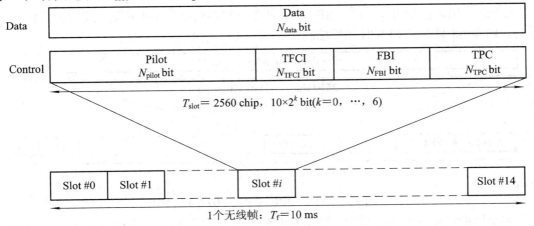

图 4-4-6 上行 PCPCH 的数据和控制部分的帧结构

数据部分包括 10×2^k bit，这里 $k = 0$，1，2，3，4，5，6，分别对应于扩频因子 256，128，64，32，16，8 和 4。

3. 下行专用物理信道

下行物理信道中专用信道只有一个，即下行专用物理信道(下行 DPCH)。

在一个下行 DPCH 内，专用数据在 L2 以及更高层产生，即专用传输信道(DCH)，是与 L1 产生的控制信息(包括已知的导频比特，TPC 指令和一个可选的 TFCI)以时间复用的方式进行传输发射的。因此下行 DPCH 可看做是一个下行 DPDCH 和下行 DPCCH 的时间复用。

图 4-4-7 显示了下行 DPCH 的帧结构。每个长 10 ms 的帧被分成 15 个时隙,每个时隙长为 T_{slot} = 2560 chip,对应于一个功率控制周期。

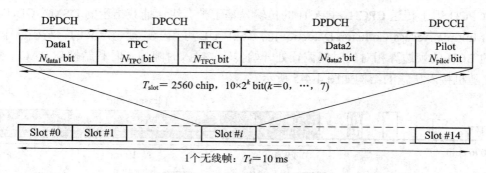

图 4-4-7 下行 DPCH 的帧结构

图 4-4-7 中的参数 k 确定了每个下行 DPCH 时隙的总的比特数。它与物理信道的扩频因子有关,即 $SF = 512/2^k$。因此扩频因子的变化范围为 4~512。

下行专用物理信道有两种类型,包括 TFCI 的(如用于一些同时发生的业务的)和那些不包括 TFCI 的(如用于固定速率业务的)。由 UTRAN 决定 TFCI 是否应该被发射,对所有 UE 而言,必须在下行链路上支持 TFCI 的使用。

4. 公共下行物理信道

1) 公共导频信道(CPICH)

CPICH 为固定速率(30 kb/s,SF = 256)的下行物理信道,用于传送预定义的比特/符号序列。图 4-4-8 显示了 CPICH 的帧结构。

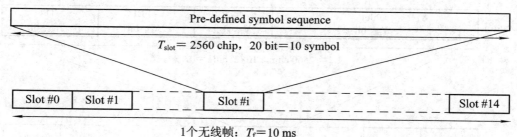

图 4-4-8 公共导频信道(CPICH)的帧结构

在小区的任意一个下行信道上使用发射分集(开环或闭环)时,两个天线使用相同的信道化码和扰码来发射 CPICH。

公共导频信道有两种类型,即基本和辅助 CPICH。它们的用途不同,区别仅限于物理特性。

(1) 基本公共导频信道(P-CPICH)。该信道总是使用相同的信道码,即 $C_{\text{ch, 2560, 0}}$,扰码为主扰码(用基本扰码),每个小区有且仅有一个 P-CPICH,在整个小区内进行广播。

P-CPICH 是其他信道的功率基准,测量其他信道都是通过测量 CPICH 信道来实现的。P-CPICH 可以是下行物理信道的相位基准:SCH、基本 CCPCH、AICH 和 PICH。P-CPICH 也是所有其他下行物理信道的缺省相位基准。

(2) 辅助公共导频信道(S-CPICH)。可使用 SF = 256 的信道化码中的任一个，可以使用小区主扰码或小区辅助扰码进行加扰操作，每个小区可有 0、1 或多个 S-CPICH，可以在全小区或在小区的一部分进行发射。辅助 CPICH 可以是辅助 CCPCH 和下行 DPCH 的基准。如果是这种情况，则是通过高层信令来通知 UE 的。

2) 基本公共控制物理信道(P-CCPCH)

P-CCPCH 为一个固定速率(30 kb/s，SF = 256)的下行物理信道，用于传输 BCH。P-CCPCH 使用的信道码固定为 $C_{ch, 2560, 1}$。

图 4-4-9 显示了 P-CCPCH 的帧结构。与 P-DPCH 的帧结构的不同之处在于没有 TPC 指令，没有 TFCI，也没有导频比特。在每个时隙的第一个 256 chip 内，P-CCPCH 不进行发射。反过来，在此段时间内，将发射 P-SCH 和 S-SCH。

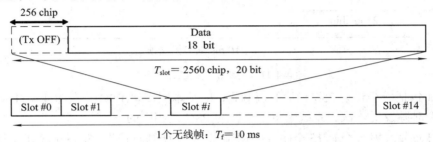

图 4-4-9　基本公共控制物理信道(P-CCPCH)的帧结构

3) 辅助公共控制物理信道(S-CCPCH)

S-CCPCH 用于传送 FACH 和 PCH。有两种类型的 S-CCPCH，即包括 TFCI 的和不包括 TFCI 的。是否传输 TFCI 是由 UTRAN 来确定的，因此对所有的 UE 来说，支持 TFCI 的使用是必需的。可能的速率集与下行 DPCH 相同。S-CCPCH 的帧结构见图 4-4-10。

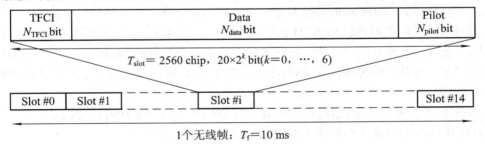

图 4-4-10　辅助公共控制物理信道(S-CCPCH)的帧结构

图 4-4-10 中参数 k 确定了每个下行 S-CCPCH 时隙的总比特数。它与物理信道的扩频因子 SF 有关，SF = $256/2^k$。扩频因子 SF 的范围为 4~256。

FACH 和 PCH 可以映射到相同的或不同的 S-CCPCH。如果 FACH 和 PCH 映射到相同的 S-CCPCH，它们可以映射到同一帧。CCPCH 和一个下行专用物理信道的主要区别在于 CCPCH 不是内环功率控制的。基本和辅助 CCPCH 的主要的区别在于 P-CCPCH 是一个预先定义的固定速率，而 S-CCPCH 可以通过包含 TFCI 来支持可变速率。更进一步讲，P-CCPCH 是在整个小区内连续发射的，而 S-CCPCH 可以采用与专用物理信道相同的方式，以一个窄瓣波束的形式来发射(仅仅对传送 FACH 的 S-CCPCH 有效)。

4) 同步信道(SCH)

SCH 是一个用于小区搜索的下行链路信号。SCH 包括两个子信道，基本 SCH 和辅助 SCH。基本 SCH(P-SCH)和辅助 SCH(S-SCH)的 10 ms 无线帧分成 15 个时隙，每个长为 2560 码片。图 4-4-11 表示了 SCH 无线帧的结构。

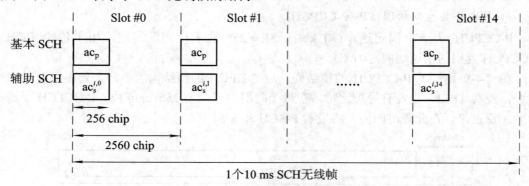

图 4-4-11　同步信道(SCH)的结构

P-SCH 包括一个长为 256 码片的调制码，即基本同步码(PSC)，在图 4-4-11 中用 ac_p 来表示，每个时隙发射一次。系统中每个小区的 PSC 是相同的。

S-SCH 重复发射一个有 15 个序列的调制码，每个调制码长为 256 chip，辅助同步码(SSC)与 P-SCH 并行进行传输。在图 4-4-11 中，SSC 用 $ac_s^{i,k}$ 来表示(其中，$i = 0$，1，…，63，为扰码码组的序号；$k = 0$，1，2，…，14，为时隙号)。每个 SSC 是从长为 256 的 16 个不同码中挑选出来的一个码。在 S-SCH 上的序列表示小区的下行扰码属于哪个码组。

5) 物理下行共享信道(PDSCH)

PDSCH 用于传送下行共享信道(DSCH)。一个 PDSCH 对应于一个 PDSCH 根信道码或下面的一个信道码。PDSCH 的分配是在一个无线帧内，基于一个单独的 UE。在一个无线帧内，UTRAN 可以在相同的 PDSCH 根信道码下，基于码复用，给不同的 UEs 分配不同的 PDSCHs。在同一个无线帧中，具有相同扩频因子的多个并行的 PDSCHs，可以被分配给一个单独的 UE。这是多码传输的一个特例。在相同的 PDSCH 根信道码下的所有的 PDSCHs 都是帧同步的。

在不同的无线帧中，分配给同一个 UE 的 PDSCH 可以有不同的扩频因子。

PDSCH 的帧和时隙结构如图 4-4-12 所示。

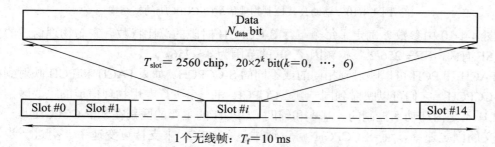

图 4-4-12　物理下行共享信道(PDSCH)的帧结构

对于每一个无线帧,每一个 PDSCH 总与一个下行 DPCH 随路。PDSCH 与随路的 DPCH 并不需要有相同的扩频因子,也不需要帧对齐。

在随路的 DPCH 的 DPCCH 部分发射所有与层 1 相关的控制信息,即 PDSCH 不携带任何层 1 信息。为了告知 UE,在 DSCH 上有数据需要解码,这将使用两种可能的信令方法,或者使用 TFCI 字段,或使用在随路的 DPCH 上携带的高层信令。

使用基于 TFCI 的信令方法时,TFCI 除了告知 UE、PDSCH 的信道码外,还告知 UE 与 PDSCH 相关的瞬时的传输格式参数。

6) 捕获指示信道(AICH)

AICH 是一个用于传输捕获指示(AI)的物理信道。捕获指示 AIs 对应于 PRACH 上的特征码 s。

图 4-4-13 说明了 AICH 的结构。AICH 由重复的 15 个连续的接入时隙(AS)的序列组成,每个长为 5120 chip。每个接入时隙由两部分组成,一个是接入指示(AI)部分,由 32 个实数值符号 a_0,…,a_{31} 组成;另一部分是持续 1024 bit 的空闲部分,它不是 AICH 的正式组成部分。时隙的无发射部分是为将来 CSICH 或其他物理信道可能会使用而保留的。AICH 信道化的扩频因子是 256,相位参考是 P-CPICH。

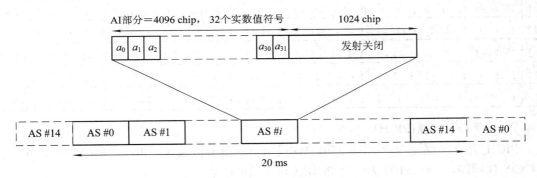

图 4-4-13 捕获指示信道(AICH)的帧结构

图 4-4-13 中的实数值符号 a_0,a_1,…,a_{31} 由下式给出:

$$a_j = \sum_{s=0}^{15} \text{AI}_s b_{s,j} \tag{4-4-1}$$

式中,AI_s 是对应于特征码 s 的捕获指示,可以取 +1、−1 和 0。表 4-4-1 给出了序列 $b_{s,0}$,…,$b_{s,31}$ 的值。如果特征码 s 不属于与之对应的 PRACH 的所有接入业务级别(ASC)可使用的特征码集,则 AI_s 将被设为 0。

如果一个应答指示符被设为 +1,则它表示一个肯定的响应;如果一个应答指示符被设为 −1,它表示一个否定的响应。

当实数值符号 a_j 用 {+1,−1} 形式表示时,与比特一样以同样的方式被扩频与调制。

当 AICH 使用了基于 STTD 的开环发射分集时,在 AICH 符号 a_0,…,a_{31} 合并序列 $b_{s,0}$,$b_{s,1}$,…,$b_{s,31}$ 前,对每一个序列 $b_{s,0}$,$b_{s,1}$,…,$b_{s,31}$ 进行单独的 STTD 编码,如表 4-4-1 所示。

表 4-4-1 AICH 特征模式

s	$b_{s,0}, b_{s,1}, \cdots, b_{s,31}$
0	1 1 1 1 1 1 1 1 1 1 1 1 1 1 1 1 1 1 1 1 1 1 1 1 1 1 1 1 1 1 1 1
1	1 1 −1 −1 1 1 −1 −1 1 −1 1 −1 1 −1 −1 1 1 1 −1 −1 1 1 −1 −1 1 −1 1 −1 1 −1 −1 1
2	1 1 1 1 −1 −1 −1 −1 1 1 −1 −1 −1 −1 1 1 1 1 1 1 −1 −1 −1 −1 1 1 −1 −1 −1 −1 1 1
3	1 1 −1 −1 −1 −1 1 1 1 −1 −1 1 −1 1 1 −1 1 1 −1 −1 −1 −1 1 1 1 −1 −1 1 −1 1 1 −1
4	1 1 1 1 1 1 1 1 −1 −1 −1 −1 −1 −1 −1 −1 1 1 1 1 1 1 1 1 −1 −1 −1 −1 −1 −1 −1 −1
5	1 1 −1 −1 1 1 −1 −1 −1 1 −1 1 −1 1 1 −1 1 1 −1 −1 1 1 −1 −1 −1 1 −1 1 −1 1 1 −1
6	1 1 1 1 −1 −1 −1 −1 −1 −1 1 1 1 1 −1 −1 1 1 1 1 −1 −1 −1 −1 −1 −1 1 1 1 1 −1 −1
7	1 1 −1 −1 −1 −1 1 1 −1 1 1 −1 1 −1 −1 1 1 1 −1 −1 −1 −1 1 1 −1 1 1 −1 1 −1 −1 1
8	1 1 1 1 1 1 1 1 1 1 1 1 1 1 1 1 −1 −1 −1 −1 −1 −1 −1 −1 −1 −1 −1 −1 −1 −1 −1 −1
9	1 1 −1 −1 1 1 −1 −1 1 −1 1 −1 1 −1 −1 1 −1 −1 1 1 −1 −1 1 1 −1 1 −1 1 −1 1 1 −1
10	1 1 1 1 −1 −1 −1 −1 1 1 −1 −1 −1 −1 1 1 −1 −1 −1 −1 1 1 1 1 −1 −1 1 1 1 1 −1 −1
11	1 1 −1 −1 −1 −1 1 1 1 −1 −1 1 −1 1 1 −1 −1 −1 1 1 1 1 −1 −1 −1 1 1 −1 1 −1 −1 1
12	1 1 1 1 1 1 1 1 −1 −1 −1 −1 −1 −1 −1 −1 −1 −1 −1 −1 −1 −1 −1 −1 1 1 1 1 1 1 1 1
13	1 1 −1 −1 1 1 −1 −1 −1 1 −1 1 −1 1 1 −1 −1 −1 1 1 −1 −1 1 1 1 −1 1 −1 1 −1 −1 1
14	1 1 1 1 −1 −1 −1 −1 −1 −1 1 1 1 1 −1 −1 −1 −1 −1 −1 1 1 1 1 1 1 −1 −1 −1 −1 1 1
15	1 1 −1 −1 −1 −1 1 1 −1 1 1 −1 1 −1 −1 1 −1 −1 1 1 1 1 −1 −1 1 −1 −1 1 −1 1 1 −1

7) 寻呼指示信道(PICH)

PICH 是一个固定速率(SF = 256)的物理信道,用于传输寻呼指示。PICH 总是与一个 S-CCPCH 随路,S-CCPCH 为一个 PCH 传输信道的映射。

图 4-4-14 所示为 PICH 的帧结构。一个 PICH 帧长为 10 ms,包括 300 bit(b_0, b_1, $\cdots$, b_{299})。其中,288 bit(b_0, b_1, $\cdots$, b_{287})用于传输寻呼指示,而余下的 12 个比特未被使用,这部分是为将来可能的使用而保留的。

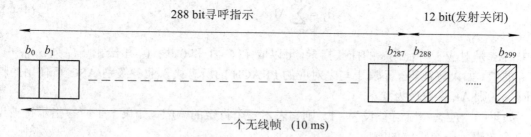

图 4-4-14 寻呼指示信道(PICH)的结构

在每一个 PICH 帧内,发射 N_p 个寻呼指示 $\{P_0, \cdots, P_{N_p-1}\}$,其中,$N_p$ = 18, 36, 72 或 144。

高层为某一 UE 而计算的 PI 是与某个寻呼指示 P_q 相关联的,其中 q 是按照一个函数式计算的,此函数式是由高层计算的 PI、PICH 无线帧开始时刻的 P-CCPCH 无线帧的 SFN 及每帧内寻呼指示的个数(N_p)构成的,即

$$q = \left(PI + \left[\left(18 \times \left(SFN + \left\lfloor \frac{SFN}{8} \right\rfloor + \left\lfloor \frac{SFN}{64} \right\rfloor + \left\lfloor \frac{SFN}{512} \right\rfloor \right) \right) \bmod 144 \times \frac{N_p}{144} \right] \right) \bmod N_p$$

由高层计算的 PI 是与寻呼指示 P_q 的值相关联的。如果在某一帧中,寻呼指示被设为"1",则它指示与这个寻呼指示和 PI 相关的 Ues 应该读取随路的 S-CCPCH 帧。

在 Iub 上的 PCH 数据帧中的 PI 位图包括了与高层所有可能的 PI 值相对应的指示值。位图中的比特表示与某一特定的 PI 相关联的寻呼指示应被设为 0 还是 1。因此,在 Node B 应进行上述公式的计算,从而在 PI 和 P_q 之间建立一个关联。

从 {PI_0,…,PI_{N-1}} 到 PICH 比特 {b_0,…,b_{287}} 的映射是按表 4-4-2 的方式进行的。

表 4-4-2 寻呼指示 P_q 到 PICH 比特的映射

每帧的寻呼指示数(N_p)	$P_q = 1$	$P_q = 0$
$N_p = 18$	{b_{16q},…,b_{16q+15}} = {-1,-1,…,-1}	{b_{16q},…,b_{16q+15}} = {+1,+1,…,+1}
$N_p = 36$	{b_{8q},…,b_{8q+7}} = {-1,-1,…,-1}	{b_{8q},…,b_{8q+7}} = {+1,+1,…,+1}
$N_p = 72$	{b_{4q},…,b_{4q+3}} = {-1,-1,…,-1}	{b_{4q},…,b_{4q+3}} = {+1,+1,…,+1}
$N_p = 144$	{b_{2q},b_{2q+1}} = {-1,-1}	{b_{2q},b_{2q+1}} = {+1,+1}

4.4.4 物理信道的映射和关联

1. 传输信道到物理信道的映射

图 4-4-15 总结了传输信道到物理信道的映射关系。

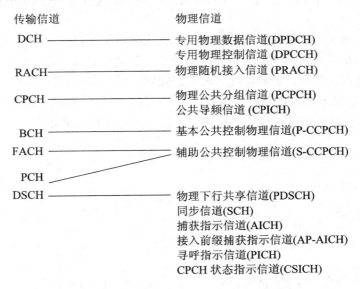

图 4-4-15 传输信道到物理信道的映射

DCH 是数据流顺序地(先到先映射)映射到物理信道上。BCH 和 FACH/PCH 的映射是编码和交织后的数据流顺序地各自映射到基本和辅助 CCPCH 上。对 RACH 来说,其编码和交织后的数据流也是顺序地映射到物理信道上,在这种情况下,即映射到 PRACH 上的消息部分。

2. 物理信道和物理信号的关联

图 4-4-16 说明了物理信道和物理信号之间的关系。

图 4-4-16 物理信道和物理信号之间的关系

4.5 WCDMA 关键技术

4.5.1 多用户检测技术

多用户检测技术(MUD)是通过去除小区内干扰来改进系统性能、增加系统容量的。多用户检测技术还能有效地缓解直扩 CDMA 系统中的"远近效应"。

由于信道的非正交性和不同用户的扩频码字的非正交性,导致用户间存在相互干扰,多用户检测的作用就是去除多用户之间的相互干扰。一般而言,对于上行的多用户检测,只能去除小区内各用户之间的干扰,而小区间的干扰由于缺乏必要的信息(比如相邻小区的用户情况),因此难以消除。对于下行的多用户检测,只能去除公共信道(比如导频、广播信道等)的干扰。

如图 4-5-1 所示,以两用户的情况为例,在信道和扩频码字完全正交的情况下,两个 BPSK 用户 S_1 和 S_2 的星座图如图(a)所示;而经过非正交信道和非正交扩频码字后的星座图如图(b)所示。此时,多用户检测的作用就是去除两个用户信号间的相互干扰,使它们分别向坐标线 S_1 和 S_2 投影,从而得到去除第二用户干扰后的信号向量。通过多用户检测算法,判决的分界线也被重新定义,在这种新的分界线上,可以到达更好的判决效果。

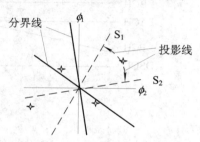

(a) 信道和扩频码字完全正交　　　　　(b) 非正交信道和非正交扩频码字

图 4-5-1 多用户检测的效果

根据上面的解释,多用户检测的系统模型可以用图 4-5-2 来表示:每个用户发射数据比特 b_1, b_2, …, b_N,通过扩频码字进行频率扩展,在空中经过非正交的衰落信道,并加入噪声 $n(t)$,接收端接收的用户信号与同步的扩频码字相关(相关由乘法器和积分清洗器组成),解扩后的结果通过多用户检测的算法去除用户之间的干扰,最终得到用户的信号估计值 $\hat{b}_1$, $\hat{b}_2$, …, $\hat{b}_N$。由图 4-5-2 可以看到,多用户检测的性能取决于相关器的同步扩频码字跟踪、各个用户信号的检测性能、相对能量的大小、信道估计的准确性等传统接收机的性能。

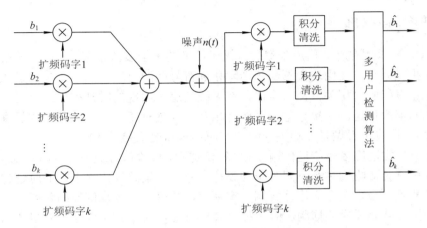

图 4-5-2　多用户检测的系统模型

从上行多用户检测来看,由于只能去除小区内干扰,假定小区间干扰的能量是小区内干扰能量的 f 倍,那么去除小区内用户干扰,容量的增加是 $(1+f)/f$。因传播功率随距离 4 次幂线性衰减,所以小区间的干扰是小区内干扰的 55%。因此在理想情况下,多用户检测降低了 2.8 倍的干扰,但实际情况下,多用户检测的有效性还不到 100%。多用户检测的有效性取决于检测方法和一些传统接收机估计的精度,同时还受到小区内用户业务模型的影响。

例如,在小区内如果有一些高速数据用户,那么采用干扰消除的多用户检测方法去掉这些高速数据用户对其他用户的较大的干扰功率的话,将会比较有效地提高系统的容量。

多用户检测的想法最早在 1979 年由 Schncider 提出,Kohno 等人于 1983 年发表了基于干扰消除算法的接收器的研究成果。在 1984 年,Verdu 提出和分析了最优多用户检测器和最大序列检测器,但由于其实际实现的复杂性,大家转而研究次优的多用户检测器。

多用户检测算法分类如图 4-5-3 所示。

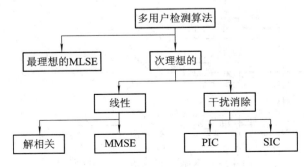

图 4-5-3　多用户检测算法分类

线性检测器包括 Lupas 和 Verdu 提议的解相关器，通过求出多用户信号互相关矩阵的逆，乘以解扩后的信号，得到去除其他用户相互干扰后的信号估计。这种方法的缺点是会扩大噪声的影响，并且导致解调信号很大的延迟。

干扰消除的想法是估计不同用户和多径引入的干扰，然后从接收信号中减去干扰的估计。串行干扰消除(SIC)是逐步减去最大用户的干扰，并行干扰消除(PIC)是同时减去除自身外所有其他用户的干扰。

4.5.2 RAKE 接收机

在 CDMA 扩频系统中，信道带宽远远大于信道的平坦衰落带宽。不同于传统的调制技术，CDMA 扩频系统需要用均衡算法来消除相邻符号间的码间干扰，CDMA 扩频码在选择时就要求它有很好的自相关特性。这样，在无线信道中出现的时延扩展，就可以被看做只是被传信号的再次传送。如果这些多径信号相互间的延时超过了一个码片的长度，那么它们将被 CDMA 接收机看做是非相关的噪声，而不再需要均衡了。

扩频信号非常适应多径信道传输。在多径信道中，传输信号被障碍物(如建筑物和山等)反射，接收机就会接收到多个不同时延的码片信号。如果码片信号之间的时延超过一个码片，接收机就可以分别对它们进行解调。实际上，从每一个多径信号的角度看，其他多径信号都是干扰并被处理增益抑制，但是对于 RAKE 接收机，则可以通过对多个信号进行分别处理后合成而获得，因此 CDMA 的信号很容易实现多路分集。从频率范围来看，传输信号的带宽大于信号相关带宽，并且信号频率是可选择的(例如，仅仅信号的一部分受到衰落的影响)。

1. RAKE 的概念

由于在多径信号中含有可以利用的信息，因此，CDMA 接收机可以通过合并多径信号来改善接收信号的信噪比。RAKE 接收机就是通过多个相关检测器接收多径信号中各路信号，并把它们合并在一起的。

在扩频和调制后，信号被发送，每个信道具有不同的时延 t 和衰落因子，每个对应不同的传播环境。经过多径信道传输，RAKE 接收机利用相关器检测出多径信号中最强的 M 个支路信号，然后对每个 RAKE 支路的输出进行加权、合并，以提供优于单路信号的接收信噪比，然后再在此基础上进行判决。

RAKE 接收机的工作原理如图 4-5-4 所示。

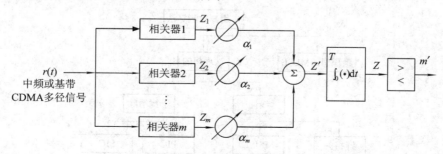

图 4-5-4 RAKE 接收机的工作原理图

在室外环境中,多径信号间的延迟通常较大,如果码片速率选择得当,那么 CDMA 扩频码其良好的自相关特性可以确保多径信号相互间表现出较好的非相关性。

假定 CDMA 接收机有 m 个相关检测器,这些检测器的输出经过线性叠加,即加权后,被用来作信号判决。假设相关器 1 与信号中的最强支路 m_1 同步,而另一相关器 2 与另一支路 m_2 同步,且 m_2 比 m_1 落后 τ_1。这里,相关器 2 与支路 m_2 的相关性很强,而与 m_1 的相关性很弱。如果接收机中只有一个相关器,那么当其输出被衰落扰乱时,接收机无法做出纠正,从而使判决器做出大量误判。而在 RAKE 接收机中,如果一个相关器的输出被扰乱了,可以用其他支路做出补救,并且通过改变被扰乱支路的权重,可以消除此路信号的负面影响。由于 RAKE 接收机提供了对 m 路信号的良好的统计判决,因而它可以克服衰落。

就接收端具体的合并技术来说,通常有三类,即选择性合并(Selection Diversity Combining)、最大比合并(Maximal Ratio Combining)和等增益合并(Equal Gain Combining)。

(1) 选择性合并。所有的接收信号送入选择逻辑,选择逻辑从所有接收信号中选择具有最高基带信噪比的基带信号作为输出。

(2) 最大比合并。这种方法是对 M 路信号先进行加权,再进行同相合并。最大比合并的输出信噪比等于各路信噪比之和,所以即使各路信号都很差,以至于没有一路信号可以被单独解调时,最大比方法仍能合成出一个达到解调所需信噪比要求的信号。在所有已知的线性分集合并方法中,这种方法的抗衰落性是最佳的。

(3) 等增益合并。某些情况下,最大比合并需要产生可变的加权因子,并不方便,因而出现了等增益合并。这种方法也是把各支路信号进行同相后再相加,只不过加权时各路的加权因子相同。这样,接收机仍然可以利用同时接收到的各路信号,并且,接收机从大量不能够正确解调的信号中合成一个可以正确解调信号的概率仍很大,其性能只比最大比合并略差,但比选择性分集效果要好得多。

2. 第三代移动通信系统的相干 RAKE 接收

为克服移动通信环境中多径效应产生的严重信号衰落,在第三代移动通信系统中,上、下行链路都采用导频(Pilot)信号,使得在正、反向链路都可以采用相干解调,通过对各个路径信号的相位作出估计后,消除相差影响,再将接收的所有路径能量相加,提高了信道解码的输入信噪比,进而提高了系统容量,即第三代移动通信系统的 RAKE 接收的加权系数由非相干 RAKE 接收方式的实数 $\alpha_i (i = 1, \cdots, M)$,改为考虑到接收信号残留相位影响的复数 $|\alpha_\lambda| e^{j\phi_\lambda} (\lambda = 1, \cdots, M)$。

假定信号 $s(t)$ 通过某个传输路径到达接收机,接收信号 $r(t)$ 可表示为

$$r(t) = s(t) * h(t)$$

这里,$h(t)$ 是此传输路径的冲激响应函数。

信号经过多个路径传到接收机时,由于不同路径的时延不同,对信号的幅度、相位的影响也不同,所以接收信号可表示为

$$r(t) = \sum_{i=0}^{L-1} r_i(t) = \sum_{i=0}^{L-1} \xi_i(t) s(t - \tau_i) + w(t)$$

其中：$r_i(t)$表示由第 i 条路径传输过来的信号；$\xi_i(t)$ 是复函数，表示第 i 条路径对信号幅度和相位的影响；τ_i 是第 i 条路径的传输时延；$w(t)$ 表示各路的加性噪声之和。

对于 CDMA 系统，各路信号的时延 τ_i 可从同步跟踪模块获得。若不采用信道估计，而将相关累加器或匹配滤波器的输出直接合并，则由于 $\xi_i(t)$ 是复变量，各项累加的结果可能不会使输出最大，甚至有可能减少。

因为系统中使用了发射功率控制，接收功率保持恒定，所以接收端能恢复出理想的信号。

相干 RAKE 接收的相干就体现在对相位误差的消除上。对误差的消除需要有完善的信道估计，而信道估计是通过对导频信号进行适当的操作而得到的，根据发射信号中携带的导频信号完成的。这也就是根据导频求出信道参数的方法。

信道参数的算法指的是，由导频符号时隙内的信道参数推算在整个一个时隙中每个符号周期所对应的移动信道参数。为了更准确地获取信道估计值，信道估计的计算通常使用一个或几个相邻时隙中导频符号位置的移动信道(幅度衰落和相移信息)。

信道估计实际上是由加权多时隙平均(Weighted Multi-Slot Average，WMSA)滤波器来完成的。WMSA 算法在提高系统的信道估计精度的同时，也相应地增加了系统时延，因此算法精度和系统时延之间要进行平衡考虑。

对于 WCDMA 上行链路，由于 DPCCH 单时隙内包含的导频数目较少，为了在估计信道特性时滤除噪声的影响，则需考虑对信道估计结果在时隙间进行平均，即多时隙加权平均法。这种方法通常采用 $2k$ 个时隙进行平均，其中 k 个时隙晚于当前时隙，$k-1$ 个时隙早于当前时隙，其示意如图 4-5-5 所示。

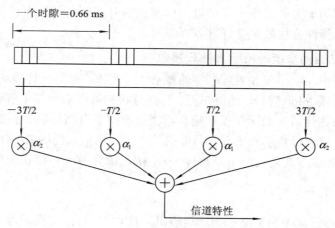

图 4-5-5　多时隙平均法示意图

为了得到第 n 个时隙对应的信道特性，其实现步骤为：

(1) 通过单时隙平均法得到各时隙对应的信道特性 $\hat{R}_{n-k-1}$，…，$\hat{R}_n$，…，$\hat{R}_{n+k}$；

(2) 通过多时隙加权平均，得到第 n 个时隙对应的信道特性。

多时隙加权平均法利用的时隙数目 k 与多普勒频移大小有关。多普勒频移越大，时隙数目 k 越少；而多普勒频移越小，则时隙数目 k 越多。一般地，当 $k=2$ 时，$\alpha_1=1.0$，$\alpha_2=1.6$；

当 $k=3$ 时，$\alpha_1=1.0$，$\alpha_2=0.8$，$\alpha_3=0.3$。

4.5.3 功率控制技术

在 WCDMA 系统中，作为无线资源管理的功率管理是非常重要的环节。这是因为在 WCDMA 系统中，功率是最终的无线资源。一方面，提高针对用户的发射功率能够改善用户的服务质量；另一方面，WCDMA 采用宽带扩频技术，所有信号共享相同的频谱，每个移动台(用户)的信号能量被分配在整个频带范围内，这样对其他移动台来说就成为宽带噪声，发射功率的提高会带来对其他用户接收质量的降低，并且由于各用户的扩频码之间存在着非理想的相关特性，用户发射功率的大小将直接影响系统的总容量。因此，功率的使用在 CDMA 系统中是矛盾的，从而使得功率控制技术成为 CDMA 系统中的最为重要的关键技术之一。

由于码分多址技术是在同一频段建立多个码分信道，虽然伪随机码具有很好的不相关性，但是无法避免其他信道对指定通信链路的干扰，这种干扰是由各用户间的 PN 码的互相关性不为零所造成的，因此也称为多址干扰。所以降低其他信道的干扰和增强每个信道的抗干扰能力就成为 CDMA 实现最大信道容量的技术方向。功率控制和可变速率声码器技术属于前一类技术，目的是尽量降低对其他信道的干扰；分集技术属于后一类，其目的是增强信道自身的抗干扰能力。

除了多址干扰造成的不良影响外，还存在着所谓的"远近效应"的影响，即在上行链路中，如果小区内工作的所有 UE 的发射功率都到达 Node B 时，而各 UE 与 Node B 的距离不同，使 Node B 接收较近的 UE 的信号强，接收较远的 UE 的信号弱。由于 CDMA 是同频接收系统，造成弱信号淹没在强信号中，从而使得部分 UE 无法正常工作。电波传播中经常会遇到"阴影效应"的问题，蜂窝式移动台在小区内的位置是随机的，且经常变动，所以路径损耗会大幅度变化，因此必须实时改变发射功率，才能保证在这一地区的通信质量。

如何有效地进行功率控制，在保证用户要求的服务质量(QoS)的前提下，最大程度地降低发射功率、减少系统干扰、增加系统容量已成为 WCDMA 关键技术中的关键。功率控制技术是 WCDMA 系统的基础，可以说没有功率控制就没有 WCDMA 系统。Qualcomm 公司就是因解决了这个问题才实现了 WCDMA 蜂窝通信网。

功率是 CDMA 系统的核心。CDMA 系统是一个同频自干扰系统，任何多余的功率均不允许发射，这是一个一定要遵守的总准则。功率控制就是维护这个准则的手段。

功率控制可以克服"远近效应"，对上行功控而言，功率控制的目标即为使所有信号到达基站的功率相同。功率控制可以补偿衰落，即当接收功率不够时要求发射方增大发射功率。

由于移动信道是一个衰落信道，快速闭环功控可以随着信号的起伏而快速改变发射功率，使接收电平由起伏变得平坦。

1．功率控制的原则

CDMA 功率控制的原则是指功率控制的基本依据。从原理角度出发，功率控制的原则可以分为三类：功率平衡的原则、信干比平衡的原则和质量平衡的原则。

(1) 功率平衡的原则。功率平衡是指接收端收到的有用信号的功率相等。一般，在上行链路是使 Node B 接收的各个 UE 的有用信号的功率相等，在下行链路是使各个 UE 接收的 Node B 的有用信号的功率相等。在功率平衡的两个方向中，我们更为强调上行链路的接收功率相等，因为在以实时交谈业务为主的服务里，上行链路是影响系统容量的主要因素。早期的 CDMA 功率控制技术中，采用的就是这种原则。

在第三代移动通信中，混合业务是重要的特色之一，很明显，不能以简单的接收功率相等来对待不同的业务，因为接收机接收不同的业务所需要的接收功率也不同，所以现在已经很少使用这种判断原则了。

(2) 信干比平衡的原则。随着技术的发展，通过测量接收功率然后进行调整发射功率的方法已不够理想，为了提供更大的容量，在技术上现采用能比功率更为敏感、更为有效地影响质量的参数——信干比来控制功率。

信干比平衡是指接收端收到的有用信号的功率相等，一般，在上行链路使 Node B 接收的各个 UE 的有用信号的信干比相等，在下行链路使各个 UE 接收的 Node B 的有用信号的信干比相等。同样，在以实时交谈业务为主的服务里，我们更为强调上行链路的接收信干比相等。

(3) 质量平衡的原则。描述移动通信质量的定量指标一般有 BER、FER 等。质量平衡原则并不是说任何链路的质量如 BER 等都要达到一致，而是说每种业务本身的质量是以要求的质量目标为中心，达到动态平衡的过程。质量平衡原则能够很好地解决现在第三代移动通信中具有多种业务的特性，可根据不同业务的质量目标灵活控制。质量平衡与信干比平衡的原则相结合使用，是现在功率控制的主流技术。

2. 功率控制的分类

在 WCDMA 系统中，功率控制按方向分为下行(前向)功率控制和上行(反向)功率控制；按移动台和基站是否同时参与又分为开环功率控制和闭环功率控制。

1) 下行(前向)功率控制

在理想情况下，由于下行链路的发射是同步正交的，那么移动台之间就不会存在干扰，但是由于有多径衰落的影响，完全正交是不可能的，所以前向功率控制还是有必要使用的。尤其是在下行链路存在较多高速数据流的情况下，若不采用前向功率控制，那么前向链路很有可能成为容量的瓶颈。下行物理信道种类较多，除了专用物理信道 DPCH 外，还有导频信道、公共控制信道、其他共享信道、指示信道等。前向功率控制又包括开环功率控制和闭环功率控制。

2) 上行(反向)功率控制

反向功率控制是 CDMA 系统中研究较早的技术，因为在以普通语音为主的服务区内，反向链路(上行链路)是系统容量受限的关键。控制 UE 的发射功率，可以克服"远近效应"和"阴影效应"的影响，同时能够最大程度上节省 UE 的功率，延长电池使用时间。WCDMA 的物理反向链路主要有 PRACH、DPCH、PCPCH 等，反向功率控制又包括开环功率控制和闭环功率控制。

3) 开环功率控制

开环功率控制的原理是根据接收到的链路的信号衰落情况，估计自身发射链路的衰落情况，从而确定发射功率。开环控制的主要特点是不需要反馈信息，因此，在无线信道突然变化时，它可以快速响应变化；此外，它的功率调整动态范围大。这种衰落估计的准确度是建立在上行链路和下行链路具有一致的衰落情况下的，但是由于频率双工 FDD 模式中，上、下行链路的频段相差 190 MHz，远远大于信号的相关带宽，所以上行和下行链路的信道衰落情况是完全不相关的，这导致开环功率控制的准确度不会很高，只能起到粗略控制的作用，必须使用闭环功率控制才能达到相当精度的控制效果。WCDMA 协议中要求开环功率控制的控制方差在 10 dB 内。

对时分双工模式 TDD 来说，由于上行和下行链路位于同一频段，只是在时隙上有所不同，此时信道的衰落情况基本对称，开环功率控制可以达到相当的控制精度，而不需要采用闭环功率控制。这也是 TDD 模式在功率控制方面与 FDD 模式最大的区别。

4) 闭环功率控制

闭环功率控制由内环功率控制和外环功率控制两种方法组成。闭环功控是发送方根据接收方链路质量测量结果的反馈信息，来增加或减少(降低)发射功率的。可见，闭环功控需要一个反馈通道。内环功率控制和外环功率控制的结合，体现了信干比平衡准则和质量平衡准则的结合。

(1) 内环功率控制。内环功率控制是通信本端接收通信对端发出的功率控制命令控制本端的发射功率，通信对端的功率控制命令是通过测量通信本端的发射信号的功率和信干比与预置的目标功率或信干比相比而产生的，以弥补测量值与目标值的差距。测量值低于预设值，功率控制命令就是上升；测量值高于预设值，功率控制命令就是下降。闭环功率控制的调整永远落后于测量时的状态，如果在这段时间内通信环境发生很大变化，会导致闭环的崩溃，所以功率控制的反馈延时不能太长，一般建议由通信本端的某一时隙产生的功率控制命令应该在两个时隙以内回馈。由于这种功率控制的最终结果是保持测量功率或信干比动态平衡于目标值，并在目标值附近上下抖动，因此可以很形象地描述这种控制为"乒乓"式控制。闭环功率控制精度高于开环功率控制，是主要的控制手段。

(2) 外环功率控制。外环功率控制在 CDMA 通信系统中的目的是使每条链路的通信质量基本保持在设定值。外环功率控制通过闭环功率控制间接影响系统的用户容量和通信质量。外环功控调节闭环功率控制可以采用目标 SIR 或目标功率值。基于每条链路不断地比较 BER 或 FER 与质量要求目标 BER 或目标 FER 的差距，弥补性地调节每条链路的目标 SIR 或目标功率，即若质量低于要求，就调高目标 SIR 或目标功率；若质量高于要求，就调低目标 SIR 或目标功率。

4.5.4 CDMA 射频和中频设计原理

1. CDMA 射频和中频的总体结构

图 4-5-6 给出了 CDMA 射频和中频部分的原理框图。射频部分是传统的模拟结构，有用信号在这里转化为中频信号。射频下行通道部分主要包括自动增益控制(RF AGC)、接收

滤波器(Rx 滤波器)和下变频器。射频的上行通道部分主要包括自动增益控制(RF AGC)、上变频器、宽带线性功放和发射滤波器(Tx 滤波器)。中频部分主要包括下行的去混叠滤波器、数字下变频器、ADC 和上行的中频和平滑滤波器、数字上变频器和 DAC。对于 WCDMA 的数字下变频器而言，由于其输出的基带信号的带宽已经大于中频信号的 10%，故与一般的 GSM 信号和第一代信号不同，它被称为宽带信号。

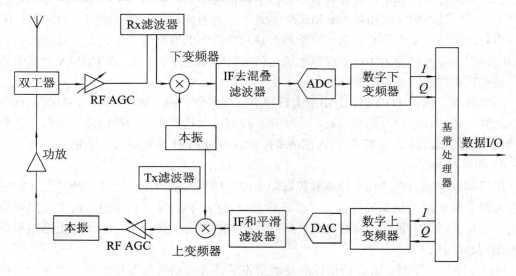

图 4-5-6　CDMA 射频和中频部分的原理框图

2. CDMA 的射频设计性能和考虑

前面已经提到，CDMA 的信号是宽带信号，因此射频部分必须设计成适合处理宽带、低功率谱密度特征的信号。CDMA 的高动态范围、高峰值因数(由于采用线性调制和多码传输)、精确的快速功率控制环路向功率放大器的线性和效率提出了挑战。

CDMA 对 RF 前端提出了非常困难的线性和效率要求。线性约束是由于要求了严格的输出频谱的掩模(Mask)，同时输出的信号包络变化幅度很大。当然，为了保证功放有足够的效率，功放的工作电平一般也保持在 1 dB 压缩点附近。

为了减少移动台的体积和功耗，要求在接收和发射端实现基带到射频或者相反方向的一次直接变频，这种技术的困难在于混频器需要有良好的线性，避免相邻信道的互调产物。同时，混频器的输入隔离也必须足够高，以避免因自混频而可能出现的直流分量。

射频部分的自动增益控制器(AGC)和低噪声放大器(LNA)的性能也非常关键，WCDMA 设计中 AGC 的要求在 80 dB 左右；而 LNA 的指标直接决定了接收机的总噪声指标，WCDMA 中要求 LNA 的噪声指标低于 4 dB。

模拟的射频器件使射频指标变化比较大，同时个体的差异也比较大。我们要按照最坏的情况对每个射频部件可能带来的整体接收机性能损失进行仿真，从而得到一组较好而且稳定的射频设计参数。另外，最新的设计方法也要求尽可能地减少模拟器件的数量，这也要求我们把模/数变换(ADC)和数/模变换(DAC)的位置尽可能向射频部分前移。鉴于目前的器件信号处理能力，数字中频技术是常用的设计方法。

3. 数字中频技术

抽样定理表明：一个频带限制在 $(0, f_H)$Hz 内的时间连续信号 $m(t)$，如果以 $1/(2f_H)$ 秒间隔对它进行等间隔采样，则 $m(t)$ 将被所得到的抽样值完全确定。此时的 $2f_H$ 被称为奈奎斯特频率。

现代的接收机结构一般是在中频部分实现模/数变换和采样，带宽为 B 的中频信号 $M(\omega)$ 通过 $f_s \geqslant 2B(1+\alpha/n)$ 的中频采样，得到信号 $M_s(\omega)$，再通过低通滤波器 $H(\omega)$，得到经过量化和采样的低中频信号 $M'_s(\omega)$，这个信号的频谱和原来信号的频谱是完全一样的。

从这个过程可以看出，中频采样可以用一个比信号频率最高值低的频率进行采样，而只要求这个频率满足条件。同时，中频采样还可以完成频率的变换，将信号变换到一个较低的中频频率上，此时再经过和数字域的同频相乘，就可以得到基带的 I、Q 分量。

思 考 题

4-1 第三代移动通信系统的网络结构可以分为几大部分？

4-2 WCDMA 网络总体结构的不同版本(R99、R4、R5)之间有何不同之处？

4-3 WCDMA 空中接口的协议层主要包含的协议有哪些？主要的功能是什么？

4-4 WCDMA 空中接口协议栈中包含三个层次的信道，这三个信道是哪三个？位于协议栈的哪个位置？

4-5 WCDMA 中上行和下行物理信道细分又有哪些信道？

4-6 上行专用物理信道的帧长为多少？包含多少时隙？

4-7 RAKE 接收机的工作原理是什么？

第 5 章 TD-SCDMA 系统

5.1 TD-SCDMA 系统概述

5.1.1 TD-SCDMA 系统的发展

TD-SCDMA 是一种基于 CDMA TDD 技术的系统,它具备 CDMA TDD 的一切特点,能够满足第三代移动通信系统的要求。

TD-SCDMA 标准公开之后,在国际上引起了强烈的反响,得到西门子等许多著名公司的重视和支持。1999 年 11 月,在芬兰赫尔辛基召开的国际电信联盟会议上,TD-SCDMA 被列入 ITU 建议——ITU-R M.1457,成为 ITU 认可的第三代移动通信 RTT 主流技术之一。2000 年 5 月,世界无线电行政大会正式接纳 TD-SCDMA 为第三代移动通信国际标准。从而使 TD-SCDMA 与欧洲、日本提出的 WCDMA、美国提出的 CDMA 2000 并列为三大主流标准之一。这是百年来中国电信史上的重大突破,标志着我国在移动通信技术方面进入世界先进行列。图 5-1-1 所示为 TD-SCDMA 标准的发展历程。

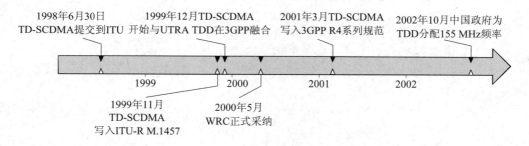

图 5-1-1 TD-SCDMA 标准的发展历程

中国无线通信标准组(CWTS)是国际电联承认的标准化组织,是 3GPP、3GPP2 两个国际组织的成员。TD-SCDMA 被国际电联正式接纳后,1999 年 12 月在 3GPP RAN 会议上确定了 TD-SCDMA 与 UTRA TDD 标准融合的原则,经过一年的工作,2001 年 3 月 16 日,在美国加利福尼亚州举行的 3GPP TSG RAN 第 11 次全会上,将 TD-SCDMA 列为 3G 标准之一,包含在 3GPP 版本 4(Release 4)中,这是 TD-SCDMA 成为全球 3G 标准的一个重要里程碑,表明该标准已经被世界众多的移动通信运营商和生产厂家所接受。这也是 TD-SCDMA 的完全可商用版本的标准,在这之后,TD-SCDMA 标准进入了稳定并进行相应改进和发展阶段。

5.1.2 TD-SCDMA 系统的主要参数

TD-SCDMA 采用 TDD 双工方式,融合了当今国际领先的智能无线、同步 CDMA 和软件无线电等技术,在频谱利用率、对业务支持的灵活性、频率灵活性及成本等方面具有独特的优势。

需要指出的是,WCDMA 也采用了 TDD 双工方式,但 TD-SCDMA 和 WCDMA 两者的基本设计思想是不同的:WCDMA 的 TDD 模式主要应用于室内环境(办公室、机场、车站、商场等);而 TD-SCDMA 是作为一个完整的移动通信系统来设计的,要求在各种环境(移动、手持机和室内)下工作,并达到最高的频谱利用率。

TD-SCDMA 系统由用户设备(UE)、无线接入网(RAN)、核心网(CN)三大部分组成,与第 5 章介绍的 WCDMA 系统的网络结构是一样的。TD-SCDMA 系统在核心网络标准方面与 WCDMA 采用相同的标准规范,包括核心网与无线接入网之间采用相同的 Iu 接口,因此上一章对 WCDMA 核心网的介绍也适用于 TD-SCDMA。TD-SCDMA 与 WCDMA 的差异表现在无线接入网部分,具体体现在以下几个主要方面:

(1) 不同的 Uu 接口(无线接口),尤其 Uu 物理层是 TD-SCDMA 与 WCDMA 最主要的差别所在。

(2) RAN 内部接口(Iub,Iur)有差异。TD-SCDMA 无线接入网可接入 R4 核心网,也可接入 R99 核心网。

(3) TD-SCDMA 采用不需配对频率的 TDD 双工模式,以及 FDMA/TDMA/CDMA 相结合的多址接入方式,同时使用 1.28 Mc/s 的低码片速率,扩频带宽为 1.6 MHz,主要规格参数如表 5-1-1 所示。

表 5-1-1 TD-SCDMA 的基本技术参数

参 数 名 称	规 格
载频间隔	1.6 MHz
双工方式	TDD
多址方式	FDMA/TDMA/CDMA
基站同步方式	同步
码片速率	1.28 Mc/s
扩频因子	1~16
扩频调制	DQPSK
帧长	10 ms
功率控制	开环和慢速闭环(20 b/s)
切换	软切换、频率间切换、接力切换
系统对称性(DL:UP)	1:6~6:1

5.1.3 TD-SCDMA 系统的特点

TD-SCDMA 系统的主要特点如下所述。

1. TD-SCDMA 系统的优点

TD-SCDMA 系统的优点体现在以下几方面：

(1) 有利于频谱的有效利用。TDD 由于不需要使用成对的频率，故各种频率资源在 TDD 模式下均能够得到有效的利用，从而可以充分利用不成对的频段，这样，分配频段相对来说也更加简单一些。

(2) 更适合于不对称业务。在 FDD DS-CDMA 系统中，前向业务信道与反向业务信道占用的是不同频段，在前向信道与反向信道之间采用保护频带以消除干扰。对于 TDD DS-CDMA 系统，前向和反向信道工作于同一频段，前向与反向信道的信息通过时分复用的方式来传送。TDD 特别适用于不对称的上、下行数据传输速率，当进行对称业务传输时，可选用对称的转换点位置；当进行非对称业务传输时，可在非对称的转换点位置范围选择。

(3) 上、下行链路中具有对称信道特性。由于 TDD 系统中上、下行工作于同一频率，对称的电波传播特性使之便于使用智能天线等新技术，达到提高性能、降低成本的目的。上行功率控制中也可充分利用上、下行间信道的对称电波传播特性。TDD 发射机根据接收到的信号就能够知道多径信道的快衰落，这是由于所设计的 TDD 帧长通常要比信道相干的时间更短。

(4) 设备成本低。由于信道是对称的，因此可以简化接收机。如果基站采用前置 RAKE 技术，则 TDD 终端的复杂性可大大降低。与 FDD 相比，无高收/发隔离的要求，可使用单片 IC 来实现 RF 收发信机，设备费可能比 FDD 方式降低 20%～30%。

2. TD-SCDMA 系统的缺点

TD-SCDMA 系统的缺点体现在以下几个方面：

(1) 移动速度与覆盖问题。TDD 采用多时隙的不连续传输，对抗快衰落、多普勒效应能力比连续传输的 FDD 差。目前，ITU-R 对 TDD 系统的要求是达到 120 km/h；而对 FDD 系统则要求达到 500 km/h。另外，TDD 的平均功率和峰值功率的比值随时隙数增加而增加，考虑到耗电和成本因素，用户终端发射功率不可能太大，故小区半径较小。

(2) 基站的同步问题。对于 TDD CDMA 系统来说，为减少基站间的干扰，基站间同步是必须的。这可以采用 GPS 接收机或通过用额外的电缆分布公共时钟来实现，但这也同时增加了基础设施的费用。

(3) 干扰问题。TDD 系统中的干扰不同于 FDD 系统，因为 TDD 系统的同步困难以及相关的干扰使之成为 TDD 系统使用的主要问题。TDD 系统包括了多种形式的干扰，如 TDD 蜂窝内的干扰、TDD 蜂窝间的干扰、不同运营商间的干扰、TDD/FDD 系统间的干扰、来自功率脉动的干扰等。

5.2 TD-SCDMA 网络结构和接口

5.2.1 TD-SCDMA 网络结构

TD-SCDMA 网络结构与标准化组织 3GPP 制定的通用移动通信系统(Universal Mobile Telecommunication System，UMTS)网络结构是一样的。

从功能上看，UMTS 可以分成一些不同功能的子网(Subnetwork)，主要包括核心网和无线接入网(Radio Access Network，RAN)两部分。核心网主要处理 UMTS 系统内部所有的语音呼叫、数据连接和交换，以及与外部其他网络的连接和路由选择。无线接入网完成所有与无线有关的功能。这两个子网与用户终端设备(User Equipment，UE)一起构成了完整的 UMTS 系统，其结构如图 5-2-1 所示，是第 4 章中介绍的图 4-2-4 的简化表示。图中，UTRAN 执行 RAN 的功能，它与核心网 CN 之间的接口为 Iu，与用户终端设备 UE 之间的接口为 Uu。

图 5-2-1 UMTS 的系统结构

5.2.2 TD-SCDMA 无线接入网络

1. UTRAN 结构

UTRAN(无线接入网络)是 3G 网络中的无线接入网部分，其结构如图 5-2-2 所示。

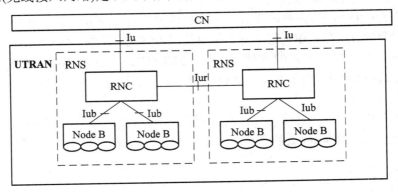

图 5-2-2 UTRAN 结构

UTRAN 由一组 RNS(Radio Network Subsystems)组成，每一个 RNS 包括一个 RNC 和一个或多个 Node B。

1) UTRAN 的主要组成部分

(1) 无线网络控制器(Radio Network Controller，RNC)：主要负责接入网无线资源的管理，包括接纳控制、功率控制、负载控制、切换和包调度等方面。通过 RRC(无线资源管理)协议执行的相应进程来完成这些功能。

(2) 节点 B(Node B)：主要功能是进行空中接口的物理层处理，如信道交织和编码、速率匹配和扩频等。同时它也执行无线资源管理部分的内环功控。Node B 的逻辑模型如图 5-2-3 所示。

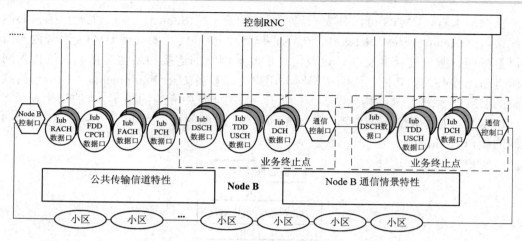

图 5-2-3　Node B 的逻辑模型

2) UTRAN 的主要功能

UTRAN 的主要功能有：传输用户数据；系统消息调度；数据的加/解密和信令的完整性保护；切换、SRNS 重定位及终端定位等的移动性方面；整个接入网的无线资源管理；网络同步；广播/多播的消息调度及流控；业务量报告。

3) 同步技术

在 3G 系统中，同步技术同样具有非常重要的作用，尤其是对 TDD 系统而言，系统的同步直接关系到整个系统的性能。

现在的 3GPP 接入网节点的同步方式主要是通过传输线同步和 GPS 来完成的；而 TDD 系统除了以上两种方式外，还采用了空中接口的同步方式。其中，3.84 Mc/s TDD 专门提供了一条用来进行空中接口同步的物理信道——PNBSCH(Physical Node B Synchronisation CHannel)，而 TD-SCDMA 由于其特殊的帧结构，通过专用的下行导频时隙(DwPTS)来完成空中接口同步的功能。

同步技术主要涉及以下几个方面：网络同步、节点同步、传输信道同步、无线接口同步、定时对齐控制。图 5-2-4 说明了涉及到上述概念的一些节点。

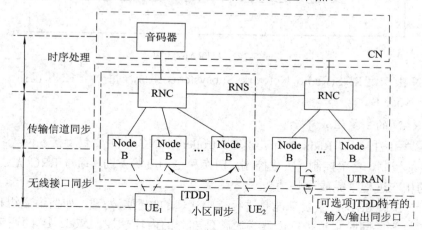

图 5-2-4　同步模型

2. UTRAN 通用协议结构模型

对于 UTRAN 协议不但可以从 UE 到 CN 连接的方向进行描述，而且可以按照层次化进行说明。UTRAN 的协议结构设计是根据相同的通用协议模型进行的，通常的设计思想是要保证各层的几个平面在逻辑上彼此独立，这样便于后续版本的修改，使其影响最小化。图 5-2-5 所示为 UTRAN 协议模型的基本结构。图中，ALCAP(Access Link Control Application Part)表示传输网络层控制平面相应协议的集合。

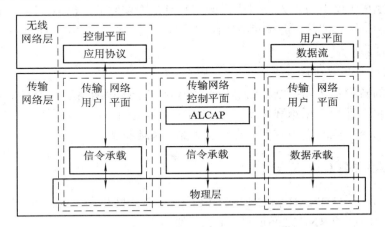

图 5-2-5　UTRAN 地面接口的通用协议结构模型

UTRAN 从层次上可以分为无线网络层和传输网络层两部分。UTRAN 涉及的内容都是与无线网络层相关的；传输网络层使用标准的传输技术，根据 UTRAN 的具体应用进行选择。

UTRAN 的协议从垂直方向看分为控制平面和用户平面两部分。

1) 控制平面

控制平面包含应用层协议，如 RANAP(无线接入网络应用部分)、RASAP(无线网络子系统应用部分)、NBAP(基站应用部分协议)和传输层应用协议的信令承载。

应用层协议和其他相关因素一起用于建立到 UE 的承载(Iu 中的无线接入承载以及随后的无线连接)。在层次化的结构中，应用协议的承载参数并不直接和用户平面的技术相联系，而是更一般化的描述参数，这样使得用户平面技术的选择更加灵活。

应用协议的信令承载可以和 ALCAP(接入链路控制应用协议)的信令承载具有相同的类型，也可以是不同的类型；信令承载的建立是用于 O&M(操作维护)。

2) 用户平面

用户收发的所有信息，例如语音和分组数据，都是经过用户平面传输的。用户平面包括数据流和相应的承载，每个数据流的特征都由一个或多个接口的帧协议来描述。

3) 传输网络层控制平面

传输网络层控制平面为传输层内的所有控制信令服务，不包含任何无线网络层信息。它包括为用户平面建立传输承载(数据承载)的 ALCAP 协议，以及 ALCAP 需要的信令承载。

传输网络层控制平面位于控制平面和用户平面之间。它的引入使无线网络层控制平面的应用协议与在用户平面中为数据承载而采用的技术之间完全独立成为可能。使用传输网络层控制平面时，无线网络层用户平面中数据承载的建立方式如下：无线网络层控制平面的应用协议进行一次信令处理，它通过 ALCAP 协议建立数据承载，该 ALCAP 协议是针对用户平面技术而定的。

控制平面和用户平面的独立性要求必须进行一次 ALCAP 的信令处理。值得注意的是，ALCAP 不一定用于所有类型的数据承载上，如果没有 ALCAP 的信令处理，传输网络层控制平面就没有存在的必要了。在这种情况下，采用预先配置的数据承载。另外，传输网络控制层的 ALCAP 协议不用于为应用协议或在实时操作期间的 ALCAP 建立信令承载。

ALCAP 的信令承载不一定和应用协议的承载是同一类型。ALCAP 信令承载的建立被认为是 O&M 行为。

4) 传输网络层用户平面

用户平面的数据承载和控制平面的信令承载都属于传输网络层的用户平面。如前所述，传输网络层用户平面的数据承载在实时操作期间由传输网络层控制平面直接控制，但是为应用协议建立信令承载所需的控制操作被认为是 O&M 行为。

5.2.3 UTRAN 接口

如图 5-2-2 所示，UTRAN 和 CN 通过 Iu 接口和核心网相连，Node B 和 RNC 之间通过 Iub 接口相连，RNC 和 RNC 之间通过 Iur 进行通信。

1．Iu 接口

Iu 接口是连接 UTRAN 和 CN 之间的接口，同时我们也可以把它看成是 RNS 和 CN 之间的一个参考点。如同 GSM 的 A 接口一样，Iu 同样也是一个开放接口，它将系统分成专用于无线通信的 UTRAN 和负责处理交换、路由和业务控制的 CN 两部分。制定该标准时的最初目的是仅发展一种 Iu 接口，但是在以后的研究过程中发现，CS 和 PS 业务在用户平面的传输需要采用不同的传输技术才能使传输最优化，相应的传输网络层控制平面也将有所变化，其设计的主要原则是对于 Iu-CS 和 Iu-PS 的控制平面应该基本保持一致。

1) Iu 结构

图 5-2-6 说明了 Iu 接口的基本结构。

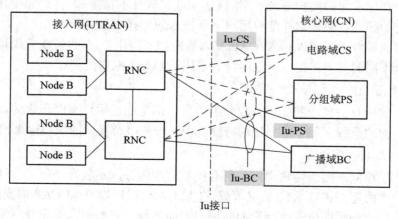

图 5-2-6 Iu 接口结构

从结构上来看，一个 CN 可以和几个 RNC 相连，而任何一个 RNC 和 CN 之间的 Iu 接口可以分成三个域：Iu-CS(电路交换域)、Iu-PS(分组交换域)和 Iu-BC(广播域)。

从任何一个 RNC 到 PS 域都不能超过一个 Iu 接口(Iu-PS)。每个 RNC 到 CS 域中其默认 CN 节点不能超过一个 Iu 接口(Iu-CS)，但可以有更多个 Iu 接口(Iu-CS)到 CS 域中的其他 CN 节点。这些更多的 Iu 接口(Iu-CS)仅用于 MSC 内系统间切换或 SRNS 重定位，在这种情况下，锚 CN 节点直接连接到目标 RNC。每个 RNC 到广播域不能超过一个 Iu 接口(Iu-BC)。

在分离的核心网结构中，这意味着有单独的信令和用户数据连接到 PS 和 CS 域，这同样应用于传输和无线网络层。

在合并的核心网结构中，用户平面有单独的连接到 PS 和 CS 域(包括传输和无线网络层)，控制平面有单独的 SCCP 连接到两个逻辑域。

在所有结构中，UTRAN 中可以有几个 RNC，所以 UTRAN 到核心网可以有几个 Iu 接入点。作为最小化，每个 Iu 接入点(UTRAN 或 CN 中)应独立完成相关 Iu 规范的要求。

2) Iu 功能

从功能上看，Iu 接口主要负责传递非接入层的控制消息、用户信息、广播信息及控制 Iu 接口上的数据传递等，其主要功能如下：

(1) RAB 管理功能：主要负责 RAB 的建立、修改和释放，并完成 RAB 特征参数和 Uu 承载和 Iu 传输承载参数的映射。

(2) 无线资源管理功能：在 RAB 建立时执行用户身份的鉴定和无线资源状况的分析，并据此接受或拒绝该请求。

(3) 连接管理功能：负责 UTRAN 和 CN 之间的 Iu 信令连接的建立和释放，为 UTRAN 和 CN 之间的信令和数据传输提供可靠的保证。

(4) 用户平面管理功能：基于 RAB 的特性提供用户平面相应的模式，即透明模式或支持模式；并根据不同的模式决定其帧结构。

(5) 移动性管理：跟踪终端当前位置信息和对终端进行寻呼。

(6) 安全功能：在信令和用户数据传输的过程中对其进行加密并校验其完整性，对用户的身份和权限进行审核。

3) Iu 接口的三个域

Iu 接口的无线网络信令包含无线接入网络应用部分(RANAP)。RANAP 协议包括处理 CN 和 UTRAN 之间的所有过程的机制。RANAP 也可以在 CN 和 UE 之间透明传递消息，而不需要 UTRAN 的解释或处理。

在 Iu 接口上，RANAP 协议用于以下情况：

(1) 方便来自 CN 的一组通用过程，例如寻呼通知；
(2) 在协议层上区分每个用户设备(UE)，用于移动专用信令管理；
(3) 传递透明的非接入信令；
(4) 通过 3GPP 标准中的专用 SAP，请求不同类型的 UTRAN 无线接入承载；
(5) 执行 SRNS 重定位功能；
(6) 无线接入承载由接入层提供。

Iu 接口的三个域 Iu-CS、Iu-BC、Iu-PC 的协议结构分别用图 5-2-7、图 5-2-8 和图 5-2-9 来描述。

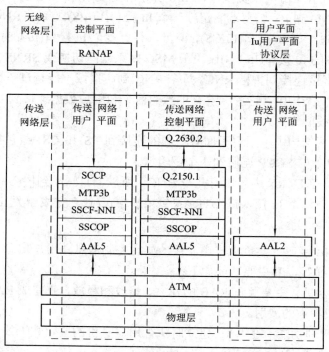

图 5-2-7 Iu-CS 的协议结构

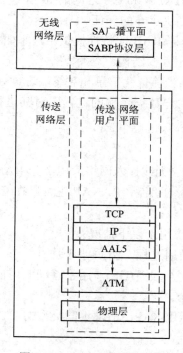

图 5-2-8 Iu-BS 的协议结构

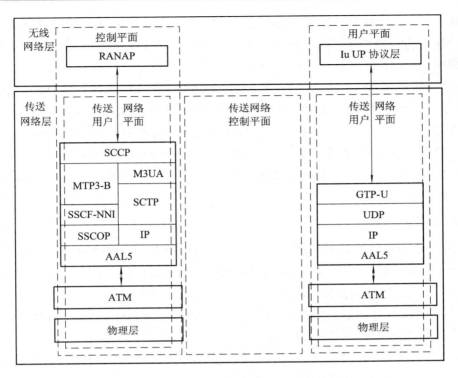

图 5-2-9 Iu-PS 的协议结构

2. Iub 接口

Iub 接口是 RNC 和 Node B 之间的接口,用来传输 RNC 和 Node B 之间的信令及无线接口数据。它的协议栈是典型的三平面表示法:无线网络层、传输网络层和物理层。图 5-2-10 所示为 Iub 接口协议结构。

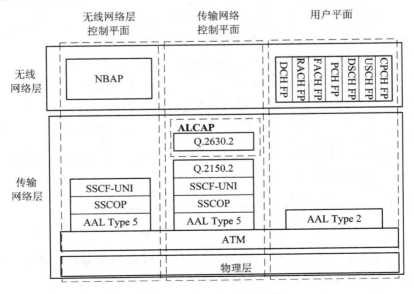

图 5-2-10 Iub 接口协议结构

无线网络层由控制平面的 NBAP 和用户平面的 FP(帧协议)组成;传输网络层目前采用 ATM 传输,在 Release 5 以后的版本中,引入了 IP 传输机制;物理层可以使用 E1、T1、STM-1 等多种标准接口,目前常用的是 E1 和 STM-1。

Iub 接口主要完成以下功能:管理 Iub 接口的传输资源;Node B 逻辑 O&M 操作;传输 O&M 信令;系统信息管理;专用信道控制;公共信道控制;定时和同步管理。

与 Iur 接口不同的是,由于 RNC 和 Node B 之间具有较短的传输距离和相对密切的对应关系,没有必要采用七号信令传输网络,因此无线网络层和传输网络层控制平面中作为信令承载的 SS7 协议栈被更简单的 SAAL-UNI 所代替。另外应该注意的是,这里也没有引入 IP/SCTP。

3. Iur 接口

Iur 接口是两个 RNC 之间的逻辑接口,用来传送 RNC 之间的控制信令和用户数据。同 Iu 接口一样,Iur 接口是一个开放接口。Iur 接口的最初设计是为了支持 RNC 之间的软切换,但是后来其他的特性被加了进来。

Iur 接口的主要功能有以下几种:支持基本的 RNC 之间的移动性;支持公共信道业务;支持专用信道业务;支持全局管理过程。

同 Iub 接口类似,Iur 协议栈也是典型的三平面:无线网络层、传输网络层和物理层。图 5-2-11 说明了 Iur 接口的协议结构(在 Release 5)。

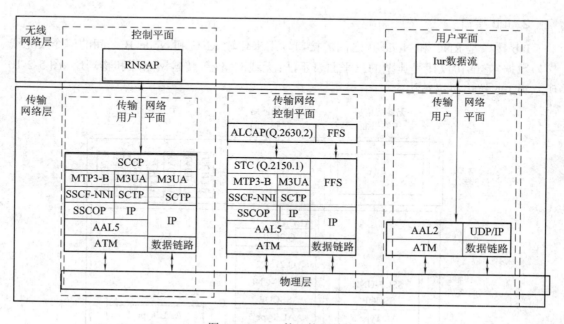

图 5-2-11 Iur 接口协议结构

无线网络层由控制平面的 RASAP 和用户平面的 FP(帧协议)组成;传输网络层目前采用 ATM 传输,在 Release 5 以后的版本中,将引入 IP 传输机制;在物理层实现中可以使用 E1、T1、STM-1 等多种标准接口,目前常用的是 E1 和 STM-1。

5.3 TD-SCDMA 系统空中接口

5.3.1 TD-SCDMA 系统空中接口概述

第三代移动通信系统的空中接口即 UE 和网络之间的 Uu 接口，由物理层(L1)、数据链路层(L2)和网络层(L3)组成，如图 5-3-1 所示。TD-SCDMA 空中接口的协议结构与之相同。

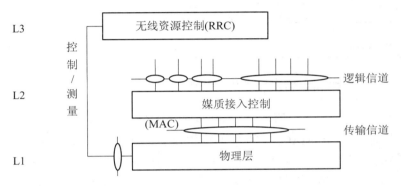

图 5-3-1　3G 空中接口协议结构

TD-SCDMA 系统中各层的主要功能及结构如下所述。

1. 物理层

从图 5-3-1 可以看出，物理层是空中接口的最底层，支持比特流在物理介质上的传输。物理层与 L2 的 MAC 子层及 L3 的 RRC 子层相连。物理层向 MAC 层提供不同的传输信道，传输信道定义了信息是如何在空中接口上传输的。物理信道在物理层定义，物理层受 RRC 的控制。

物理层向高层提供数据传输服务，这些服务的接入是通过传输信道来实现的。为提供数据传输服务，物理层需要完成以下功能：传输信道的 FEC 编译码；传输信道错误检测和上报；传输信道和编码组合传输信道的复用/解复用；编码组合传输信道到物理信道的映射；物理信道的调制/扩频和解调/解扩；频率和时钟(码片、比特、时隙和子帧)同步；功率控制；物理信道的功率加权和合并；RF 处理；速率匹配；无线特性测量，包括 FER、SIR、干扰功率等；上行同步控制；上行和下行波束成形(智能天线)；UE 定位(智能天线)。

由于各种第三代移动通信系统的差别主要体现在无线接口的物理层，因此在 5.3.2 中将较详细地介绍基于 TD-SCDMA 技术的无线接口物理层 L1。

2. MAC 媒体接入控制协议

1) MAC 层介绍

媒体接入控制子层 MAC 位于物理层之上，是 L2 的子层，主要是在物理层提供的传输信道和向 RLC 层提供服务的逻辑信道之间进行信道映射，同时也为逻辑信道选择合适的传输格式(TF)。关于 MAC 层逻辑结构参见图 5-3-2。

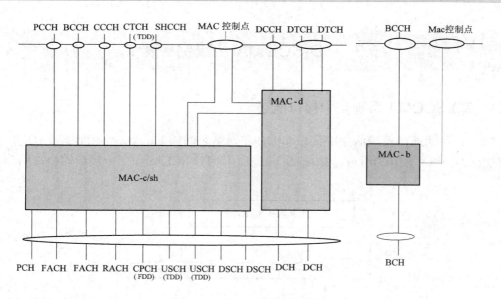

图 5-3-2 MAC 层的协议结构

图 5-3-2 描述了一个 MAC 层的通用结构模型,包含有三个功能实体:MAC-d、MAC-c/sh、MAC-b。MAC-b 主要负责处理小区广播消息;MAC-c/sh 主要负责处理小区中的公共信道和共享信道;MAC-d 主要负责处理在连接模式下分配给 UE 的专用信道。它们利用 SAP 来实现相应的信道映射。这些实体通过控制 SAP 接收来自 RRC 的配置消息,同时向 RRC 层反馈状态测量报告。

这些实体的实现位置上,UE 侧和 UTRAN 侧有所不同。UE 侧只有一个 MAC-d、MAC-c/sh、一个或多个 MAC-b 实体。由于它们在同一个设备中,因此彼此之间通过内部接口进行通信。对于 UTRAN 侧,MAC-b 位于 Node B 中,并且每个 CELL 中只有一个;MAC-c/sh 位于 CRNC 中;MAC-d 位于 SRNC 中,并且为每个 UE 提供一个 MAC-d 实体。由于按照设备功能的划分,这些实体分属不同的设备中,各实体之间必须通过标准接口进行通信。如 MAC-d 和 MAC-c/sh 不在同一个 RNC 的情况下,二者的交互通过 Iur 接口进行。这些接口已经设计成标准开放的,以使不同制造商的设备彼此兼容。

注意,在 R5 以后的版本中,由于 HSDPA 技术的引入,在 MAC 层新加入了一个功能实体 MAC-hs,负责执行有关 HSDPA 的功能。

2) 信道结构及映射

MAC 层通过逻辑信道为高层提供服务。逻辑信道的类型是根据 MAC 提供不同类型的数据传输业务而定义的。逻辑信道通常划分为两类,即用来传输控制平面信息的控制信道和用来传输用户平面信息的业务信道。

控制信道包括 BCCH(广播系统控制信息的下行链路信道)、PCCH(传输寻呼信息的下行链路信道)、CCCH(在网络和终端之间发送控制信息的双向信道,它总是映射到 FACH/RACH 上)、DCCH(在网络和终端之间传送专用控制信息的点对点的双向信道,该信道在 UE 和 RRC 建立的连接过程期间建立)及 SHCCH(网络和终端之间传输控制信息的双向信道,用来对上行/下行共享信道进行控制)。

业务信道包括 CTCH(用来向全部或部分 UE 传输用户信息的点对多点信道)和 DTCH(专门用于一个 UE 传输自身用户信息的点对点双向信道)。

在无线接口协议的层次结构中位于 MAC 层下面的是物理层。物理层通过传输信道为 MAC 层提供数据传输服务，因此 MAC 负责逻辑信道和传输信道之间的信道映射。图 5-3-3 给出了 UE 侧和 UTRAN 侧逻辑信道和传输信道之间一般的映射关系，需要提醒的是，图中仅仅描述了信道间的映射关系，而并没有给出映射的方向。

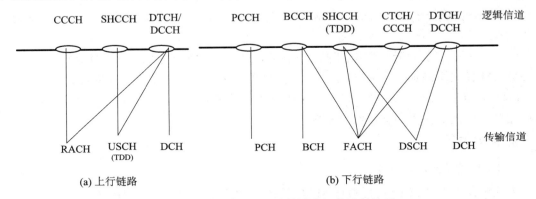

图 5-3-3 逻辑信道与传输信道之间的映射关系

3) MAC 层功能

MAC 层的主要功能是向高层提供三种业务：数据传输、无线资源和 MAC 参数的重新分配以及测量报告。MAC 所实现的主要功能如下所述：

(1) 逻辑信道与传输信道之间的信道映射，MAC 负责将逻辑信道映射到适当的传输信道上。

(2) 根据业务速率，MAC 为每个传输信道选择合适的传输格式。

(3) UE 数据流之间的优先级处理。UE 各个数据流之间优先级是由 RB 的业务属性和 RLC 的 buffer 状态决定的。根据数据流的优先级情况，通过在给定的 TFCS 中选择合适的 TFC，使得高优先级的数据流能够选择高比特速率的传输格式映射到物理层；而低优先级的数据流能够选择低比特速率的传输格式映射到物理层。另外，对于传输格式的选择还需要考虑来自于物理层的传输功率指示。

(4) UE 之间的优先级处理。为了使突发传输情况有效地利用频谱资源，MAC 层可以使用动态调度功能。MAC 层在公共共享信道上实现了优先级调度处理。但对于专用信道，等效的动态调度功能是在 RRC 层功能的重新配置中。

(5) 在公共信道上的 UE 标识。当公共信道承载的是专用逻辑信道的数据时，需要在 MAC PDU 的头部添加一个标识来区别各个不同的 UE。根据 UE 标识的使用范围来划分用于小区范围的 UE 标识——CRNTI(16 bit)和 UTRAN 范围的 UE 标识——URNTI(32 bit)。

(6) 在公共信道上将高层 PDU 复用到传输块中，然后传递到物理层；并在公共信道上将接收来自于物理层的 PDU 解复用成高层 PDU。

(7) 在专用信道上将高层 PDU 复用到传输块中，然后传递到物理层；并在专用信道上将接收来自于物理层的 PDU 解复用成高层 PDU。

(8) 业务量测量。高层通过发送"测量控制消息"或者"系统消息"来要求 MAC 执行业务量测量。在这些消息中包含有与测量有关的相应信息,如测量对象、测量内容、测量量、测量准则、测量周期、测量反馈报告等。MAC 根据这些信息的指示执行测量。MAC 搜集 RLC 和 buffer 占用的情况,计算出当前的业务量情况,然后与 RRC 设定的门限比较。如果满足设定的测量报告条件,则 MAC 将业务量测量结果报告给高层。高层进而根据这些报告对无线承载/传输信道参数重新配置。

(9) 动态传输信道类型切换。根据 RRC 的命令,执行公共传输信道和专用传输信道之间的切换。

(10) 加密。主要为避免数据的非授权获取,只有在 TM 下才由 MAC 对数据进行加密;在 UM/AM 模式下的加密在 RLC 层进行,具体请参考后续相关章节有关内容。

(11) RACH 接入的 ASC 选择。为了提供不同的 RACH 使用优先级,RACH 的物理资源被划分为不同的接入服务等级(ASC)。

3. RLC 层

1) RLC 层的结构及业务

无线链路控制协议 RLC 层位于 MAC 层之上,为用户和控制数据提供分段和重传业务。每个 RLC 实体由 RRC 配置,并且根据业务类型分为三种模式,即透明模式(TM)、非确认模式(UM)、确认模式(AM)。在控制平面,RLC 向上层提供的业务为无线信令承载(SRB);在用户平面,当 PDCP 和 BMC 协议没有被该业务使用时,RLC 向上层提供无线承载(RB);否则 RB 业务由 PDCP 或 BMC 承载。

从图 5-3-4 能够看出,对于透明模式和非确认模式,RLC 实体是单向的,各自拥有一个发送实体和一个接收实体,独立地完成数据的发送和接收;而对于确认模式,RLC 实体是双向的。虽然仅有一个实体,却被划分为接收侧和发送侧来完成数据的发送和接收的功能,并且它们彼此是能够互相沟通的。

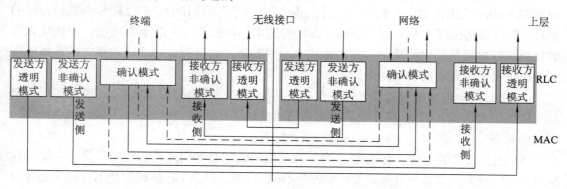

图 5-3-4 RLC 层模型

对于所有的 RLC 模式,CRC 校验在物理层中完成,并将校验结果和对应的数据间接地传递到 RLC 层。

RLC 三种模式的实际操作如下:

(1) 透明模式。发送实体在高层数据上不添加任何额外控制协议开销,仅仅根据业务类型决定是否进行分段操作。如果接收实体接收到的 PDU 出现错误,则根据配置在错误标记后递交或者直接丢弃并向高层报告。实时语音业务通常采用 RLC 透明模式。

(2) 非确认模式。发送实体在高层 PDU 上添加必要的控制协议开销,然后进行传送,但并不保证传递到对等实体,且没有使用重传协议。接收实体对所接收到的错误数据标记为错误后递交,或者直接丢弃并向高层报告。由于 RLC PDU 包含有顺序号,因此能够检测高层 PDU 的完整性。UM 模式的业务有小区广播和 IP 电话。

(3) 确认模式。发送侧在高层数据上添加必要的控制协议开销后进行传送,并保证传递到对等实体。因为具有 ARQ 能力,如果 RLC 接收到错误的 RLC PDU,就通知发送方的 RLC 重传这个 PDU。由于 RLC PDU 中包含有顺序号信息,因此支持数据向高层的顺序/乱序递交。AM 模式是分组数据传输的标准模式,比如 WWW 和电子邮件下载。

2) RLC 的功能

RLC 主要执行的功能如下:

(1) 分段/重组。分段/重组就是将长度不同的高层 PDU 分组进行分段重组为较小的 RLC 负荷单元(PU)。

(2) 级联。当一个 RLC SDU 的内容不能填满一个完整的 RLC PDU 时,可以将下一个 RLC SDU 的第一段也放在这个 PU 中,与前一个 RLC SDU 的最后一段级联在一起。

(3) 填充。当 RLC SDU 的内容不能填满一个完整的 RLC PDU 且无法进行级联时,可以将剩余的空间用填充比特来填满。

(4) 错误纠正。在确认模式下通过重传来纠正错误。

(5) 高层 PDU 的顺序发送。RLC 按照高层 PDU 递交下来的顺序进行发送,主要用于 AM 模式。

(6) 流量控制。由 RLC 接收端对另一侧 RLC 发送端的发送速率进行控制。

(7) 复制检查。检查所接收到 RLC PDU,并保证向高层只递交一次。

(8) 顺序号检查。在 UM 模式下,该功能保证 PDU 的完整性,并且在 RLC PDU 被重组为 RLC SDU 时,通过检查 RLC PDU 的顺序号提供一个检测恶化的 RLC SDU 的方法。

(9) 协议错误检测与恢复。检测 RLC 协议的错误并进行恢复。

(10) 加密。在 UM/AM 模式下,对数据进行加密。具体请参考后续相关章节内容。

(11) 暂停/继续功能。暂停或者继续进行数据传输。它们都是属于本地操作,由 RRC 通过控制接口进行控制。

4. RRC 层

无线资源控制协议 RRC 层对无线资源进行分配并发送相关信令。UE 和 UTRAN 之间控制信令的主要部分是 RRC 消息。RRC 消息承载了建立、修改、释放 L2 和物理层协议实体所需的全部参数,同时也携带了 NAS(非接入层)的一些信令,如 MM、CM、SM 等。

1) RRC 与低层的交互

RRC 下层的一些测量报告可以为 RRC 分配无线资源提供参考。控制操作和测量报告将通过 RRC 与低层的接入点进行交互。详细如图 5-3-5 所示。

2) RRC 的结构

下面我们以如图 5-3-6 所示的 UE 侧 RRC 模型为例进行简单的说明。

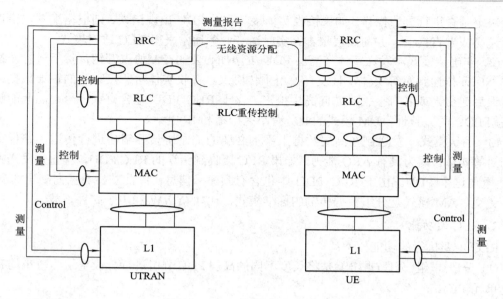

图 5-3-5　RRC 与低层的交互动作

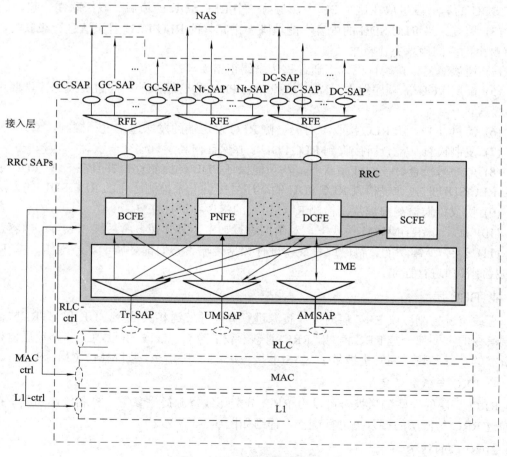

图 5-3-6　UE 侧 RRC 模型

从图 5-3-6 可以看出，RRC 层主要有六个功能实体。

(1) 路由功能实体(RFE)：处理高层消息到不同的移动管理/连接管理实体(UE 侧)或不同的核心网络域(UTRAN 侧)的路由选择。

(2) 广播控制功能实体(BCFE)：处理广播功能。该实体用于发送一般控制接入点(GC-SAP)所需要的 RRC 业务。BCFE 能使用低层透明模式接入点(Tr-SAP)和非确认模式接入点(UM-SAP)提供的服务。

(3) 寻呼及通告功能实体(PNFE)：控制寻呼没有 RRC 连接的 UE。该实体用于发送通告接入点(Nt-SAP)所需要的 RRC 业务。能使用低层 Tr-SAP 和 UM-SAP 提供的服务。

(4) 专用控制功能实体(DCFE)：处理特定的某个 UE 的所有功能。该实体用于发送专用控制(DC-SAP)所需要的 RRC 业务。根据发送的消息和当前 UE 服务状态，DCFE 可使用低层 Tr-SAP 和 UM/AM-SAP 提供的服务。

(5) 共享控制功能实体(SCFE)：控制 PDSCH 和 PUSCH 的分配。该实体使用低层 Tr-SAP 和 UM-SAP 提供的服务。在 TDD 模式下，SCFE 还用于协助专用控制功能实体。

(6) 传输模式实体(TME)：处理 RRC 层内不同实体和 RLC 提供的接入点之间的映射。在 RRC 子层功能实体内也存在逻辑信息的交换。

RRC 层向上层提供信令连接以支持与上层之间的信息流交换。信令连接是在 UE 和核心网之间传输高层信息。对每个核心网域，最多只能同时存在一个信令连接；对于一个 UE 而言，同时最多也只能存在一个 RRC 连接。

3) RRC 层的功能

RRC 层的主要功能有：广播由非接入层(核心网)提供的信息；广播与接入层相关的信息；建立、维持及释放 UE 和 UTRAN 之间的一个 RRC 连接；建立、重新配置及释放无线承载；分配、重新配置及释放用于 RRC 连接的无线资源；RRC 连接移动功能；控制所需的 QoS；UE 测量的报告和对报告模式的控制；外环功率控制；安全模式控制；慢速动态信道分配；寻呼；初始小区选择和重选；上行链路 DCH 上无线资源的仲裁；RRC 消息完整性保护；定时提前；CBS 控制。

5. PDCP 分组数据汇聚协议

分组数据汇聚协议层(PDCP)存在于用户平面，只处理分组(PS)业务。

网络层协议应能够运行于多种子网和数据链路上。UMTS 支持多种网络层协议，为用户提供协议的透明性，可支持的协议有 IPv4 和 IPv6。在 UTRAN 上引入新的网络层协议应当不改变 UTRAN 的原有协议。因此，所有与上层报文传送相关的功能，应当被 UTRAN 的网络层实体以透明方式执行。这是对 UTRAN PDCP 的一个必备要求。

对 UTRAN PDCP 的另一个要求是提高信道效率，可通过采用多种优化方法来完成。目前使用的方法主要是 IETF 标准化的头部压缩协议——RFC2507 和 RFC3095。例如通常对于 IPv4 和 IPv6 的数据包，RTP/UDP/IP 头的大小为 40~60 个字节，如果此时承载的是 IP 语音业务，其净负荷常常在 20 字节以下。在这种情况下，头部开销大大降低了空中接口的传输效率。为了避免这种情况的出现，在设计 PDCP 时，最基本的方法就是采用头压缩技术。

1) PDCP 结构

图 5-3-7 显示了 PDCP 的协议模型。每个 PDCP-SAP 使用一个 PDCP 实体,每一个 PDCP 实体可以使用零种、一种或多种头部压缩协议;多个 PDCP 实体可能使用相同的协议,协议类型及其参数由高层协商并通过 PDCP-C-SAP 来告知 PDCP 实体。通常情况下,每一个 RB(无线承载)连到一个 PDCP 实体,每一个 PDCP 实体都对应于一个 RLC 实体。PDCP 提供无线承载复用的功能,这种复用是通过使用确认模式的 RLC 的一个 PDCP 实体所提供的两个 PDCP 业务接入点(PDCP SAP)来实现的。图中,中部的 PDCP 实体就是这种情况。图 5-3-7 只是代表了一种可能的 PDCP 结构,并不涉及具体实现。

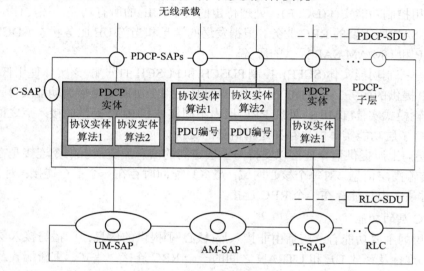

图 5-3-7 PDCP 的结构

2) PDCP 的功能

分组数据汇聚协议层(PDCP)主要包括以下功能:

(1) 数据包头压缩。在发送与接收实体中分别执行 IP 数据流的头部压缩与解压缩(如 TCP/IP 和 RTP/UDP/IP 头部)。头部压缩的方法特定于具体的网络层协议。在 PDCP 上下文激活时,网络协议类型被指定,每个 PDCP 实体使用的头部压缩协议及参数由高层配置并通过 PDCP-C-SAP 告知 PDCP 实体。在操作期间,对等 PDCP 实体的压缩和解压缩初始化的信令在用户平面执行。PDCP 层应当能够支持多种头部压缩协议,并且在将来还可以进一步扩展。

(2) 用户数据传输。用户数据传输主要是将非接入层送来的 PDCP-SDU 转发到 RLC 层,反之亦然。

当收到 PDCP_DATA_REQ 原语时,如果协商使用头部压缩,PDCP 实体应当执行这一操作,然后递交到 RLC。当对等的 PDCP 实体收到 PDCP-PDU 时,执行解压缩操作。数据的传递可以使用 RLC 的任何一种操作模式。

(3) 支持无损 SRNC 重定位。无损的 SRNS 重定位只适用于 RLC 顺序传送和确认模式的 RLC 实体。PDCP 仅在有能力支持时才支持无丢失 SRNS 重定位。PDCP 能否支持无损的 SRNS 重定位,则由高层来指示。

对于一个无线承载，在 SRNS 重定位期间，所有压缩实体进行复位操作。重定位期间仍然可能进行头部压缩，复位时协商的参数仍然有效。

6．BMC 广播/多播控制协议

1）BMC 的结构

广播/多播控制(BMC)是仅存在于用户平面 L2 的一个子层，它位于 RLC 层之上。L2/BMC 子层对于除了广播/多播之外的所有业务均是透明的。

BMC 实体是单向的。在 UTRAN 端，BMC 子层在每一个小区应该包含一个 BMC 协议实体。每一个 BMC 实体需要一个单独的 CTCH 信道，这个信道是由 MAC 子层通过 RLC 子层提供的，使用 RLC 非确认模式。

BMC 实体的唯一业务是直接继承于 GSM 的短消息(SMS)广播。一般认为，在 BMC 之上的 RNC 中，有一个功能体将小区广播中心(CBC)收到的 CB 消息(若有可能，执行小区列表的评估)的地理区域信息解析为相应小区信息，并在指定区域内提供服务。

一个支持小区广播业务的 UE 可以在空闲模式下接收 BMC 消息，也可以在连接模式的 CELL_PCH 和 URA_PCH RRC 状态下接收 BMC 消息。

图 5-3-8 显示了 L2/BMC 子层在无线接口协议结构中的模型。

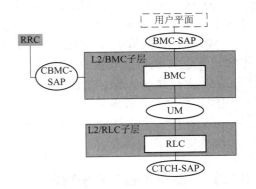

图 5-3-8　BMC 协议模型

2）BMC 的功能

BMC 实体主要完成以下功能：

(1) 小区广播消息的存储。BMC 存储 CBC-RNC 接口上接收的小区广播消息，以便发送调度。

(2) 业务量监测和为 CBS 请求无线资源。在 UTRAN 侧，BMC 根据 CBC-RNC 接口上接收的小区广播消息计算小区广播业务的传输速率，并向 RRC 请求合适的 CTCH/FACH 资源。当第一次发送 SMS CB 消息时，小区必须分配适当的容量，配置的 CTCH 通过系统消息广播到小区内的每个 UE。业务量测量会根据业务传输速率向 RRC 进行报告，以便更新配置，有效地利用空中接口资源。

(3) BMC 消息的调度。BMC 在 CBC-RNC 接口上接收调度信息和每条小区广播消息。基于调度消息，UTRAN 侧 BMC 调度 BMC 消息序列；在 UE 侧，BMC 对调度消息进行评估并向 RRC 指示调度参数，以便 RRC 配置底层进行 CBS 的非连续接收。

(4) 向 UE 发送 BMC 消息。根据调度发送 BMC 消息(调度信息和小区广播消息)。

(5) 向高层(NAS)传递小区广播消息。向 UE 的高层传递收到的小区广播消息。

5.3.2　TD-SCDMA 系统传输信道

传输信道是由 L1 提供给高层的服务，传输信道是 MAC 层和物理层之间的信道。它是根据在空中接口上如何传输及传输什么特性的数据来定义的。传输信道一般可分为两组：

公共信道(在这类信道中,当消息是发给某一特定的 UE 时,需要有内识别信息)和专用信道(在这类信道中,UE 是通过物理信道来识别)。

1. 专用传输信道

专用信道(DCH)是一个用于在 UTRAN 和 UE 之间承载用户信息或控制信息的上/下行传输信道。

2. 公共传输信道

公共传输信道有六种类型:BCH、PCH、FACH、RACH、USCH 和 DSCH。

(1) 广播信道(BCH)。该信道是一个下行传输信道,用于广播系统和小区的特有信息。

(2) 寻呼信道(PCH)。该信道是一个下行传输信道,用于当系统不知道移动台所在的小区位置时,承载发向移动台的控制信息。

(3) 前向接入信道(FACH)。该信道是一个下行传输信道,用于当系统知道移动台所在的小区位置时,承载发向移动台的控制信息。FACH 也可以承载一些短的用户信息数据包。

(4) 随机接入信道(RACH)。该信道是一个上行传输信道,用于承载来自移动台的控制信息。RACH 也可以承载一些短的用户信息数据包。

(5) 上行共享信道(USCH)。该信道是一种被几个 UE 共享的上行传输信道,用于承载专用控制数据或业务数据。

(6) 下行共享信道(DSCH)。该信道是一种被几个 UE 共享的下行传输信道,用于承载专用控制数据或业务数据。

5.3.3 TD-SCDMA 系统物理层

1. 物理信道结构

TD-SCDMA 系统的物理信道采用了四层结构:系统帧号、无线帧、子帧、时隙/码。系统使用时隙和扩频码在时域和码域上区分不同的用户信号。

图 5-3-9 给出了物理信道的层次结构。

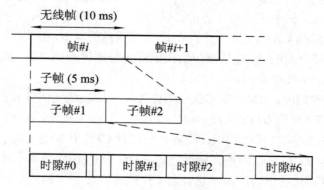

图 5-3-9 TD-SCDMA 的物理信道结构

TDD 模式下的物理信道是一个突发,在分配到的无线帧中的特定时隙发射。无线帧的分配可以是连续的,即每一帧的相应时隙都可以分配给某物理信道,也可以是不连续的分配,即仅有部分无线帧中的相应时隙分配给该物理信道。

除下行导频(DwPTS)和上行接入(UpPTS)突发外,其他所有用于信息传输的突发都具有相同的结构,即由两个数据部分、一个训练序列码和一个保护时间片组成。数据部分对称地分布于训练序列的两端。一个突发的持续时间就是一个时隙。一个发射机可以同时发射几个突发,在这种情况下,几个突发的数据部分必须使用不同 OVSF 的信道码,但应使用相同的扰码。midamble 码部分必须使用同一个基本 midamble 码,但可使用不同的 midamble 码。突发的数据部分由信道码和扰码共同扩频。信道码是一个 OVSF 码,扩频因子可以取 1、2、4、8 或 16,物理信道的数据速率取决于所用的 OVSF 码所采用的扩频因子。突发的 midamble 部分是一个长为 144 chip 的 midamble 码。

在 TD-SCDMA 系统中,每个小区一般使用一个基本的训练序列码。对这个基本的训练序列码进行等长的循环移位(长度取决于同一时隙的用户数)又可以得到一系列的训练序列。同一时隙的不同用户将使用不同的训练序列位移。因此,一个物理信道是由频率、时隙、信道码、训练序列位移和无线帧分配等诸多参数来共同定义的。建立一个物理信道的同时,也就给出了它的初始结构。物理信道的持续时间可以无限长,也可以是分配所定义的持续时间。

1) 帧结构

3GPP 定义的一个 TDMA 帧长度为 10 ms。TD-SCDMA 系统为了实现快速功率控制和定时提前校准以及对一些新技术的支持(如智能天线、上行同步等),将一个 10 ms 的帧分成两个结构完全相同的子帧,每个子帧的时长为 5 ms。每一个子帧又分成长度为 675 μs 的七个常规时隙(TS0～TS6)和三个特殊时隙,即 DwPTS(下行导频时隙)、G(保护间隔)和 UpPTS(上行导频时隙)。系统的子帧结构如图 5-3-10 所示。常规时隙用作传送用户数据或控制信息。在这七个常规时隙中,TS0 总是固定地用作下行时隙来发送系统广播信息,而 TS1 总是固定地用作上行时隙。其他的常规时隙可以根据需要灵活地配置成上行或下行,以实现不对称业务的传输,如分组数据。用作上行链路的时隙和用作下行链路的时隙之间由一个转换点(Switch Point)分开。每个 5 ms 的子帧有两个转换点(UL 到 DL 和 DL 到 UL),第一个转换点固定在 TS0 结束处,而第二个转换点则取决于小区上、下行时隙的配置。

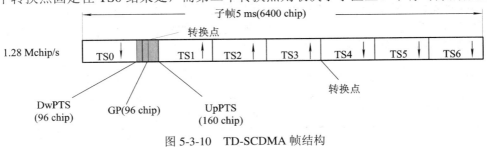

图 5-3-10 TD-SCDMA 帧结构

2) 时隙结构

时隙结构也就是突发的结构。TD-SCDMA 系统共定义了四种时隙类型,它们是 DwPTS、UpPTS、GP 和 TS0～TS6。其中 DwPTS 和 UpPTS 分别用作上行同步和下行同步,不承载用户数据,GP 用作上行同步建立过程中的传播时延保护,TS0～TS6 用于承载用户数据或控制信息。

GP 是为避免 UpPTS 和 DwPTS 之间的干扰而设置的,它确保无干扰接收 DwPTS 的半径为 11.25 km。

(1) 下行导频时隙(DwPTS)。每个子帧中的 DwPTS 由 Node B 以最大功率在全方向或在某一扇区上发射。DwPTS 通常是由长为 64 chip 的 SYNC_DL 和 32 chip 的保护码间隔组成的，其结构如图 5-3-11 所示。

(2) 上行导频时隙(UpPTS)。每个子帧中的 UpPTS 是为上行同步而设计的，当 UE 处于空中登记和随机接入状态时，它将首先发射 UpPTS，当得到网络的应答后，发送 RACH。UpPTS 通常由长为 128 chip 的 SYNC_UL 和 32 chip 的保护间隔组成，其结构如图 5-3-12 所示。

图 5-3-11　DwPTS 时隙结构　　　　图 5-3-12　UpPTS 时隙结构

(3) 常规时隙。TS0～TS6 共七个常规时隙被用作用户数据或控制信息的传输，它们具有完全相同的时隙结构(见图 5-3-13)。每个时隙被分成了四个域：两个数据域、一个训练序列域(midamble)和一个用作时隙保护的空域(GP)。midamble 码长 144 chip，传输时不进行基带处理和扩频，直接与经基带处理和扩频的数据一起发送，在信道解码时被用作进行信道估计。

图 5-3-13　常规时隙结构

数据域用于承载来自传输信道的用户数据或高层控制信息，除此之外，在专用信道和部分公共信道上，数据域的部分数据符号还被用来承载物理层信令。在 TD-SCDMA 系统中，存在着三种类型的物理层信令：TFCI、TPC 和 SS。TFCI(Transport Format Combination Indicator)用于指示传输的格式，TPC(Transmit Power Control)用于功率控制，SS(Synchronization Shift)是 TD-SCDMA 系统中所特有的，用于实现上行同步，该控制信号每个子帧(5 ms)发射一次。在一个常规时隙的突发中，如果物理层信令存在，则它们的位置被安排在紧靠 midamble 序列，如图 5-3-14 所示。

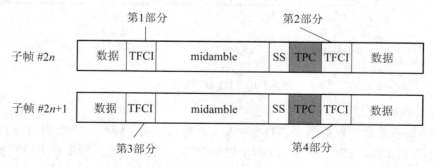

图 5-3-14　TD-SCDMA 物理层信令结构

对于每个用户，TFCI 信息将在每 10 ms 无线帧里发送一次。对每一个 CCTrCH，高层信令将指示所使用的 TFCI 格式。对于每一个所分配的时隙是否承载 TFCI 信息也由高层分别告知。如果一个时隙包含 TFCI 信息，它总是按高层分配信息的顺序采用该时隙的第一个信道码进行扩频。TFCI 在各自相应物理信道的数据部分发送，这就是说，TFCI 和数据比特具有相同的扩频过程。如果没有 TPC 和 SS 信息传送，TFCI 就直接与 midamble 码域相邻。

midamble 用作扩频突发的训练序列，在同一小区同一时隙上的不同用户所采用的 midamble 码由同一个基本的 midamble 码经循环移位后产生。整个系统有 128 个长度为 128 chip 的基本 midamble 码，分成 32 个码组，每组四个。一个小区采用哪组基本 midamble 码由基站决定，当建立起下行同步之后，移动台就知道所使用的 midamble 码组。Node B 决定本小区将采用这四个基本 midamble 中的哪一个。一个载波上的所有业务时隙必须采用相同的基本 midamble 码。原则上，midamble 的发射功率与同一个突发中的数据符号的发射功率相同。

2. 物理信道分类

物理信道分为专用物理信道(DPCH)和公共物理信道两大类。DCH 映射到专用物理信道 DPCH。专用物理信道采用前面介绍的突发结构，由于支持上下行数据传输，下行通常采用智能天线进行波束赋形。下面将介绍公共物理信道，公共物理信道可分为以下几种。

1) 基本公共控制物理信道(P-CCPCH)

传输信道 BCH 在物理层映射到 P-CCPCH。在 TD-SCDMA 中，P-CCPCH 的位置(时隙/码)是固定的(TS0)。P-CCPCH 采用固定扩频因子 SF = 16，总是采用 TS0 的信道化码 $C_{Q=16}^{(k=1)}$ 和 $C_{Q=16}^{(k=2)}$。P-CCPCH 需要覆盖整个区域，不进行波束赋形。

P-CCPCH 不支持 TFCI。在时隙 0(TS0)，训练序列 $m^{(1)}$ 和 $m^{(2)}$ 预留给 P-CCPCH，以支持空码传输分集(Space Code Transmit Diversity，SCTD)和信标功能。训练序列分别给两个天线使用。

2) 辅助公共控制物理信道(S-CCPCH)

PCH 和 FACH 可以映射到一个或多个辅助公共控制物理信道(S-CCPCH)，这种方法使 PCH 和 FACH 的数量可以满足不同的需要。S-CCPCH 采用固定扩频因子 SF = 16，S-CCPCH 的配置即所使用的码和时隙在小区系统信息中广播。S-CCPCH 可以支持采用 TFCI，在一个小区内可以使用一对以上的 S-CCPCH。

3) 物理随机接入信道(PRACH)

RACH 映射到一个或多个物理随机接入信道，可以根据运营者的需要灵活确定 RACH 容量。PRACH 可以采用扩频因子 SF = 16、SF = 8 或 SF = 4，其配置(使用的时隙和码道)通过小区系统信息广播。

4) 快速物理接入信道(FPACH)

这个物理信道是 TD-SCDMA 系统所独有的，它作为对 UE 发出的 UpPTS 信号的应答，用于支持建立上行同步。Node B 使用 FPACH 传送对检测到的 UE 的上行同步信号的应答。FPACH 上的内容包括定时调整、功率调整等，是一个单突发信息。FPACH 使用扩频因子 SF = 16，其配置(使用的时隙和码道)通过小区系统信息广播。FPACH 突发携带的信息为 32 bit。FPACH 没有对应的传输信道。

5) 物理上行共享信道(PUSCH)

USCH 映射到物理上行共享信道。PUSCH 支持传送 TFCI 信息。UE 使用 PUSCH 进行发送是由高层信令选择的。

6) 物理下行共享信道(PDSCH)

DSCH 映射到物理下行共享信道(PDSCH)，PDSCH 支持传送 TFCI 信息。对于用户在 DSCH 上有需要解码的数据可以用三种方法来指示：

(1) 使用相关信道或 PDSCH 上的 TFCI 信息；

(2) 使用在 DSCH 上的用户特有的 midamble 码，它可从该小区所用的 midamble 码集中导出来；

(3) 使用高层信令。

当使用基于 midamble 的方法时，将使用 UE 特定的 midamble 分配方案。当 PDSCH 使用网络分配给 UE 的 midamble 时，则用户将对 PDSCH 进行解码。

7) 寻呼指示信道(PICH)

寻呼指示信道用来承载寻呼指示信息。PICH 的 SF = 16，PICH 的配置在小区系统信息中广播。

3. 传输信道到物理信道的映射关系

传输信道到物理信道的映射方式如表 5-3-1 所示。

表 5-3-1　传输信道到物理信道的映射方式

传输信道	物 理 信 道
DCH	专用物理信道(DPCH)
BCH	基本公共控制物理信道(P-CCPCH)
PCH	辅助公共控制物理信道(S-CCPCH)
FACH	辅助公共控制物理信道(S-CCPCH)
RACH	物理随机接入信道(PRACH)
USCH	物理上行共享信道(PUSCH)
DSCH	物理下行共享信道(PDSCH)
	下行导频信道(DwPCH)
	上行导频信道(UpPCH)
	寻呼指示信道(PICH)
	快速物理接入信道 FPACH

4. 复用、信道编码和交织

从物理层发送/接收 MAC 和高层的数据流(传送块/传送块集)将被编码/解码，以便在无线传输链路上提供传送服务。信道编码方案由差错检测、差错纠正(包括速率匹配)、交织和传送信道到物理信道的映射及从物理信道分离几部分组成。

在 TD-SCDMA 模式下，每个子帧的基本物理信道(某一载频上的时隙和扩频码)的全部数量由最大时隙数和每时隙中最大的码道数来决定。

图 5-3-15 给出了传输信道编码及复用的总体概念。到达编码/复用单元的数据以传送块集的形式,在每个传送时间间隔传输一次。传送时间间隔从集合{10 ms、20 ms、40 ms、80 ms}中取值。

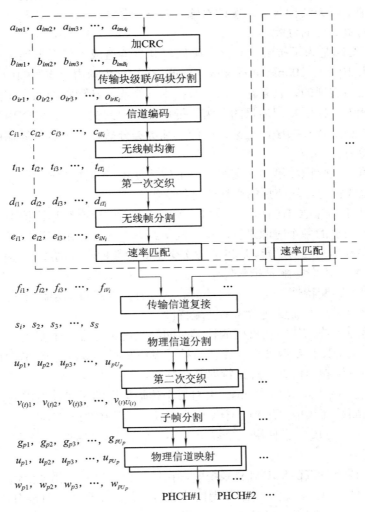

图 5-3-15 用于上行及下行链路的传送信道复用结构

编码/复用的步骤如下:

(1) 给每个传送块加 CRC。差错检测功能是通过传送块上的循环冗余校验来实现的。CRC 长度为 24 bit、16 bit、12 bit、8 bit 或 0 bit,每个传输信道使用的 CRC 长度由高层信令给出。

(2) 传送块级联/码块分段。在一个传输时间间隔(TTI)内的所有传送块都是顺序级联起来的。如果在一个 TTI 中的比特数大于 Z,那么,传送块级联后将进行码块分段。码块的最大尺寸将取决于 TrCH 使用的是卷积编码还是 Turbo 编码(卷积码 $Z = 514$,Turbo 码 $Z = 5114$,无编码 $Z = $ 无限)。

(3) 信道编码。信道编码的类型有卷积码、Turbo 码及无编码选择。实时业务仅需要前向纠错编码 FEC，非实时业务需要联合使用 FEC 和自动重传请求 ARQ。ARQ 功能位于 L2/RLC 层中。卷积码码率为 1/2 或 1/3，约束长度为 9，Turbo 码码率为 1/3。

(4) 无线帧尺寸均衡。如果传输时间间隔大于 10 ms，那么输入比特序列将分段并映射到连续的无线帧上，无线帧尺寸均衡即对输入数据流做填充操作，以实现输入数据流在各无线帧的平均的整数倍的分配。

(5) 交织。交织是为了抗瑞利衰落，降低瑞利衰落造成大串数据连续出错的概率。可选的交织深度为 10 ms、20 ms、40 ms 或 80 ms。交织分为帧内交织和帧间交织，帧内交织是在帧间交织之后实现的，它是在一帧的数据中做交织，从而在帧间交织的基础上增强了抵抗快衰落的能力。帧间交织的目的是为了抵抗信道中的快衰落，它将用户的几个连续数据帧按照一定的规则扰乱顺序，是某帧中的连续数据分散在多个衰落周期中，从而保证信道编码的纠错能力。

交织分为第一次交织和第二次交织。以上叙述使用于两次交织。第一次交织在无线帧分段之前，对无线帧尺寸均衡后的数据流进行交织。

第二次交织可以在 CCTrCH 所映射的一帧所要发射的所有数据比特中进行，也可以分别在 CCTrCH 所映射的各个时隙进行。第二次交织方案的选择由高层控制。

(6) 无线帧分段。无线帧分段是将第一次交织后的数据流分割成无线帧。

(7) 速率匹配。速率匹配是指传输信道上的比特被重发或者打孔。高层给每一个传输信道配置一个速率匹配特性。这个特性是半静态并且只能通过高层信令来改变。当计算重发或打孔的比特数量时，需要使用速率匹配特性。

一个传输信道中的比特数在不同的传送时间间隔内可能会发生变化。当在不同的传送时间间隔内所传输的比特数改变时，比特将被重发或打孔，以确保在 TrCH 复用后总的比特率与所分配的专用物理信道的总比特率是相同的。

(8) 传输信道的复用。每隔 10 ms，来自每个传输信道的无线帧被送到传输信道复用模块中。这些无线帧被连续地复用到一个编码合成传输信道(CCTrCH)中。

(9) 物理信道的分段。当使用一个以上的物理信道时，物理信道分段模块将比特分配到不同的物理信道中。

(10) 子帧分段。在 TD-SCDMA 系统中，在第二交织单元和物理信道映射单元之间，必须加一个子帧分段单元。速率匹配使得比特流数目是一个偶数，且能分成两个子帧。

(11) 到物理信道的映射。子帧分段单元输出的比特流被映射到该子帧时隙的码道上。

5.4 TD-SCDMA 关键技术

1. 智能天线

智能天线技术的核心是自适应天线波束赋形技术。智能天线技术的原理是使一组天线和对应的收发信机按照一定的方式排列和激励，利用波的干涉原理可以产生强方向性的辐射方向图。如果使用数字信号处理方法在基带进行处理，使得辐射方向图的主瓣自适应地指向用户来波方向，就能达到提高信号的载干比、降低发射功率、提高系统覆盖范围的目的。

智能天线的主要优点如下：

(1) 提高了基站接收机的灵敏度。基站所接收到的信号为来自各天线单元和收信机所接收的信号之和。如采用最大功率合成算法，在不计多径传播条件下，总的接收信号将增加 $10\lg N$ (dB)，其中，N 为天线单元的数量。存在多径时，此接收灵敏度的改善将随多径传播条件及上行波束赋形算法而变，其结果也在 $10\lg N$ (dB) 上下。

(2) 提高了基站发射机的等效发射功率。同样，发射天线阵在进行波束赋形后，该用户终端所接收到的等效发射功率可能增加 $20\lg N$ (dB)。其中，$10\lg N$ (dB) 是 N 个发射机的效果，与波束成形算法无关。另外，部分将和接收灵敏度的改善类似，随传播条件和下行波束赋形算法而变。

(3) 降低了系统的干扰。基站的接收方向图形是有方向性的，在接收方向以外的干扰有强的抑制。如果使用最大功率合成算法，则可能将干扰降低 $10\lg N$ (dB)。

(4) 增加了 CDMA 系统的容量。CDMA 系统是一个自干扰系统，其容量的限制主要来自本系统的干扰。降低干扰对 CDMA 系统极为重要，它可大大增加系统的容量。在 CDMA 系统中使用智能天线后，就提供了将所有扩频码所提供的资源全部利用的可能性。

(5) 改进了小区的覆盖。对使用普通天线的无线基站，其小区的覆盖完全由天线的辐射方向图形确定。当然，天线的辐射方向图形是可以根据需要而设计的。但在现场安装后除非更换天线，其辐射方向图形是不可改变和很难调整的。但智能天线的辐射图形则完全可以用软件控制，在网络覆盖需要调整或由于新的建筑物等原因使原覆盖改变等情况下，均能够非常简单地通过软件来优化。

(6) 降低了无线基站的成本。在所有无线基站设备的成本中，最昂贵的部分是高功率放大器(HPA)。特别是在 CDMA 系统中要求使用高线性的 HPA，更是其主要成本。智能天线使等效发射功率增加，在同等覆盖要求下，每只功率放大器的输出可能降低 $20\lg N$ (dB)。这样，在智能天线系统中，使用 N 只低功率的放大器来代替单只 HPA，可大大降低成本。此外，智能天线还带来降低对电源的要求和增加可靠性等好处。

2. 联合检测

联合检测技术是多用户检测(Multi-user Detection)技术的一种。在 CDMA 系统中，多个用户的信号在时域和频域上是混叠的，接收时需要在数字域上用一定的信号分离方法把各个用户的信号分离开来。信号分离的方法大致可以分为单用户检测和多用户检测技术两种。

在 CDMA 系统中，主要的干扰是同频干扰，同频干扰可能来自两个方面：一种是小区内部干扰(Intracell Interference)，指的是同小区内部其他用户信号造成的干扰，又称多址干扰(Multiple Access Interference，MAI)；另一种是小区间干扰(Intercell Interference)，指的是其他同频小区信号造成的干扰，这部分干扰可以通过合理的小区配置来减小其影响。

传统的 CDMA 系统信号分离方法是把多址干扰(MAI)看做热噪声一样的干扰，这种干扰导致信噪比严重恶化，系统容量也随之下降。这种将单个用户的信号看做是各自独立过程的信号分离技术称为单用户检测技术(Single-user Detection)。

IS-95 等第二代 CDMA 系统，其实际容量一般远小于设计码道数，就是因为使用了单用户检测技术。实际上，由于 MAI 中包含许多先验的信息，如确知的用户信道码、各用户的信道估计等，因此 MAI 不应该被当做噪声处理，它可以被利用起来，以提高信号分离方法的准确性。这种充分利用 MAI 中的先验信息,而将所有用户信号的分离看做一个统一的过程的信号分离方法就称为多用户检测技术(MD)。根据对 MAI 处理方法的不同,多用户检测技术可以分为干扰抵消(Interference Cancellation)和联合检测(Joint Detection)两种。其中,联合检测技术是目前第三代移动通信技术中的热点,它指的是充分利用 MAI,一步之内将所有用户的信号都分离开来的一种信号分离技术。而干扰抵消技术的基本思想是判决反馈,它首先从总的接收信号中判决出其中部分的数据,根据数据和用户扩频码重构出数据对应的信号,再从总接收信号中减去重构信号,如此循环迭代。

一个 CDMA 系统的离散模型可以用下式来表示:

$$e = A \cdot d + n$$

其中,d 是发射的数据符号序列,e 是接收的数据序列,n 是噪声,A 是与扩频码 c 和信道脉冲响应 h 有关的矩阵。

图 5-4-1 为联合检测原理示意图。只要接收端知道 A(扩频码 c 和信道脉冲响应 h),就可以估计出符号序列 $\hat{d}$。其中扩频码 c 已知,信道脉冲响应 h 可以利用突发结构中的训练序列 midamble 求解出。

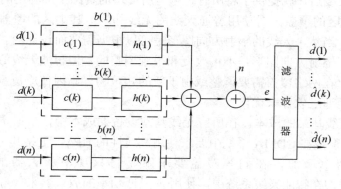

图 5-4-1 联合检测原理示意图

TD-SCDMA 帧结构中设置了用来进行信道估计的训练序列 midamble,根据接收到的训练序列和我们已知的训练序列,就可以估算出信道冲激响应,而扩频码也是确知的,那么我们就可以达到估计用户原始信号的目的。联合检测算法的具体实现方法有多种,大致分为非线性算法、线性算法和判决反馈算法等三大类。根据目前的情况,在 TD-SCDMA 系统中,采用了线性算法的一种,即迫零线性块均衡(Zero Forcing-Block Linear Equalizer,ZF-BLE)法。

在 TD-SCDMA 系统中,训练序列 midamble 是用来区分相同小区、相同时隙内的不同用户的。在同一小区的同一时隙内所有用户具有相同的 midamble 码本(基本序列),不同用户的 midamble 序列只是码本的不同移位。在 TD-SCDMA 技术规范中,共有 128 个长度为 128 位的 midamble 码。训练序列 midamble 安排在每个突发的正中位置,长度为 144 chip。之所以将 midamble 安排在每个突发的正中位置,是出于对可靠信道估计的考虑。可以认为,在整个突发的传输过程中,尤其是在慢变信道中,信道所受到的畸变是基本相同的。所以,对位于突发正中的 midamble 进行信道估计,相当于是对整个突发信道变化进行了一次均值估计,从而能可靠地消除信道畸变对整个突发的影响。

当信号在移动信道中传输时,会发生信号幅度的衰落和信号相位的畸变。移动信道中

某个用户 k 的等效基带信道冲激响应可以表示为

$$h_k(t) = \sum_{l=0}^{L-1} a_{k,l}(t) e^{j\gamma_{k,l}(t)} \delta(t - lT_c) \tag{5-4-1}$$

其中：L 为信道的多径数；$a_{k,l}$ 为瑞利分布的幅度衰落，它对于每条路径来说都是独立分布的；$\gamma_{k,l}(t)$ 表示信道的相位畸变，服从 $[0, 2\pi]$ 间的均匀分布；T_c 为扩频码的码片宽度。

图 5-4-2 所示为 midamble 的发送模型。其中：$M_k(n)(n = 1, 2, \cdots, N)$ 表示用户 k 使用的 midamble 码，长度为 N；$h(t)$ 表示等效基带信道冲激响应；$n(t)$ 表示系统中引入的多址干扰和热噪声；$S(t)$ 为发送信号；$s(t)$ 为经过信道传播后的接收端信号。

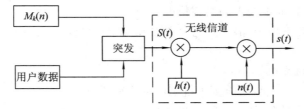

图 5-4-2 midamble 的发送模型

相干信道估计是指用序列相干解调的方法来估计信道响应，如图 5-4-3 所示。也就是说，在发送数据的同时发送一个事先设定的辅助序列。当在接收端收到数据的同时，也收到了经过相同信道衰落的辅助序列(训练序列)。于是，可以根据已知的发送辅助序列和接收辅助序列估测出信道的幅度和相位的变化，从而利用它来解调接收数据并抵消信道中产生的畸变。

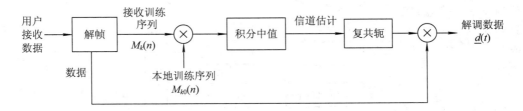

图 5-4-3 相干解调示意图

假设接收到的训练序列为 $M_k(n)$，本地训练序列为 $M_{k0}(n)$，通过作积分相关可得信道估计值为

$$\hat{\theta} = \frac{1}{N} \int_0^N M_k(n) M_{k0}(n) dn = \frac{1}{N} \int_0^N [M_{k0}(n) a_k(n) e^{j\theta_k(n)}] M_{k0}(n) dn = \overline{a}_k e^{j\overline{\theta}_k} \tag{5-4-2}$$

由上式可以看出，最终的信道估计值是对整个训练序列信道响应的一个均值，而且由于训练序列在整个突发中所处的特殊位置，完全可以认为信道估计值就是整个突发信道响应的均值。尤其是在慢速变化的信道中，该均值完全能够可靠地消除信道畸变，从而解调出用户数据。

设原始数据为 $d_0(t)$，解调前的用户接收数据为 $d(t)$，解调后的用户数据为 $\underline{d}(t)$，则

$$\underline{d}(t) = d(t)(\hat{\theta})^* = [d_0(t) a_k(t) e^{j\theta_k(t)}](\overline{a}_k e^{j\overline{\theta}_k})^* = d_0(t)[a_k(t) \overline{a}_k] e^{j[\theta_k(t) - \overline{\theta}_k]} \tag{5-4-3}$$

由于在慢变衰落信道中，$a_k(t) \approx \overline{a}_k$，$\theta_k(t) \approx \overline{\theta}_k$，所以
$$\underline{d}(t) \approx d_0(t)(\overline{a}_k)^2$$

若在快变衰落信道中，$a_k(t) \approx \overline{a}_k$ 和 $\theta_k(t) \approx \overline{\theta}_k$ 并不一定成立，故有：

$$\underline{d}(t) \approx d_0(t)[a_k(t)\overline{a}_k] \cdot \mathrm{e}^{\mathrm{j}\Delta\theta_k(t)} \tag{5-4-4}$$

式中，$\mathrm{e}^{\mathrm{j}\Delta\theta_k(t)}$ 为信道估计误差，它将直接影响到数据解调的准确度。如果由于 $\mathrm{e}^{\mathrm{j}\Delta\theta_k(t)}$ 误差导致信号星座空间旋转后发生交叠，则必将发生误判。当因此产生的误码超出了信道编码和交织的纠错能力时，这种信道估计方法就不再适于当前的快变衰落信道了。这时必须有更准确、更可靠的信道估计方法。例如用于多用户检测的联合信道估计与检测方法等，所有这些均是以复杂性和成本的提高为代价的。

理论上来说，联合检测技术可以完全消除 MAI 的影响，但在实际应用中，联合检测技术会遇到以下问题：

(1) 对小区间干扰没有解决办法；

(2) 信道估计的不准确将影响到干扰消除的准确性；

(3) 随着处理信道数的增加，算法的复杂度并非线性增加，实时算法难以达到理论上的性能。

由于以上原因，在 TD-SCDMA 系统中，并没有单独使用联合检测技术，而是采用了联合检测技术和智能天线技术相结合的方法。

智能天线和联合检测两种技术相结合不等于将两者简单地相加。TD-SCDMA 系统中智能天线技术和联合检测技术相结合的方法，使得在计算量未大幅增加的情况下，上行能获得分集接收的好处，下行能实现波束赋形。图 5-4-4 说明了 TD-SCDMA 系统智能天线和联合检测技术相结合的方法。

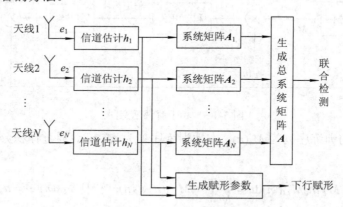

图 5-4-4　智能天线和联合检测技术结合流程示意图

3. 接力切换

接力切换适用于同步码分多址(SCDMA)移动通信系统，是 TD-SCDMA 移动通信系统的核心技术之一。

接力切换的设计思想是当用户终端从一个小区或扇区移动到另一个小区或扇区时，利用智能天线和上行同步等技术对 UE 的距离和方位进行定位，根据 UE 方位和距离信息作

为切换的辅助信息，如果 UE 进入切换区，则 RNC 通知另一基站做好切换的准备，从而达到快速、可靠和高效切换的目的。这个过程就像是田径比赛中的接力赛跑传递接力棒一样，因而我们形象地称之为接力切换。接力切换过程中未对系统增加复杂性，对系统和设备能力无新增要求，在此基础上提高了系统切换性能，未增加系统的干扰。

接力切换的优点是将软切换的高成功率和硬切换的高信道利用率综合到接力切换中，使用该方法可以在使用不同载频的 SCDMA 基站之间，甚至在 SCDMA 系统与其他移动通信系统如 GSM、IS-95 的基站之间实现不中断通信、不丢失信息的越区切换。

SCDMA 通信系统中的接力切换基本过程可描述如下(参见图 5-4-5)：

(1) MS 和 BS0 通信；
(2) BS0 通知邻近基站信息，并提供用户位置信息(基站类型、工作载频、定时偏差、忙闲等)；
(3) 切换准备(MS 搜索基站，建立同步)；
(4) BS 或 MS 发起切换请求；
(5) 系统决定执行切换；
(6) MS 同时接收来自两个基站的相同信号；
(7) 完成切换。

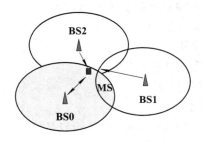

图 5-4-5　接力切换示意图

4. 动态信道分配(DCA)

DCA 技术主要研究的是频率、时隙、扩频码的分配方法，对 TD-SCDMA 系统而言，还可以利用空间位置和角度信息协助进行资源的优化配置。DCA 是一种最小化系统自身干扰的方法，其减小系统内干扰的手段更为多元化。因此 DCA 可使系统资源利用率最大化和提高链路质量。DCA 技术有频域 DCA、时域 DCA、码域 DCA 和空域 DCA 等四个方面的内容。

在频域 DCA 中，每个小区使用多个无线射频信道(频道)。在给定频谱范围内，与 WCDMA 的 5 MHz 射频信道带宽相比，TD-SCDMA 的 1.6 MHz 带宽使其具有 3 倍以上的无线射频信道数(频道数)。所以可把激活用户分配在不同的载波上，从而减小了小区内用户之间的干扰。

时域 DCA 是指动态地分配射频信道上的时隙。在一个 TD-SCDMA 载频上使用了七个时隙，这减少了每个时隙中同时处于激活状态的用户数量。每载频分成多个时隙后，可以将受干扰最小的时隙动态地分配给处于激活状态的用户，从而可以减小激活用户之间的干扰。

码域 DCA 指的是：在同一个时隙中，通过改变分配的码道来避免偶然出现的码道质量恶化。

空域 DCA 利用智能天线技术提高无线传输质量。通过智能天线，可基于每一用户进行定向空间去耦，降低多址干扰。换句话说，空域 DCA 可以通过用户定位、天线波束赋形来减小小区内用户之间的干扰和增加系统容量。

动态信道分配一般包括慢速动态信道分配(慢速 DCA)和快速动态信道分配(快速 DCA)两种实现方式。慢速 DCA 把信道资源分配到小区，根据小区中各个时隙当前的负荷情况对各个时隙的优先级进行排队，为接入控制提供选择时隙的依据。

快速 DCA 把资源分配给承载业务。当系统负荷出现拥塞或链路质量发生恶化时，无线资源管理 RRM 中的其他模块(如 LCC、RLS)会触发 DCA 进行信道调整。它的功能主要是有选择地把一些用户从负荷较重(或链路质量较差)的时隙调整到负荷较轻(或链路质量较好)的时隙。

思 考 题

5-1　TD-SCDMA 系统的载频间隔为多少？每帧包含多少个时隙？
5-2　TD-SCDMA 系统的优点是什么？
5-3　TD-SCDMA 系统空中接口主要分为几层，各层的主要功能是什么？
5-4　TD-SCDMA 采用了哪些新技术？
5-5　联合检测的工作原理是什么？
5-6　接力切换的特点是什么？
5-7　WCDMA 和 TD-SCDMA 的共同点和不同点是什么？

第 6 章 CDMA 2000 系统

6.1 概 述

CDMA 2000 是由 CDMA One 演进而来的一种 3G 标准，由美国 Qualcomm 公司开发。CDMA 2000 是在 IMT-2000 标准化之前使用的名字，标准化过程中称为 MC-CDMA(MC 意指多载波)。CDMA 2000 是美国向 ITU-T 提出的第三代移动通信空中接口标准的建议，同时也是 IS-95 标准向第三代移动通信系统演进的技术体制方案。

CDMA 2000 可从 IS-95B 系统的基础上平滑地升级到 3G，因此建设成本较低。CDMA 2000 采用 CDMA 多址方式和 FDD 双工方式，可支持语音和分组数据等业务。

由 CDMA One 向 3G 演进的途径为 CDMA One→CDMA 2000-1X→CDMA 2000-3X→CDMA 2000-1X-EV。其中，从 CDMA 2000-1X 之后均属于 3G 技术。

CDMA 2000 标准在从 IS-95A/B 标准演进到 CDMA 2000-1X 标准之后，出现了两个分支：一个是 CDMA 2000 标准定义的 CDMA 2000-3X，即将三个 CDMA 载频进行捆绑以提供更高速数据；另一个分支是 CDMA 2000-1X-EV，包括 CDMA 2000-1X-EV-DO 和 CDMA 2000-1X-EV-DV。

CDMA 2000-1X-EV-DO 系统主要为高速无线分组数据业务设计，CDMA 2000-1X-EV-DV 系统则能够提供混合高速数据和话音业务。所有系列标准都向后兼容。目前，3GPP2 主要制定 CDMA 2000-1X 的后续系列标准，即 CDMA 2000-1X-EV-DO 和 CDMA 2000-1X-EV-DV 的相关标准。

1. CDMA 2000 系统的结构

一个完整的 CDMA 2000 移动通信网络由多个相对独立的部分构成，如图 6-1-1 所示。其中的三个基础组成部分分别是无线部分、核心网的电路交换部分和核心网的分组交换部分。无线部分由 BSC(基站控制器)、分组控制功能(PCF)单元和基站收发信机(BTS)构成；核心网电路交换部分由移动交换中心(MSC)、访问位置寄存器(VLR)、归属位置寄存器/鉴权中心(HLR/AC)构成；核心网的分组交换部分由分组数据服务点/外部代理(PDSN/FA)、认证服务器(AAA)和归属代理(HA)构成。

除了基础组成部分以外，系统还包括各种业务部分，比较典型的业务主要有智能网部分、短信息部分、位置业务部分及 WAP 等业务平台四部分。智能网部分由业务交换点(SSP)、业务控制点(SCP)和智能终端(IP)构成；短信息部分主要是短信息中心(MC)；位置业务部分主要由移动位置中心(MPC)和定位实体(PDE)构成，还有 WAP 等业务平台。

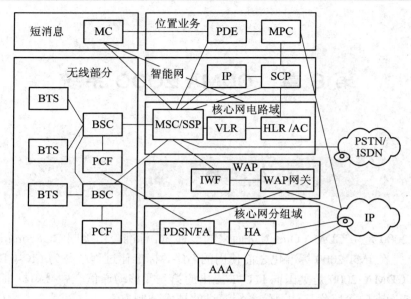

图 6-1-1　CDMA 2000 系统结构

2. 技术特点

CDMA 2000 的无线接口参数如表 6-1-1 所示。

表 6-1-1　CDMA 2000 的无线接口参数

参数名称	规　格
载频间隔	1.25 MHz(CDMA 2000-1X)，3.75 MHz(CDMA 2000-3X)
双工方式	FDD
帧长	20 ms
码片速率	CDMA 2000-1X 能支持最大速率为 307.2 kb/s
基站同步方式	GPS 同步
扩频调制	下行链路：平衡 QPSK 上行链路：双信道 QPSK
扩展因子	4～256
功率控制	开环和快速闭环，800 bit/s
切换	软切换，频率间切换

3. CDMA 2000-1X

从 IS-95A/B 演进到 CDMA 2000-1X，主要增加了高速分组数据业务，原有的电路交换部分基本保持不变。这样，在原有的 IS-95A/B 的基站中，需要增加分组控制模块 PCF 来完成与分组数据有关的无线资源控制功能，在核心网部分增加分组数据服务节点 PDSN 和鉴权认证系统 AAA，其中 PDSN 完成用户接入分组网络的管理和控制功能，AAA 完成与分组数据有关的用户管理工作。

IS-95A/B 系统和 CDMA 2000-1X 系统使用了完全相同的射频单元，直接利用已有天线升级软件，并增加分组数据部分，即可完成从 IS-95A/B 系统向 CDMA 2000-1X 系统的升级，最大限度地保护了运营商的投资。

CDMA 2000-1X 可以工作在 8 个 RF 频段，如 IMT-2000 频段、北美 PCS 频段、北美蜂窝频段和 TACS 频段等。

CDMA 2000-1X 的前向和反向信道结构主要采用码片速率为 1×1.2288 Mc/s，数据调制用 64 阵列正交码调制方式，扩频调制采用平衡四相扩频方式，频率调制采用 OQPSK 方式。CDMA 2000-1X 前向信道的导频方式、同步方式、寻呼信道均兼容 IS-95A/B 系统控制信道特性；其反向信道包括接入信道、增强接入信道、公共控制信道、业务信道，其中增强接入信道和公共控制信道除可提高接入效率外，还能适应多媒体业务。

CDMA 2000-1X 信令提供对 IS-95A/B 系统业务支持的后向兼容能力，这些能力包括：支持重叠蜂窝网结构；在越区切换期间，共享公共控制信道；对 IS-95A/B 信令协议标准的延用及对语音业务的支持。

与 IS-95A/B 相比，CDMA 2000-1X 具有以下新的技术特点：

(1) 快速前向功率控制技术：CDMA 2000-1X 可以进行前向快速闭环功率控制，与 IS-95A/B 系统前向信道只能进行较慢速的功率控制相比，CDMA 2000-1X 大大提高了前向信道的容量。

(2) 反向导频信道：CDMA 2000-1X 反向信道也可以做到相干解调，与 IS-95A/B 系统反向信道所采用的非相关解调技术相比可以提高 3 dB 增益，相应的反向链路容量提高一倍。

(3) 快速寻呼信道：极大地减少了移动台的电源消耗。

(4) 前向发射分集：前向信道采用发射分集，提高信道的抗衰落能力，改善前向信道信号质量，以提高系统容量。

(5) Turbo 码：CDMA 2000-1X 的业务信道可以采用 Turbo 码，以支持更高传送速率及提高系统容量。

(6) 辅助码分信道：使 CDMA 2000-1X 能更灵活地支持分组数据业务。

(7) 变长的 Walsh 函数：使得空中无线资源的利用率更高。

(8) 增强的 MAC 功能：以支持高效率的高速分组数据业务。

(9) 新的接入过程控制方式：在数据业务 QoS 和系统资源占用之间寻求折中与平衡。

4. CDMA 2000-3X

CDMA 2000-3X(3GPP2 规范为 IS-2000-A)，也称为宽带 CDMA One，是基于 IS-95 标准演进的一个重要部分。与其他的标准类似，CDMA 2000-3X 将在 CDMA 2000-1X 标准的基础上提供附加的功能和相应的业务支持，它的目标是提供比 CDMA 2000-1X 更大的系统容量，提供达到 2 Mb/s 的数据速率，实现与 CDMA 2000-1X 和 CDMA One 系统的后向兼容性等。

CDMA 2000-3X 中 3X 表示 3 载波，即三个 1.25 MHz 共 3.75 MHz 的频率宽度，它的技术特点是前向信道有三个载波的多载波调制方式，每个载波均采用 1.2288 Mc/s 直接序列扩频，其反向信道则采用码片速率为 3.6864 Mc/s 的直接扩频，因此 CDMA 2000-3X 的信道带宽为 3.75 MHz，最大用户比特率为 1.0368 Mc/s。

CDMA 2000-3X 与 CDMA 2000-1X 的主要区别是：CDMA 2000-1X 用单载波方式，扩频速率为 SR1，而 CDMA 2000-3X 的前向信道采用 3 载波方式，扩频速率为 SR3。

CDMA 2000-3X 的优势在于能提供更高的数据速率，但其缺点是占用带宽较宽，因此，在较长时间内运营商未必会考虑 CDMA 2000-3X，而可能会考虑 CDMA 2000-1X-EV。

5. CDMA 2000-1X-EV

为进一步加强 CDMA 2000-1X 的竞争力，3GPP2 从 2000 年开始在 CDMA 2000-1X 的基础上制定了 1X 的增强技术，即 1X-EV 标准。该标准除基站信号处理部分及用户手持终端与原标准不同外，能与 CDMA 2000-1X 共享其他原有的系统资源。它采用高速率数据(HDR)技术，还能在 1.25 MHz(同 CDMA 2000-1X 带宽)内，前向链路达到 2.4 Mb/s(甚至高于 CDMA 2000-3X)，反向链路上也可提供 153.6 kb/s 的数据业务，很好地支持高速分组业务，适用于移动 IP。

CDMA 2000 到 CDMA 2000-1X-EV 的演进分以下两个步骤：

(1) 从 CDMA 2000-1X 演进到 CDMA 2000-1X-EV-DO。在这一阶段，电路域网络结构保持不变，分组域核心网在现有网络的基础上增加接入网鉴权/授权/计费实体(AN-Authentication，Authorization and Accounting，AN-AAA)，负责分组用户的管理。在原有的 CDMA 2000-1X 基站上，新增一个 CDMA 标准载频用作高速数据的传输。原有 CDMA 2000-1X 基站需增加 DO 信道板，同时进行软件升级。

CDMA 2000-1X-EV-DO 是目前业界推出的高性能、低成本的无线高速数据传输解决方案，它定位于 Internet 的无线延伸，能以较少的网络和频谱资源(在 1.25 MHz 标准载波中)支持以下平均速率：

① 静止或慢速移动：1.03 Mb/s(无分集)和 1.4 Mb/s(分集接收)；

② 中高速移动：700 kb/s(无分集)和 1.03 Mb/s(分集接收)；

③ 其峰值速率可达 2.4 Mb/s，而且在 IS-856 版本 A 中可支持高达 3.1 Mb/s 的峰值速率。

在反向链路上的容量大约为 220 kb/s，在 IS-856 版本 A(1X-EV-DO Rel.A)中，由于采用了自适应的 BPSK 和 QPSK 的调制方式及附加的编码速率，其峰值速率更可达 1.2 Mb/s，这种调制方式极大地提高了反向链路的容量。

(2) 从 CDMA 2000-1X 演进到 CDMA 2000-1X-EV-DV。在这一阶段，电路域核心网和分组域核心网均保持不变，原有 CDMA 2000-1X 基站需增加 DV 信道板，同时进行软件升级。CDMA 2000-1X-EV-DV 的特点是：

① 不改变 CDMA 2000-1X 的网络结构，与 IS-95A/B 及 CDMA 2000-1X 后向兼容；

② 在同一载波上同时提供语音和数据业务，只提供非实时的分组数据业务；

③ 增加 TDM/CDM 混合的专用的高速分组数据信道(F-PDCH)，以提高前向速率，前向最高速率达 3.1 Mb/s；

④ 增加反向指示辅助导频信道和 TDM/CDM 混合的反向高速分组数据信道，以提高反向速率，反向支持最高速率为 1.5 Mb/s，可选支持 1.8 Mb/s；

⑤ 采用以帧为单位的自适应调制及解调；

⑥ 有更短的发送帧结构，1.25～5 ms 的可变帧长；

⑦ 根据信道状况选择数据传输速率以提高功率效率;
⑧ 具有快速而有效的数据重发机制。

6.2 CDMA 2000 空中接口

CDMA 2000 采用 CDMA 技术的宽带扩频空中接口,用以满足第三代无线通信系统的需要。采用该技术在室内办公室环境中、室内/外步行环境中和车载环境中,均可达到或超过 IMT-2000 的技术指标:室内相对静止时的最高数据传输速率达 2 Mb/s,步行环境 384 kb/s,车载环境 144 kb/s。该技术同时支持从 2G 系统的演进及以下一些特性:

(1) 宽松的性能范围:从语音到低速数据,到非常高速的分组和电路数据业务。
(2) 提供多种复合的业务:仅传语音,同时传语音和数据,仅传数据和定位业务。
(3) 具有先进的多媒体服务质量(Quality of Service,QoS)控制能力,支持多路语音、高速分组数据同时传送。
(4) 与现存的 IS-95B 系统具有无缝的互操作性和切换能力。
(5) 具有从基于 IS-95B 系统平滑演进的能力。

CDMA 2000 无线传输技术中的关键设计主要有以下一些特点:

(1) 宽带 CDMA 无线接口在提高系统性能和容量上有明显的优势:基于导频相干解调的反向空中接口链路,连续的反向空中接口波形,快速的前向和反向空中接口的功率控制,采用辅助导频来支持波束赋形应用和增加容量。
(2) 支持多种范围的射频信道带宽:1.25 MHz、3.75 MHz、7.5 MHz、11.25 MHz 和 15 MHz。
(3) 增强的 MAC 功能以支持高效率的高速分组数据业务。
(4) 为支持 MAC 对物理层进行了优化:采用了专用控制信道(DCCH),可变帧长的分组数据控制信道操作(例如 5 ms、20 ms 等),为支持快速分组数据业务的接入控制采用了增强的寻呼信道和接入信道。
(5) 为支持更高传送速率和增加系统容量采用 Turbo 码。
(6) 可支持多种空中接口信令的灵活的信令结构。

6.2.1 CDMA 2000 体系的结构

1. 物理层

如图 6-2-1 所示,CDMA 2000 的物理层处于其体系结构的最底层,完成高层信息与空中无线信号间的相互转换。几乎 CDMA 2000 的所有特点和优点都通过它来保证并体现,它是这种无线通信系统的基础。为了满足 3G 业务的需求,并实现从现有 2G 的 CDMA 技术的平滑演进,CDMA 2000 相对于 2G 的 CDMA 标准提出了更多种类的物理信道,对于它们的应用可以非常灵活,复杂度也会相应增加。为了准确、全面地了解物理层,6.2.2 节将主要按不同信道的划分来介绍物理层。

为了更好地理解物理层,下面介绍几个基本概念。

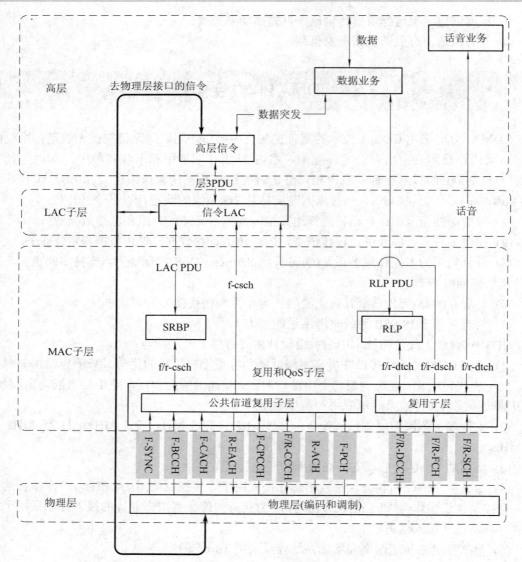

SRBP: Signaling Radio Burst Protocol,信令无线突发协议。
RLP: Radio Link Protocol,无线链路协议。

图 6-2-1　CDMA 2000 体系的结构(MS 侧)

1) 扩谱速率

扩谱速率,即 Spreading Rate,以下简称 SR,它指的是前向或反向 CDMA 信道上的 PN 码片速率。本文中所讲的 SR 有两种。

一种为 SR1,通常也记作"1X"。SR1 的前向和反向 CDMA 信道在单载波上都采用码片速率为 1.2288 Mc/s 的直接序列(DS)扩谱。

另一种为 SR3,通常也记作"3X"。SR3 的前向 CDMA 信道有 3 个载波,每个载波上都采用 1.2288 Mc/s 的 DS 扩谱,总称多载波(MC)方式;SR3 的反向 CDMA 信道在单载波上都采用码片速率为 3.6864 Mc/s 的 DS 扩谱。

2) 无线配置

无线配置,即 Radio Configuration,以下简称为 RC。RC 指一系列前向或反向业务信道的工作模式,每种 RC 支持一套数据速率,其差别在于物理信道的各种参数,包括调制特性和扩谱速率等。

2. MAC 子层

媒体接入控制(MAC)子层的结构参见图 6-2-1。CDMA 2000 引入 MAC 层是为了适应更多的带宽以及处理更多种类业务的需要,它支持一个通用的多媒体业务模型,在空中接口容量范围内,允许语音、分组数据和电路数据业务的组合且同时工作。CDMA 2000 还采用了 QoS 控制机制,用来平衡并发的多个业务的不同 QoS 要求。MAC 层与物理层的定时是同步的。

CDMA 2000 的 MAC 子层主要有下面两个重要的功能:

(1) 尽力发送(Best Effort Delivery):由无线链路协议(RLP)提供"尽力"级别的可靠性,在无线链路上适度可靠传输。

(2) 复用(Mux)和 QoS 控制:通过协调由竞争业务产生的有冲突的请求以及为接入请求安排合适的优先级,来确保实施协商好的 QoS 级别。

3. LAC 子层

链路接入控制(LAC)子层的结构参见图 6-2-1。可以看出,这里的 LAC 层主要与信令信息有关,其功能是为高层的信令提供在 CDMA 2000 无线信道上的正确传输和发送。由于信令的主要作用是进行控制,因此它们的传输要求也比较高,如某些关键的信令要及时、正确/可靠、有序并无重复地到达对等的实体,因此信令的格式和处理都比较复杂。CDMA 2000 的信令总体结构如图 6-2-2 所示。

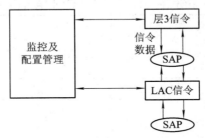

SAP: Service Access Point,服务接入点

图 6-2-2 CDMA 2000 的信令总体结构

LAC 子层为高层提供信令服务,它与高层之间的 SDU 在它内部和 LAC PDU 相互转换,最后再经过分割或重新组装成 PDU,与 MAC 层交换。

当高层信令数据穿过 LAC 层时,它要经过不同协议子层的处理,这些处理又按不同的逻辑信道划分而不同。

4. 第三层(层 3)

协议的第三层,也简称为层 3,指在 LAC 层协议之上所定义的部分(见图 6-2-1)。"高层"泛指层 3 及以上的协议层。CDMA 2000 中定义的层 3 协议侧重于描述系统的控制消息的交互,也就是信令的交互。层 3 通过层 2 提供的服务,按照该通信协议规定的语法和定时关系发送和接收 BS 和 MS 之间的信令消息。

层 3 中关于信令消息的描述主要从两个角度进行：一是消息的内容和格式；二是消息交互的流程。

对于 MS 的层 3，协议用状态转移为线索进行介绍，例如：MS 捕获系统时需要接收哪些消息，如何根据自身功能进行配置；MS 发起呼叫时需要发送什么消息，内容如何；MS 与 BS 建立呼叫时需要交互哪些消息，顺序如何；在收到某些消息后转入何种状态；等等。

对于 BS 的层 3，协议则结合对 MS 侧的介绍主要说明以下内容：BS 在前向公共信道上应按照系统配置发送哪些开销消息，以便 MS 可以接入系统；BS 如何处理收到的 MS 起呼消息，并如何发送消息响应；BS 如何通过适当的消息交互和 MS 建立通话以及切换；等等。

6.2.2　CDMA 2000 物理层

1. 物理层概述

CDMA 2000 物理层标准规范了 CDMA 2000 系统的无线空中接口，详细定义了 CDMA 2000 移动台和基站的各种无线空中接口参数，主要包括 CDMA 系统定时规定、频率参数、射频输出参数、编码、扩频等调制参数，各种反向和前向物理信道规范，以及其他的物理层规范。

2. 信道结构

1) 前向 CDMA 信道结构

在此主要介绍 DS 方式下的信道结构。

(1) 扩频速率为 SR1 的情况如表 6-2-1 所示。

表 6-2-1　扩频速率 SR1 下前向 CDMA 信道的信道类型

信 道 类 型	最 大 数 目
前向导频信道	1
发送分集导频信道	1
辅助导频信道	未指定
辅助发送分集导频信道	未指定
同步信道	1
寻呼信道	7
广播信道	未指定
快速寻呼信道	3
公共功率控制信道	未指定
公共指配信道	未指定
前向公共控制信道	未指定
前向专用控制信道	1/每个前向业务信道
前向基本信道	1/每个前向业务信道
前向补充码分信道(仅 RC1 和 RC2)	7/每个前向业务信道
前向补充信道(仅 RC3~RC5)	2/每个前向业务信道

图 6-2-3 所示为前向导频信道的结构。图 6-2-4 所示为同步信道和寻呼信道结构,其中实线部分是同步信道与寻呼信道共有的,虚线部分则是同步信道没有而寻呼信道有的,它们的符号重复和块交织的参数也有所差别。

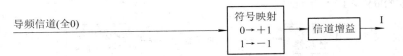

图 6-2-3 前向导频信道结构

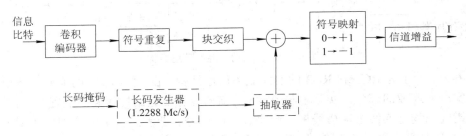

图 6-2-4 同步信道和寻呼信道结构

图 6-2-5 所示为广播信道、公共指配信道和公共控制信道结构。图中,实线是各信道均有的部分,而第一个虚线框(加帧质量指示位)只有公共控制信道的结构没有,而第二个虚线框(序列重复)仅广播信道的结构有。它们的帧质量指示比特的位数、卷积编码器和块交织器的参数都有差别。

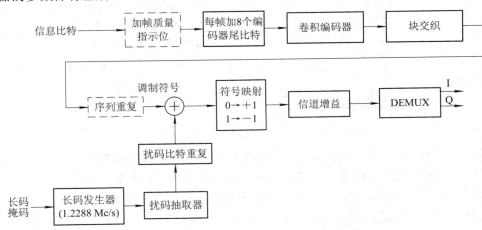

图 6-2-5 广播信道、公共指配信道和公共控制信道结构

图 6-2-6 和图 6-2-7 分别为前向快速寻呼信道和公共功率控制信道结构。

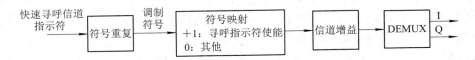

图 6-2-6 前向快速寻呼信道结构

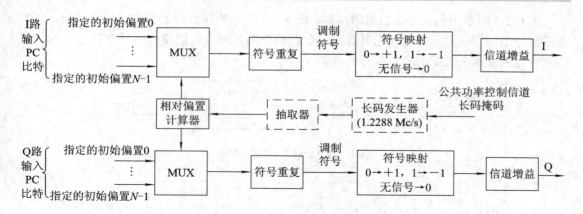

图 6-2-7 公共功率控制信道结构

图 6-2-8 所示为 RC1 和 RC2 的前向业务信道结构。配置为 RC1 的前向业务信道的结构就是实线框连成的部分,实际上与 IS-95 的前向业务信道结构相同,配置为 RC2 的前向业务信道的结构是实线框和虚线框合起来连成的部分。两者结构上的差别仅在图中两个虚线框(加 1 个保留位和符号删除)的有无,其余部分的参数都相同。

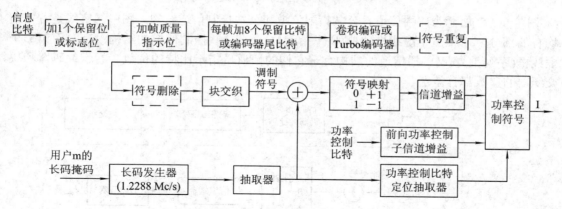

图 6-2-8 前向业务信道结构(RC1 和 RC2)

图 6-2-9 所示为 RC3～RC5 前向业务信道结构。三种无线配置下的前向业务信道的结构差别仅在于 RC5 配置下的业务信道结构比其余两种情况下的业务信道结构要多一个加保留位(图 6-2-9 中所示虚线框),其余的差别都表现在成帧部分的参数上。

比较图 6-2-8 和图 6-2-9 可知,配置为 RC1、RC2 和 RC3～RC5 的前向业务信道结构的主要区别是由长伪随机序列生成基带数据扰码的方式不同。这是因为在配置为 RC1、RC2 的业务信道中,信息比特经过编码调制后得到的调制符号速率是固定的 19.2 ks/s,而在配置为 RC3～RC5 的业务信道中,信息比特经过编码调制后得到的调制符号速率从 19.2 ks/s 到 614.4 ks/s 不等,所以基带数据扰码的生成方式也就复杂一些。这两幅图还有一点不同,即在最后数据输出的方向上,图 6-2-8 的输出数据仅传向了 I 支路,而图 6-2-9 的输出数据经串/并变换后分别传到了 I 和 Q 两条支路上,这也就表现出了不同配置的前向业务信道的数据调制方式的差别:RC1、RC2 采用 BIT/SK 调制,而 RC3、RC4 采用 QPSK 调制。

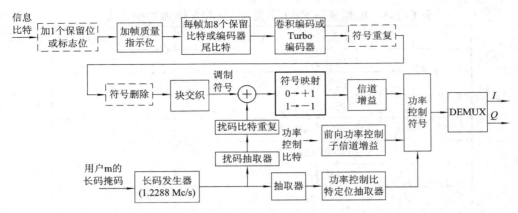

图 6-2-9 前向业务信道结构(RC3～RC5)

(2) 扩频速率为 SR3 的情况如表 6-2-2 所示。

表 6-2-2 扩频速率 SR3 下前向 CDMA 信道的信道类型

信 道 类 型	最 大 数 目
前向导频信道	1
发送分集导频信道	1
辅助导频信道	未指定
辅助发送分集导频信道	未指定
同步信道	1
广播信道	未指定
快速寻呼信道	未指定
公共功率控制信道	未指定
公共指配信道	未指定
前向公共控制信道	未指定
前向专用控制信道	1/每个前向业务信道
前向基本信道	1/每个前向业务信道
前向补充信道	2/每个前向业务信道

扩频速率为 SR3 的前向 CDMA 业务信道的配置为 RC6～RC9，其中，RC6 和 RC7 的前向业务信道结构与 RC3 和 RC4 的前向业务信道结构相似，而 RC9 的前向业务信道结构与 RC5 的前向业务信道结构相似，RC8 的前向业务信道结构与 RC5 只有个小差别，没有符号删除，请参见图 6-2-9。

除业务信道以外的信道都与扩频速率为 SR1 的对应信道结构相同，此处不再列出。

2) 反向 CDMA 信道结构

(1) 扩频速率 SR1 的情况如表 6-2-3 所示。

表 6-2-3　扩频速率 SR1 下反向 CDMA 信道的信道类型

信 道 类 型	最 大 数 目
反向导频信道	1
接入信道	1
增强接入信道	1
反向公共控制信道	1
反向专用控制信道	1
反向基本信道	1
反向补充码分信道(仅 RC1 和 RC2)	7
反向补充信道(仅 RC3 和 RC4)	2

接入信道、配置为 RC1，RC2 的反向基本信道和反向补充码分信道的信道结构分别与 IS-95 中的接入信道、反向业务信道的结构相同。

增强接入信道、反向公共控制信道、反向专用控制信道及 RC3 和 RC4 的反向基本信道以及反向补充信道的编码信道的结构如图 6-2-10 所示，其中结构中的实线框是以上信道都有的部分。图中也有两个虚线框，第一个表示的过程是在数据帧中加入加保留位，这是仅 RC4 的反向业务信道有的部分，而第二个虚线框表示的删除则是除 RC3 的反向专用控制信道外的 RC3、RC4 反向业务信道都有的部分。同样，结构中的加帧质量指示位、卷积编码器和符号重复及交织器的参数也不尽相同。

图 6-2-10　增强接入信道、反向公共控制信道、反向专用控制信道及 RC3 和 RC4 的
反向基本信道以及反向补充信道的编码信道的结构

(2) 扩频速率 SR3 的情况如表 6-2-4 所示。

表 6-2-4　扩频速率 SR3 下反向 CDMA 信道的信道类型

信 道 类 型	最 大 数 目
反向导频信道	1
增强接入信道	1
反向公共控制信道	1
反向专用控制信道	1
反向基本信道	1
反向补充信道	2

扩频速率 SR3 的反向 CDMA 业务信道的配置为 RC5 和 RC6，其中，RC5 的反向业务信道结构与 RC3 的反向业务信道结构相似，而 RC6 的反向业务信道结构与 RC4 的反向业

务信道结构相似,差别只在于 PN 码片的速率为 3.6864 Mc/s,是 SR1 的 3 倍。

3. 物理信道

1) 前向链路(FL)物理信道

前向链路,以下简称"FL",它所包括的物理信道如图 6-2-11 所示。这些信道由适当的 Walsh 函数或准正交函数(Quasi-orthogonal Function,QoF)进行扩谱。RC1 或 RC2 中使用 Walsh 函数,RC3 到 RC9 中使用 Walsh 函数或 QoF。CDMA 2000 采用了变长的 Walsh 码,对于 SR1,最长可为 128;对于 SR3,最长可为 256。

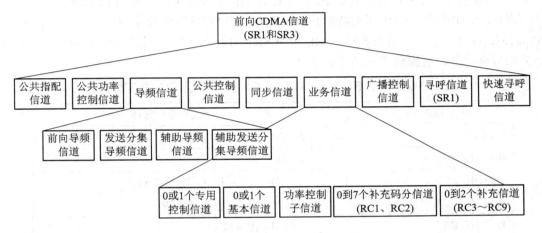

图 6-2-11 前向链路 CDMA 信道

如果 BS 在前向 CDMA 信道上发送了 F-CCCH,则它必须还在此 CDMA 信道上发送 F-BCCH。

FL 业务信道的 RC 及其特性如表 6-2-5 所示。对于 RC3 到 RC9,F-DCCH 和 F-FCH 也允许 9600 b/s、5 ms 帧的方式。

表 6-2-5 FL 业务信道 RC

RC	SR	最大数据速率 /(kb/s)	前向纠错编码(FEC) 速率(帧长)	FEC 方式	允许发送 分集(TD)	调制方式
1*	1	9600	1/2	卷积码	否	BPSK
2*	1	14 400	1/2	卷积码	否	BPSK
3	1	153 600	1/4	卷积/Turbo 码	是	QPSK
4	1	307 200	1/2	卷积/Turbo 码	是	QPSK
5	1	230 400	1/4	卷积/Turbo 码	是	QPSK
6	3	307 200	1/6	卷积/Turbo 码	是	QPSK
7	3	614 400	1/3	卷积/Turbo 码	是	QPSK
8	3	460 800	1/4(20 ms)或 1/3(5 ms)	卷积/Turbo 码	是	QPSK
9	3	1 036 800	1/2(20 ms)或 1/3(5 ms)	卷积/Turbo 码	是	QPSK

* RC1 和 RC2 分别对应 TIA/EIA-95-B 中的速率集(Rate Set)1 和 2(后向兼容)

对于 SR1，BS 可以在 FL 信道上支持正交发送分集(OTD)模式或空时扩展模式(STS)这两种分集方式，当然也可以不采用它们。而对于 SR3，BS 可以通过在不同的天线上发送载波来实现 FL 信道的分集，当然这种方式也并非必须的。

对于 FL 的 RC 而言，BS 必须支持在 RC1、RC3 或 RC7 中的操作，这三种 RC 是最基本的 RC。BS 还可以支持在 RC2、RC4、RC5、RC6、RC8 或 RC9 中的操作。支持 RC2 的 BS 必须支持 RC1；支持 RC4 或 RC5 的 BS 必须支持 RC3；支持 RC6、RC8 或 RC9 的 BS 必须支持 RC7。

BS 不能在 FL 业务信道上使用 RC1 或 RC2 的同时使用 RC3、RC4 或 RC5。

表 6-2-6 列出了对于 BS 所支持的 FL/RL 业务信道 RC 的匹配要求，从中可以看出 CDMA 2000(Release A)支持 FL 采用 SR3 与 RL 采用 SR1 的组合，这样的上下行不对称组合更适合于某些数据业务，可提供更高的下载速率。

表 6-2-6 对于 BS 所支持的 FL/RL 业务信道 RC 的匹配要求

如果 BS 支持	则 BS 必须支持
R-FCH：RC1	F-FCH：RC1
R-FCH：RC2	F-FCH：RC2
R-FCH：RC3	F-FCH：RC3、RC4、RC6 或 RC7
R-FCH：RC4	F-FCH：RC5、RC8 或 RC9
R-FCH：RC5	F-FCH：RC6 或 RC7
R-FCH：RC6	F-FCH：RC8 或 RC9
R-DCCH：RC3	F-DCCH：RC3、RC4、RC6 或 RC7
R-DCCH：RC4	F-DCCH：RC5、RC8 或 RC9
R-DCCH：RC5	F-DCCH：RC6 或 RC7
R-DCCH：RC6	F-DCCH：RC8 或 RC9
说明：表中由阴影标出的 RC 值对应 SR3	

下面我们将对 FL 物理信道逐个进行介绍(除非特别需要，各个信道的调制结构框图将不予列出，相关信息请参考协议)。

(1) FL 导频信道。FL 中的导频信道有：F-PICH、F-TDPICH、F-APICH 和 F-ATDPICH。它们都是未经调制的扩谱信号。BS 发射它们的目的是使在其覆盖范围内的 MS 能够获得基本的同步信息，也就是各 BS 的 PN 短码相位的信息，并根据它们进行信道估计和相干解调。

如果 BS 在 FL CDMA 信道上使用了发送分集方式，则它必须发送相应的 F-TDPICH。如果 BS 在 FL 上应用了智能天线或波束赋形，则可以在一个 CDMA 信道上产生一个或多个(专用)辅助导频(F-APICH)，用来提高容量或满足覆盖上的特殊要求(如定向发射)。当使用了 F-APICH 的 CDMA 信道采用了分集发送方式时，BS 应发送相应的 F-ATDPICH。

F-PICH 占用了 Walsh 函数 w_0^{64} 对应的码分信道。码分信道 w_{64k}^{N} ($N > 64$，k 满足 $0 \leqslant 64k \leqslant N$，且 k 为整数)不能再被使用。

如果使用 F-TDPICH，它将占用码分信道 w_{16}^{128}，并且发射功率小于或等于相应的 F-PICH。

如果使用了 F-APICH，它将占用码分信道 w_n^N，其中 $N \leqslant 512$，且 $1 \leqslant n \leqslant N-1$，$N$ 和 n 的值由 BS 指定。

如果 F-APICH 和 F-ATDPICH 联合使用，则 F-APICH 占用码分信道 w_n^N，F-ATDPICH 占用码分信道 $w_{n+N/2}^N$，其中 $N \leqslant 512$，且 $1 \leqslant n \leqslant N/2-1$，$N$ 和 n 的值由 BS 指定。

(2) FL 同步信道。同步信道 F-SYNC 是经过编码、交织、扩频和调制的信号，MS 通过对它的解调可以获得长码状态、系统定时信息和其他一些基本的系统配置参数，包括 BS 当前使用的协议的版本号、BS 所支持的最小协议版本号、网络和系统标识、频率配置、系统是否支持 SR1 或 SR3、如果支持那所对应的发送开销(Overhead)信息的信道的配置情况等。有了这些信息，MS 可以使自身的长码及时间与系统同步，这样才能够去解调经过长码扰码的 FL 信道；然后 MS 可以根据自身所支持的版本及功能来选择怎样进行操作，例如支持 SR3 的 MS 若发现 BS 也支持 SR3，便可以按 F-SYNC 上给出的参数去进一步解调发送开销信息的公共信道，如 F-BCCH。

F-SYNC 占用了 w_{32}^{64} 对应的码分信道。在 SR3 中，BS 按照协议的规定，从"同步信道优先集"(Sync Channel Preferred Set)中选择一个载波发送 F-SYNC。

(3) FL 寻呼信道。寻呼信道 F-PCH 是经过编码、交织、扰码、扩谱和调制的信号。MS 可以通过它获得系统参数、接入参数、邻区列表等系统配置参数，这些属于公共开销信息。当业务信道尚未建立时，MS 还可以通过 F-PCH 收到诸如寻呼消息等针对特定 MS 的专用消息。F-PCH 是和 CDMA One 兼容的信道，在 CDMA 2000 中，它的功能可以被 F-BCCH、F-QPCH 和 F-CCCH 取代并得到增强。基本上，F-BCCH 发送公共系统开销消息；F-QPCH 和 F-CCCH 联合起来发送针对 MS 的专用消息，提高了寻呼的成功率，同时降低了 MS 的功耗。详细情况参见相关部分。

F-PCH 可占用 $w_1^{64} \sim w_7^{64}$ 对应的连续 7 个码分信道，但基本的 F-PCH 占用 w_1^{64}。

(4) FL 广播控制信道。广播控制信道 F-BCCH 是经过编码、交织、扰码、扩谱和调制的信号。BS 用它来发送系统开销信息(例如原来在 F-PCH 上发送的开销信息)，以及需要广播的消息(例如短消息)。

F-BCCH 的发送速率最高可达 19 200 b/s，它可以工作在非连续方式，断续的基本单位为广播控制信道时隙。

当 F-BCCH 工作在较低的数据速率时，例如 4800 b/s，即时隙周期为 160 ms，40 ms 帧在每时隙内重复 3 次，这时 F-BCCH 可以以较低的功率发射，而 MS 则通过对重复的信息进行合并来获得时间分集的增益；减小 F-BCCH 的发射功率对于提高 FL 的容量是有帮助的。

如果在 SR1、FEC 编码 $R=1/2$ 的条件下使用 F-BCCH，它将占用码分信道 w_n^{64}，其中 $1 \leqslant n \leqslant 63$，$n$ 的值由 BS 指定；如果在 SR1、FEC 编码 $R=1/4$ 的条件下使用 F-BCCH，它将占用码分信道 w_n^{32}，其中 $1 \leqslant n \leqslant 31$，$n$ 的值由 BS 指定；如果在 SR3 的条件下使用 F-BCCH，它将占用码分信道 w_n^{128}，其中 $1 \leqslant n \leqslant 127$，$n$ 的值由 BS 指定。当然，上面所提到的 n 的选择还应保证不和其他已分配的码信道资源冲突。

值得注意的是，虽然 F-BCCH 可占用的码分信道较多，但在同一导频 PN 偏置下它的长码掩码却最多有 8 种，因为 BCCH 长码掩码中的 BCCH 信道号占 3 bit。

(5) FL 快速寻呼信道。快速寻呼信道 F-QPCH 是未编码的、扩谱的开关键控(OOK)调制的信号。BS 用它来通知在覆盖范围内的、工作于时隙模式且处于空闲状态的 MS，是否应该在下一个 F-CCCH 或 F-PCH 的时隙上接收 F-CCCH 或 F-PCH。使用 F-QPCH 最主要的目的是使 MS 不必长时间地监听 F-PCH，从而延长 MS 的待机时间。

为实现上面的这个目的，F-QPCH 采用了 OOK 调制方式，MS 对它的解调可以非常简单迅速。如图 6-2-12 所示，F-QPCH 采用 80 ms 为一个 QPCH 时隙，每个时隙又划分成了寻呼指示符(Paging Indicators，PI)、配置改变指示符(Configuration Change Indicators，CCI)和广播指示符(Broadcast Indicators，BI)。下面对它们分别进行介绍。

① 寻呼指示符(PI)的作用是用来通知特定的 MS 在下一个 F-CCCH 或 F-PCH 上有寻呼消息或其他消息。当有消息时，BS 将该 MS 对应的 PI 置为"ON"，MS 被唤醒；否则 PI 置为"OFF"，MS 继续进入低功耗的睡眠状态。

② 配置改变指示符(CCI)只在第 1 个 QPCH 上有。当 BS 的系统配置参数发生改变后的一段时间内，BS 将把 CCI 置为"ON"，以通知 MS 重新接收包含系统配置参数的开销消息。

③ 广播指示符(BI)只在第 1 个 QPCH 上有。当 MS 用于接收广播消息的 F-CCCH 的时隙上将要有内容出现时，BS 就把对应于该 F-CCCH 时隙的 F-QPCH 时隙中的 BI 置为 ON；否则置为 OFF。

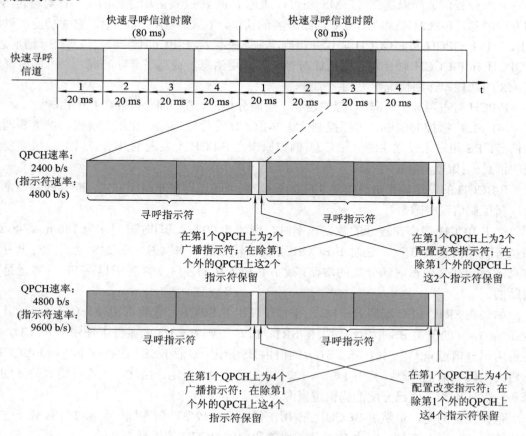

图 6-2-12 F-QPCH 时隙的划分

如果在 SR1 中使用 F-QPCH，它将依次占用码分信道 w_{80}^{128}、w_{48}^{128} 和 w_{112}^{128}。如果在 SR3 的条件下使用 F-QPCH，它将占用码分信道 w_n^{256}，其中 $1 \leq n \leq 255$，n 的值由 BS 指定。

(6) FL 公共功率控制信道。FL 公共功率控制信道 F-CPCCH 的目的是对多个 R-CCCH 和 R-EACH 进行功控。BS 可以支持一个或多个 F-CPCCH，每个 F-CPCCH 又分为多个功控子信道(每个子信道一个比特，相互间时分复用)，每个功控子信道控制一个 R-CCCH 或 R-EACH。

公共功率控制子信道用于控制 R-CCCH 还是控制 R-EACH 取决于其工作模式。当工作在功率受控接入模式(Power Controlled Access Mode)时，MS 利用指定的 F-CPCCH 上的子信道控制 R-EACH 的发射功率；当工作在预留接入模式(Reservation Access Mode)或指定接入模式(Designated Access Mode)时，MS 利用指定的 F-CPCCH 上的子信道控制 R-CCCH 的发射功率。

如果在 SR1、非发送分集的条件下使用 F-CPCCH，它将占用码分信道 w_n^{128}，其中 $1 \leq n \leq 127$，n 的值由 BS 指定。如果在 SR1、OTD 或 STS 的方式下使用 F-CPCCH，它将占用码分信道 w_n^{64}，其中 $1 \leq n \leq 63$，n 的值由 BS 指定。如果在 SR3 的条件下使用 F-CPCCH，它将占用码分信道 w_n^{128}，其中 $1 \leq n \leq 127$，n 的值由 BS 指定。

(7) FL 公共指配信道。公共指配信道 F-CACH 专门用来发送对 RL 信道快速响应的指配信息，提供对 RL 上随机接入分组传输的支持。F-CACH 在预留接入模式中控制 R-CCCH 和相关的 F-CPCCH 子信道，并且在功率受控接入模式下提供快速的证实，此外还有拥塞控制的功能。BS 也可以不用 F-CACH，而是选择 F-BCCH 来通知 MS。

F-CACH 的发送速率固定为 9600 b/s，帧长 5 ms；它可以在 BS 的控制下工作在非连续方式，断续的基本单位为帧。

如果在 SR1、FEC 编码 $R = 1/2$ 的条件下使用 F-CACH，它将占用码分信道 w_n^{128}，其中 $1 \leq n \leq 127$，n 的值由 BS 指定。如果在 SR1、FEC 编码 $R = 1/4$ 的条件下使用 F-CACH，它将占用码分信道 w_n^{64}，其中 $1 \leq n \leq 63$，n 的值由 BS 指定。如果在 SR3 的条件下使用 F-CACH，它将占用码分信道 w_n^{256}，其中 $1 \leq n \leq 255$，n 的值由 BS 指定。

值得注意的是，虽然 F-CACH 可占用的码分信道较多，但在同一导频 PN 偏置下它的长码掩码却最多有 8 种，因为 CACH 长码掩码中的 CACH 信道号占 3 bit。这一点同 F-BCCH 类似。

(8) FL 公共控制信道。FL 公共控制信道 F-CCCH 是经过编码、交织、扰码、扩频和调制的信号。BS 用它来发送指定给 MS 的消息。

F-CCCH 具有可变的发送速率：9600 b/s、19 200 b/s 和 38 400 b/s，帧长分别为 20 ms、10 ms 和 5 ms。尽管 F-CCCH 的数据速率能以帧为单位改变，但发送给 MS 的给定帧的数据速率对于 MS 来说是已知的。

如果在 SR1、FEC 编码 $R = 1/2$ 的条件下使用 F-CCCH，它将占用码分信道 w_n^N，其中 $N = 32$、64 和 128(分别对应 38 400 b/s、19 200 b/s 和 9600 b/s)，$1 \leq n \leq N-1$，n 的值由 BS 指定。如果在 SR1、FEC 编码 $R = 1/4$ 的条件下使用 F-CCCH，它将占用码分信道 w_n^N，其中 $N = 16$、32 或 64(分别对应 38 400 b/s、19 200 b/s 和 9600 b/s)，$1 \leq n \leq N-1$，n 的值由

BS 指定。如果在 SR3 的条件下使用 F-CCCH，它将占用码分信道 w_n^N，其中 $N = 64$、128 和 256(分别对应 38 400 b/s、19 200 b/s 和 9600 b/s)，$1 \leqslant n \leqslant N-1$，$n$ 的值由 BS 指定。

值得注意的是，虽然 F-CCCH 可占用的码分信道较多，但在同一导频 PN 偏置下它的长码掩码却由标准唯一地确定，是固定的。这一点与 F-BCCH 和 F-CACH 是不同的。

(9) FL 专用控制信道。FL 专用控制信道 F-DCCH 用来在通话(包括数据业务)过程中向特定的 MS 传送用户信息和信令信息。每个 FL 业务信道可以包括最多 1 个 F-DCCH。BS 必须能够在 F-DCCH 上以固定的速率发送(当数据速率选定的情况下)。F-DCCH 的帧长为 5 ms 或 20 ms。F-DCCH 必须支持非连续的发送方式，断续的基本单位为帧。在 F-DCCH 上，允许附带一个 FL 功控子信道。

每个配置为 RC3 或 RC5 的 F-DCCH，应占用码分信道 w_n^{64}，其中 $1 \leqslant n \leqslant 63$，$n$ 的值由 BS 指定。每个配置为 RC4 的 F-DCCH，应占用码分信道 w_n^{128}，其中 $1 \leqslant n \leqslant 127$，$n$ 的值由 BS 指定。每个配置为 RC6 或 RC8 的 F-DCCH，应占用码分信道 w_n^{128}，其中 $1 \leqslant n \leqslant 127$，$n$ 的值由 BS 指定。每个配置为 RC7 或 RC9 的 F-DCCH，应占用码分信道 w_n^{256}，其中 $1 \leqslant n \leqslant 255$，$n$ 的值由 BS 指定。

(10) FL 基本信道。FL 基本信道 F-FCH 用来在通话(可包括数据业务)过程中向特定的 MS 传送用户信息和信令信息。每个 FL 业务信道可以包括最多 1 个 F-FCH。F-FCH 可以支持多种可变速率，工作于 RC1 或 RC2 时，它分别等价于 IS-95A 或 IS-95B 的业务信道。F-FCH 在 RC1 和 RC2 时的帧长为 20 ms；在 RC3 到 RC9 时的帧长为 5 ms 或 20 ms。在某一 RC 下，F-FCH 的数据速率和帧长可以按帧为单位进行选择，但调制符号的速率保持不变。对于 RC3 到 RC9 的 F-FCH，BS 可以在一个 20 ms 帧内暂停发送最多 3 个 5 ms 帧。数据速率越低，相应的调制符号能量也低，这和已有的 CDMA One 系统相同。在 F-FCH 上，允许附带一个 FL 功控子信道。

在 F-FCH 的帧结构里，第一个比特为"保留/标志"比特，简称 R/F 比特。R/F 比特用于 RC2、RC5、RC8 和 RC9。当正在使用一个或多个 F-SCCH 时，可以使用 R/F 比特；否则应保留该比特并置为"0"。当使用 R/F 比特时，如果 MS 将处理从当前帧后第 2 帧开始发送的 F-SCCH 时，BS 应将当前 F-FCH 帧的 R/F 比特设为"0"。当 BS 不准备在当前帧后的第 2 帧开始发送 F-SCCH，BS 应将当前 F-FCH 帧的 R/F 比特置为"1"。

每个配置为 RC1 或 RC2 的 F-FCH，应占用码分信道 w_n^{64}，其中 $1 \leqslant n \leqslant 63$，$n$ 的值由 BS 指定。每个配置为 RC3 或 RC5 的 F-FCH，应占用码分信道 w_n^{64}，其中 $1 \leqslant n \leqslant 63$，$n$ 的值由 BS 指定。每个配置为 RC4 的 F-FCH，应占用码分信道 w_n^{128}，其中 $1 \leqslant n \leqslant 127$，$n$ 的值由 BS 指定。每个配置为 RC6 或 RC8 的 F-FCH，应占用码分信道 w_n^{128}，其中 $1 \leqslant n \leqslant 127$，$n$ 的值由 BS 指定。每个配置为 RC7 或 RC9 的 F-FCH，应占用码分信道 w_n^{256}，其中 $1 \leqslant n \leqslant 255$，$n$ 的值由 BS 指定。

(11) FL 补充信道。FL 补充信道 F-SCH 用来在通话(可包括数据业务)过程中向特定的 MS 传送用户信息。F-SCH 只适用于 RC3 到 RC9。每个 FL 业务信道可以包括最多两个 F-SCH。F-SCH 可以支持多种速率，当它工作在某一允许的 RC 下时，并且分配了单一的数据速率(此速率属于相应 RC 对应的速率集)，则它固定在这个速率上工作；而如果分配了多个数据速率，F-SCH 则能够以可变速率发送。F-SCH 的帧长为 20 ms、40 ms 或 80 ms。BS 可以支持 F-SCH 帧的非连续发送。速率的分配是通过专门的补充信道请求消息等来完成的。

每个配置为 RC3、RC4 或 RC5 的 F-SCH 应占用码分信道 w_n^N，其中 $N = 4$、8、16、32、64、128、128 和 128(分别对应最大的所分配 QPSK 符号速率为 307 200 s/s、153 600 s/s、76 800 s/s、38 400 s/s、19 200 s/s、9600 s/s、4800 s/s 和 2400 s/s)，$1 \leq n \leq N - 1$，n 的值由 BS 指定。对于 QPSK 符号速率 4800 s/s 和 2400 s/s，对每个 QPSK 符号 Walsh 函数分别发送 2 次和 4 次。

每个配置为 RC6、RC7、RC8 或 RC9 的 F-SCH，应占用码分信道 w_n^N，其中 $N = 4$、8、16、32、64、128、256、256 和 256(分别对应最大的所分配 QPSK 符号速率为 921 600 s/s、460 800 s/s、230 400 s/s、115 200 s/s、57 600 s/s、28 800 s/s、14 400 s/s、7200 s/s 和 3600 s/s)，$1 \leq n \leq N - 1$，n 的值由 BS 指定。对于 QPSK 符号速率 7200 s/s 和 3600 s/s，对每个 QPSK 符号 Walsh 函数分别发送 2 次和 4 次。

(12) FL 补充码分信道。FL 补充码分信道 F-SCCH 用来在通话(可包括数据业务)过程中向特定的 MS 传送用户信息。F-SCCH 只适用于 RC1 和 RC2。每个 FL 业务信道可以包括 7 个 F-SCCH。F-SCCH 在 RC1 和 RC2 时的帧长为 20 ms。在 RC1 下，F-SCCH 的数据速率为 9600 b/s；在 RC2 下，其数据速率为 14 400 b/s。

每个配置为 RC1 或 RC2 的 F-SCCH，应占用码分信道 w_n^{64}，其中 $1 \leq n \leq 63$，n 的值由 BS 指定。

2) 反向链路(RL)物理信道

反向链路(以下简称"RL")所包括的物理信道如图 6-2-13 所示。

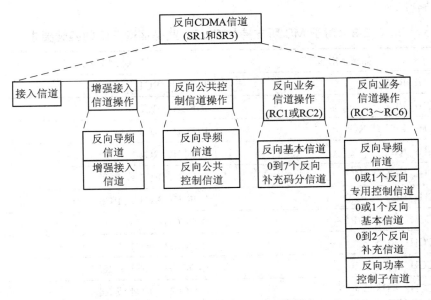

图 6-2-13　反向链路 CDMA 信道

RL 业务信道的 RC 及其特性如表 6-2-7 所示。对于 RC3 到 RC6，R-DCCH 和 R-FCH

也允许 9600 b/s、5 ms 帧的方式。

表 6-2-7 RL 业务信道 RC

RC	SR	最大数据速率/(kb/s)	前向纠错编码(FEC)速率	FEC 方式	允许发送分集(TD)	调制方式
1*	1	9600	1/3	卷积码	否	64 阶正交
2*	1	14 400	1/2	卷积码	否	64 阶正交
3	1	153 600 (307 200)	1/4 (1/2)	卷积/Turbo 码	是	BPSK + 1 导频
4	1	230 400	1/4	卷积/Turbo 码	是	BPSK + 1 导频
5	3	153 600 (614 400)	1/4 (1/3)	卷积/Turbo 码	是	BPSK + 1 导频
6	3	460 800 (1 036 800)	1/4 (1/2)	卷积/Turbo 码	是	BPSK + 1 导频

* RC1 和 RC2 分别对应 TIA/EIA-95-B 中的速率集(Rate Set)1 和 2(后向兼容)。

对于 RL 的 RC 而言，MS 必须支持在 RC1、RC3 或 RC5 中的操作，这三种 RC 是最基本的 RC。MS 还可以支持在 RC2、RC4 或 RC6 中的操作。支持 RC2 的 MS 必须支持 RC1，支持 RC4 的 MS 必须支持 RC3，支持 RC6 的 MS 必须支持 RC5。

MS 不能在 RL 业务信道上使用 RC1 或 RC2 的同时使用 RC3 或 RC4。

表 6-2-8 列出了对于 MS 所支持的 FL/RL 业务信道 RC 的匹配要求，可以将这个表与表 6-2-7 结合起来看。

表 6-2-8 对于 MS 所支持的 FL/RL 业务信道 RC 的匹配要求

如果 MS 支持	则 MS 必须支持
F-FCH：RC1	R-FCH：RC1
F-FCH：RC2	R-FCH：RC2
F-FCH：RC3 或 RC4	R-FCH：RC3
F-FCH：RC5	R-FCH：RC4
F-FCH：RC6 或 RC7	R-FCH：RC3 或 RC5
F-FCH：RC8 或 RC9	R-FCH：RC4 或 RC6
F-DCCH：RC3 或 RC4	R-DCCH：RC3
F-DCCH：RC5	R-DCCH：RC4
F-DCCH：RC6 或 RC7	R-DCCH：RC3 或 RC5
F-DCCH：RC8 或 RC9	R-DCCH：RC4 或 RC6
说明：表中由阴影标出的 RC 值对应 SR3	

需要特别指出的是，在 CDMA 2000 的 RL 调制方式中新采用了和以前的 M 阶正交调制不同的方式，实际上采用的是和 FL 的结构相似的调制方式。对于 RC3 到 RC6 的 RL 物理信道，利用 Walsh 函数间的正交性进行扩频，如表 6-2-9 所示。另外，还引入了新的 IQ 映射和长码扰码方式，如图 6-2-14 的例子所示，这种做法降低了信号星座变化时的过零率，降低了信号峰-均比，减少了 RL 上的干扰。

表 6-2-9 RL CDMA 信道的 Walsh 函数(RC3~RC6)

信道类型	Walsh 函数
R-PICH	w_0^{32}
R-EACH	w_2^8
R-CCCH	w_2^8
R-DCCH	w_8^{16}
R-FCH	w_4^{16}
R-SCH 1	w_1^2 或 w_2^4
R-SCH 2	w_2^4 或 w_6^8

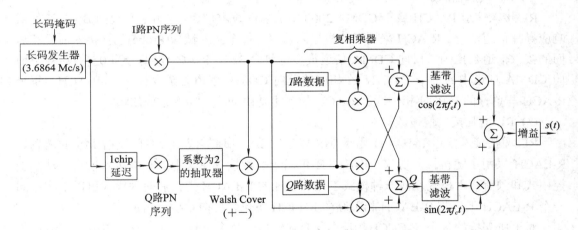

图 6-2-14 SR3 反向链路的 IQ 映射和扰码

CDMA 2000 的 RL 物理信道仍然用长码加以区分，公用 RL 信道的长码掩码由 BS 的系统参数确定，而每个用户的业务信道的长码掩码则由用户自己的身份信息来标识。

下面我们将对 RL 物理信道逐个进行介绍(除非特别需要，各个信道的调制结构框图将不予列出，相关信息请参考协议)。

(1) RL 导频信道。RL 导频信道 R-PICH 是未经调制的扩频信号。BS 利用它来帮助检测 MS 的发射，进行相干解调。当使用 R-EACH、R-CCCH 或 RC3 到 RC6 的 RL 业务信道时，应该发送 R-PICH。当发送 R-EACH 前缀(Preamble)、R-CCCH 前缀或 RL 业务信道前缀时，也应该发送 R-PICH。

当 MS 的 RL 业务信道工作在 RC3 到 RC6 时,它应在 R-PICH 中插入一个反向功率控制子信道,其结构如图 6-2-15 所示。MS 用该功控子信道支持对 FL 业务信道的开环和闭环功率控制。R-PICH 以 1.25 ms 的功率控制组(PCG)进行划分,在一个 PCG 内的所有 PN 码片都以相同的功率发射。反向功率控制子信道又将 20 ms 内的 16 个 PCG 划分后组合成两个子信道,分别称为"主功控子信道"和"次功控子信道",前者对应 F-FCH 或 F-DCCH,后者对应 F-SCH。

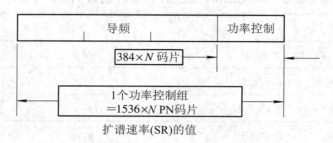

图 6-2-15 R-PICH 及功控子信道结构

当诸如 F/R-FCH 和 F/R-SCH 等没有工作时,R-PICH 可以对特定的 PCG 门控(Gating)发送,即在特定的 PCG 上停止发送,以减小干扰并节约功耗。

(2) RL 接入信道。

RL 接入信道 R-ACH 属于 CDMA 2000 中的后向兼容信道。它用来发起同 BS 的通信或响应寻呼信道消息。R-ACH 采用了随机接入协议,每个接入试探(Probe)包括接入前缀和后面的接入信道数据帧。反向 CDMA 信道最多可包含 32 个 R-ACH,编号为 0~31。对于前向 CDMA 信道中的每个 F-PCH,在相应的反向 CDMA 信道上至少有 1 个 R-ACH。每个 R-ACH 与单一的 F-PCH 相关联。R-ACH 的前缀是由 96 个 "0" 组成的帧。

(3) RL 增强接入信道。

RL 增强接入信道 R-EACH 用于 MS 发起同 BS 的通信或响应专门发给 MS 的消息。R-EACH 采用了随机接入协议。R-EACH 可用于三种接入模式中:基本接入模式、功率受控模式和预留接入模式。前一种模式工作在单独的 R-EACH 上,后两种模式可以工作在同一个 R-EACH 上。与 R-EACH 相关联的 R-PICH 不包含反向功控子信道。

对于所支持的各个 F-CCCH,反向 CDMA 信道最多可包含 32 个 R-EACH,编号为 0~31。对于在功率受控模式或预留接入模式下工作的每个 R-EACH,有 1 个 F-CACH 与之关联。R-EACH 的前缀是在 R-PICH 上用于提高功率发射的空数据。

(4) RL 公共控制信道。

RL 公共控制信道 R-CCCH 用于在没有使用反向业务信道时向 BS 发送用户和信令信息。R-EACH 可用于两种接入模式中:预留接入模式和指定接入模式。详细情况参见 2.3 节。与 R-CCCH 相关联的 R-PICH 不包含反向功控子信道。

对于所支持的各 F-CCCH,反向 CDMA 信道最多可包含 32 个 R-CCCH,编号为 0~31。对于所支持的各 F-CACH,反向 CDMA 信道最多可包含 32 个 R-CCCH,编号为 0~31。对于前向 CDMA 信道中的每个 F-CCCH,在相应的反向 CDMA 信道上至少有 1 个 R-CCCH。

每个 R-CCCH 与单一的 F-CCCH 相关联。R-CCCH 的前缀是在 R-PICH 上用于提高功率发射的空数据。

(5) RL 专用控制信道。RL 专用控制信道 R-DCCH 用于在通话中向 BS 发送用户和信令信息。反向业务信道中可包括最多 1 个 R-DCCH。R-DCCH 的帧长为 5 ms 或 20 ms。MS 应支持在 R-DCCH 上的非连续发送,断续的基本单位为帧。R-DCCH 的前缀是只在 R-PICH 上连续(非门控)发送的空数据。

(6) RL 基本信道。RL 基本信道 R-FCH 用于在通话中向 BS 发送用户和信令信息。反向业务信道中可包括最多 1 个 R-FCH。RC1 和 RC2 的 R-FCH 为后向兼容方式,其帧长为 20 ms。RC3 到 RC6 的 R-FCH 帧长为 5 ms 或 20 ms。在某一 RC 下的 R-FCH 的数据速率和帧长应该以帧为基本单位进行选取,同时保持调制符号速率不变。

RC1 和 RC2 的 R-FCH 的前缀为在 R-FCH 上发送的全速率全零帧(无帧质量指示)。RC3 到 RC6 的 R-FCH 的前缀只是在 R-PICH 上连续发送。

(7) RL 补充信道。RL 补充信道 R-SCH 用于在通话中向 BS 发送用户信息,它只适用于 RC3 到 RC6。反向业务信道中可包括最多两个 R-SCH。R-SCH 可以支持多种速率,当它工作在某一允许的 RC 下时,并且分配了单一的数据速率,则它固定在这个速率上工作;而如果分配了多个数据速率,R-SCH 则能够以可变速率发送。R-SCH 必须支持 20 ms 的帧长;它也可以支持 40 ms 或 80 ms。

(8) RL 补充码分信道。RL 补充码分信道 R-SCCH 用于在通话中向 BS 发送用户信息,它只适用于 RC1 和 RC2。反向业务信道中可包括最多 7 个 R-SCCH,虽然它们和相应 RC 下的 R-FCH 的调制结构是相同的,但它们的长码掩码及载波相位相互之间略有差异。R-SCCH 在 RC1 和 RC2 时的帧长为 20 ms。在 RC1 下,R-SCCH 的数据速率为 9600 b/s;在 RC2 下,其数据速率为 14 400 b/s。R-SCCH 的前缀是在其自身上发送的全速率全零帧(无帧质量指示)。当允许在 R-SCCH 上不连续发送的情况下,在恢复中断了的发送时,需要发送 R-SCCH 前缀。

6.3 CDMA 2000 1x EV-DO

6.3.1 概述

1x EV-DO 最初叫做高速数据速率(High Data Rate,HDR),其概念最开始是由 Qualcomm 公司于 1997 年 8 月向 CDMA 发展组织(CDMA Development Group,CDG)提出的;在接下来的几年中,该技术逐渐成型为产品,并进行了实际系统演示。2000 年 3 月,3GPP2 成立了针对 HDR 的工作组开始标准化工作,1x EV 的名称是在制定标准的过程中得到的。2000 年 10 月,1x EV-DO 的标准获得通过,1x EV-DO 又被称做高速分组数据(High Rate Packet Data,HRPD)。

之所以提出 1x EV-DO 的概念,主要是出于以下考虑:

(1) 分组数据业务和语音业务对资源的需求具有截然不同的特点：分组数据业务一般有突发的特征，可以容忍时延及时延抖动，对差错敏感，前反向需求不对称，QoS 等级多，追求的目标是系统的吞吐量最大化。

(2) 语音业务相对连续，对时延和时延抖动敏感，能容忍一定的差错，前反向需求对称，GoS 等级相对单一，追求的目标是系统 Erlang 容量最大化。

从当时的技术发展情况来看，如果将语音和数据业务放在一个载波上提供服务，由于两者会互相影响，需要复杂的控制机制来协调，难度太大，而且对核心网的部署也会有所影响。而如果将这两种业务分别放在不同的载波上，对二者采取不同的传输和控制方法，则可以大大简化系统设备的结构，简化资源控制软件，使两种业务分别得到好的服务质量。具体来说，就是可以在一个或几个载波上用 CDMA 2000 1x 多载波技术传输语音和其他实时业务，在另外的一个或几个载波上用 HDR 技术传输高速分组业务。打个比方，就好像固定网中传话音用电路交换方式比较好，而传分组数据用分组交换比较好，道理是相似的。

需要注意的是，虽然 1x EV-DO 是在另外的载波上传送分组数据业务，不支持语音，但它的射频特性却和 IS-95/CDMA 2000 1x 的射频特性一致，包括码片速率相同、链路预算相兼容、网络设备和终端设备的射频设计等也相同。因此在实际部署时能利用原有的方案，提供较好的后向兼容，尽量保证平滑过渡。

针对高速分组数据传输的特点，1x EV-DO 在前向链路(Forward Link，FL)上采用了诸如高阶调制、动态速率控制、快速小区选择和时分调度等多项与 CDMA 2000 1x 差别较大的技术。同时，为了支持前向链路的高速数据传输，反向(Reverse Link，RL)上也采用了一些新的措施。而对于反向链路上的数据传输，本质上和 CDMA 2000 1x 的 RL 数据传输没有太大差别。

1x EV-DO 前向链路的主要特点有：

(1) 在频宽 1.25 MHz 的载波上，数据速率最大可达 2.4 Mb/s。

(2) 在前向链路采用快速最佳服务扇区选择(区别于 IS-95/1x 中语音的软切换)和动态速率控制技术(区别于功率控制)，由所有属于相同最佳服务扇区的数据用户以时分复用的方式共享唯一的数据业务信道。

(3) 移动台快速、低时延的反馈目前前向链路可以支持的最高数据速率(取决于移动台的信道状态)，最快 600 次/s。

(4) 根据反馈的数据速率情况，自适应地采用不同的编码和调制方式(如 QPSK、8PSK 和 16QAM)。

(5) 采用调度算法，动态调度分组数据传输，每次只向一个用户传输数据，使前向链路吞吐量最大化。多用户分集(Multi-User Diversity)使得当用户信道条件较好时，尽量多传数据；而当用户信道条件不好时，少传或不传数据，而将资源让给其他条件更有利的用户，同时避免自身的数据经历多次重传，降低系统吞吐量。

1x EV-DO 反向链路的主要特点有：

(1) 数据速率最高可达 153.6 kb/s。

(2) 设置反向导频信道，使得反向链路可以进行相干解调。

(3) 采用软切换。

(4) 采用快速动态功率控制和速率控制对反向链路的负荷情况进行调节。

1x EV-DO 系统的主要优点有：

(1) 针对分组数据特点优化空中接口，最大化系统吞吐量。其中，去掉了语音业务的 QoS 限制(低时延、目标 FER 为 1%～2%)；语音和数据用户不共享同一载波，资源控制实现简单；采用适合高速分组传输特点的数据传输方式，包括速率控制和调度算法等；速度高、容量大、频谱效率高。

(2) 节约运营商/服务供应商的成本。主要是：可以与 IS-95 和 CDMA 2000 1x 系统共基站；可以重用原有的基站射频设备；应用范围广，可适用于便携设备、移动设备和固定无线接入；完全面向移动互连业务，其结构的设计考虑了基于现有的主流 IP 骨干网，使所用的网元设备无需做针对无线部分的改动。

6.3.2　CDMA 2000 1x EV-DO 的空中接口

1. 1x EV-DO 的体系结构

1x EV-DO 的体系结构参考模型如图 6-3-1 所示。

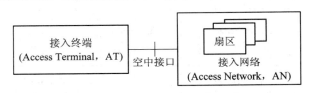

图 6-3-1　1x EV-DO 体系结构参考模型

由于核心网部分与普通 IP 网络结构没有本质差别，因此包括的实体类型不多。空中接口位于 AT 和 AN 之间，它的层次很多、比较复杂，因为它涉及到许多直接与无线链路管理有关的协议。

由于针对的是数据业务，为了和 1x 的语音业务相区别，1x EV-DO 的规范中没有使用基站(Base Station，BS)和移动台(Mobile Station，MS)这两个词，而是分别用了 AN 和 AT。AN(Access Network)可译作接入网络，相当于基站；AT(Access Terminal)可译作接入终端，相当于移动台。下面为了避免使用过多的术语，在不影响正确理解的前提下，不区分 AN/AT 分别与 BS/MS 之间的差别。

2. CDMA 2000 1x EV-DO 空中接口协议栈模型

EV-DO 是因特网的无线延伸，不是端到端的分组数据网络，为了解决分组数据的无线传送问题，设计了复杂的 EV-DO 空中接口，完成类似于因特网的数据链路层和物理层功能。

EV-DO 空中接口由七个协议层组成，从下到上依次为物理层、MAC 层、安全层、连接层、会话层、流层和应用层，如图 6-3-2 所示。各协议层按功能划分，而非按承载划分，各层之间没有严格的上下层承载关系：在时间上，各层协议可以同时存在，不存在严格的先后关系；在数据封装上，业务数据自上而下进行封装，可以跨越部分协议层。

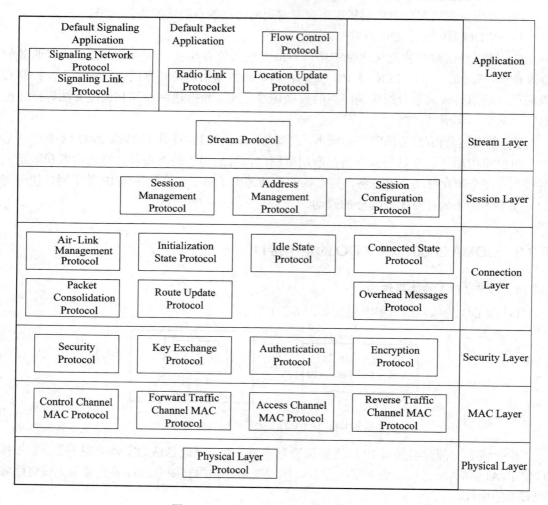

图 6-3-2　EV-DO 空中接口协议栈结构

物理层规定了前反向物理信道的结构、输出功率、数据封装、基带及射频处理和工作频点等。其中，基带及射频处理包括调制编码、编解码、序列重复、交织、信道复用、基带成形、加载波等步骤。

MAC 层完成对物理信道的访问控制功能。其中，控制信道 MAC 协议规定了控制信道的传送方式和时序要求，接入信道 MAC 协议规定了终端接入系统的方式和长码(Long Code)生成方式，前向业务信道 MAC 协议规定了前向业务信道的速率控制和复用/解复用方式，反向业务信道 MAC 协议规定了反向业务信道的捕获和速率选择机制。

安全层完成 CryptoSync 的生成、密钥交换、数据加密和空口鉴权等功能。其中，安全协议用于生成鉴权和加密密钥的 CryptoSync 和时戳，密钥交换协议用于 AT 和 AN 交换空口鉴权和数据加密所需要的会话密钥，鉴权协议用于检验终端是否为某空口会话的合法拥有者，加密协议用于 AT 和 AN 加密业务数据。

连接层完成系统的捕获、连接的建立/维持/释放、连接状态下的移动性管理和链路控制，以及对会话层数据分组的复用和对安全层数据分组的解复用功能。其中，无线链路管理协议用于维护 AT 与 AN 之间的无线链路状态；初始化状态协议规定了终端接入网络的过程及消息；空闲状态协议定义了终端在已成功捕获网络但连接尚未打开时所遵循的流程及消息；连接状态协议定义了连接打开后 AT 与 AN 通信所需消息及交互过程；路径更新协议完成对终端位置的跟踪、维护及其跨扇区移动时的无线链路维护等功能；分组合并协议完成对会话层数据分组的复用和对安全层数据分组的解复用功能。

会话层完成空口会话的建立、维持和释放功能。其中，会话管理协议负责会话层其他协议的激活、会话 KeepAlive 和会话的关闭，地址管理协议负责会话终端的地址分配，会话配置协议负责与会话相关的协议类型及其属性的协商和配置。注意，OSI 协议模型中的会话层是端到端的，而 EV-DO 空口的会话层只针对接入层面。

流层完成应用层数据和信令流的 QoS 标识功能，将单个或多个应用层分组流(Flow)合成为流层的径流(Stream)。

应用层完成分组应用和信令应用数据分组的收发及其控制功能。

3. 物理层

EV-DO 物理层规定了前反向物理信道的结构、输出功率、数据封装、基带及射频处理和工作频点等。其中，基带及射频处理包括分组数据的编码、序列重复、交织、信道复用、基带成形和加载波等步骤。

EV-DO 与 CDMA 2000 使用相同的频段(Band Class)和载波(Carrier)带宽。协议未指定 EV-DO 工作频段内的首选频点号(Channel Number)，当 EV-DO 与 CDMA 2000 工作在相同的频段时，可以灵活配置两网的工作频点。EV-DO 也可以工作在 ITU 规定的其他频段上(包括 2 GHz 核心频段)。另外，EV-DO 系统的切片速率、带宽、发射功率及基带成形滤波器系数等与 CDMA 2000 一致。因此，EV-DO 系统的 RF 与 CDMA 2000 兼容。

1) 前向信道

前向信道物理层将 MAC 层分组按指定速率构造物理层数据分组，根据对应的参数配置表(时隙数、调制编码方式及序列重复次数等)，对各数据分组进行编码、序列重复、扩频、调制和加载波等处理，最后从空中接口发送出去。

(1) 前向信道划分。如图 6-3-3 所示，前向信道由导频信道、MAC 信道、控制信道和业务信道组成，MAC 信道又分为反向活动(Reverse Activity，RA)子信道、反向功率控制(Reverse Power Control，RPC)子信道和 DRCLock 子信道。

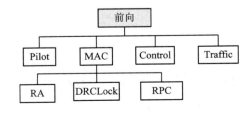

图 6-3-3　EV-DO 前向信道划分示意图

导频信道用于系统捕获、相干解调和链路质量的测量;RA 用作系统反向负载的指示;RPC 承载反向业务信道的功率控制信息;DRCLock 指示系统是否正确接收 DRC 信息;控制信道用于承载系统控制消息;业务信道则用于承载物理层数据分组。

(2) 前向信道的时隙结构。EV-DO 前向以时分为主,以码分为辅。导频、MAC 和业务/控制信道之间时分复用,RPC 与 DRCLock 子信道之间时分复用,不同用户的 RPC/DRCLock 与 RA 子信道码分复用。EV-DO 前向链路传送以时隙为单位,每个时隙为 5/3 ms,由 2048 码片组成,时隙结构如图 6-3-4 所示。基站根据前向信道数据分组的大小和速率等参数,在 1~16 个时隙内完成传送。有数据业务时,业务信道时隙处于激活状态,各信道按一定顺序和码片数进行复用;没有数据业务时,业务信道时隙处于空闲状态,只传送 MAC 和导频信道。

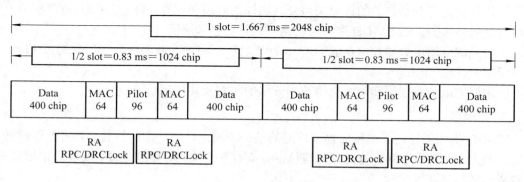

图 6-3-4 前向链路时隙结构

(3) 前向信道的标识。EV-DO 系统支持多个同时处于会话激活状态的用户,为了区分不同用户,EV-DO 系统引入了 6 比特的 MACIndex 作为与之通信的用户标识或前向信道(MAC 信道、业务信道和控制信道)标识。

前向 MAC 信道由彼此正交的 Walsh 码来区分,每个 Walsh 码与 MACIndex 存在一一对应的映射关系。前向 MAC 信道的 MACIndex 与 Walsh 码之间的映射关系由式(6-3-1)表示

$$\text{MACIndex}(i) = \begin{cases} w_{i/2}^{64} & (i=0, 2, \cdots, 62) \\ w_{(i-1)/2}^{64} + 32 & (i=1, 3, \cdots, 63) \end{cases} \quad (6\text{-}3\text{-}1)$$

其中,i 表示 MACIndex 取值。

前向业务信道由前缀和数据两部分构成,前缀携带用户标识 MACIndex,它与 Walsh 码之间的映射关系由式(6-3-2)表示

$$\text{MACIndex}(i) = \begin{cases} w_{i/2}^{32} & (i=0, 2, \cdots, 62) \\ w_{(i-1)/2}^{32} + 32 & (i=1, 3, \cdots, 63) \end{cases} \quad (6\text{-}3\text{-}2)$$

其中,RPC 子信道与 DRCLock 子信道时分复用 MAC 信道,使用相同的 MACIndex;RPC/DRCLock 子信道与 RA 子信道码分复用 MAC 信道,通过 MACIndex 来区分。

如果一个前向业务数据分组分成多个时隙传送,则只在第一个时隙发送业务信道前缀。

前缀是由式(6-3-2)所给出的长度为32码片的Walsh码重复多次而成,其长度与数据速率有关。通常速率越高,前缀的长度越短。速率为38.4 kb/s的业务信道前缀最长(1024码片),速率为2.4576 Mb/s的业务信道前缀最短(64码片)。

控制信道主要用于传送广播消息或特定终端的消息,它与业务信道以时分方式共享同一物理信道,终端根据信道前缀中的MACIndex来判断是控制信道还是业务信道。

EV-DO前向MAC信道、业务信道和控制信道的MACIndex分配如表6-3-1所示。

表6-3-1 MACIndex分配表

MACIndex	使 用 信 道
0~1	—
2	控制信道(76.8 kb/s)
3	控制信道(38.4 kb/s)
4	MAC信道(RA)
5~63	业务信道或MAC信道(RPC/DRCLock)

(4) 前向信道的物理结构。EV-DO系统前向信道的物理结构如图6-3-5所示。先对MAC送来的数据分组经过Turbo编码和加扰(谱均衡)后进行信道交织;再进行调制和符号重复;接着将输出的符号流分成16个并行子流,每个子流经过16阶的Walsh码扩频调制到76.8 ks/s,叠加后形成1.2288 Mc/s的高速码流;此高速码流与业务信道前缀、导频信道以及MAC信道码流进行时分复用。

① 导频信道。导频信息是全零的比特流,直接进行电平映射;然后采用w_0^{64}进行调制,将输出码流作为复正交扩展器的I支路输入,Q支路调制全0的比特流(无需Walsh码扩频);最后分别进行PN短码调制、复正交扩展、基带滤波和加载波等处理,形成前向调制波形发送出去。

② MAC信道。MAC信道由RPC、DRCLock和RA三个子信道组成。

RPC和DRCLock时分共享同一MAC信道,图6-3-6给出了一个RPC与DRCLock时分复用的例子。其中,RPC信道的速率为600×(1 − 1/DRCLockPeriod)b/s,每隔DRCLockPeriod个时隙重复发送(DRCLockPeriod − 1)次。DRCLock信道的速率为600/(DRCLockLength × DRCLockPeriod)b/s,每隔DRCLockPeriod个时隙重复发送DRCLockLength次。假设在系统时间T(以时隙为单位)开始发送RPC或DRCLock信道,则T应满足关系式T mod DRCLockPeriod=FrameOffset,参数DRCLockPeriod和DRCLockLength由前向业务信道MAC协议指定。

RA与RPC/DRCLock码分复用,固定采用w_2^{64}码字扩频,对应的MACIndex为4。RA信道的速率为(600/RABLength)b/s,每隔RABLength个时隙发送一个更新的反向活动比特(ReverseActivity Bit,RAB)。假设在系统时间T开始发送RAB,则T应满足关系式T mod RABLength = RABOffset,其中,RABLength和RABOffset由路径更新协议中的业务信道指配(Traffic Channel Assignment)消息指定。

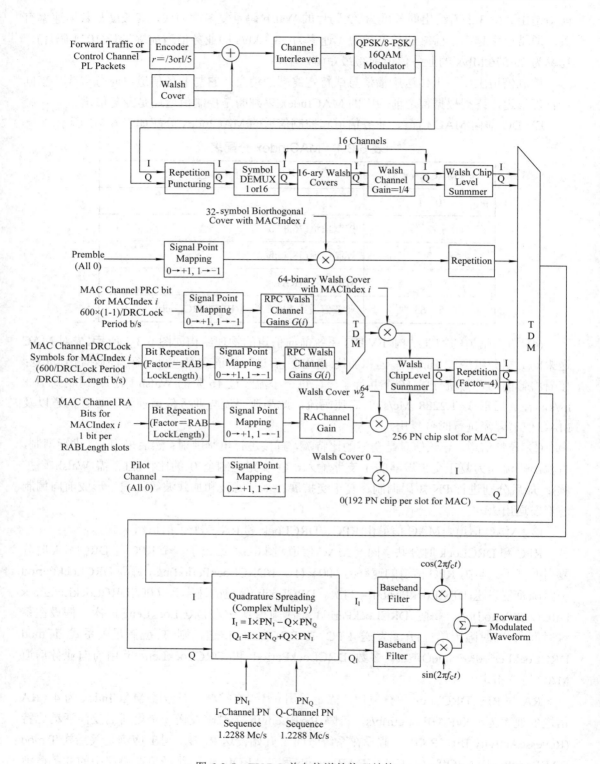

图 6-3-5 EV-DO 前向信道的物理结构

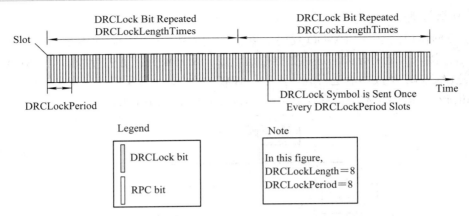

图 6-3-6 RPC 信道与 DRCLock 信道的时分结构

RPC/DRCLock 信道的结构：RPC/DRCLock 比特先经过电平映射、相对功率调整和 Walsh 码扩频调制，并将扩频调制的输出与 RA 信道的扩频调制输出奇偶复用，构成复正交扩展器的 I、Q 支路输入；然后分别进行 PN 短码调制、复正交扩展、基带滤波和加载波等处理，形成前向调制波形发送出去。

RA 信道的结构：RAB 先经过 RABLength 次重复、电平映射、相对功率调整和 Walsh 码扩频调制，并将扩频调制的输出与 RPC/DRCLock 信道的扩频调制输出奇偶复用，构成复正交扩展器的 I、Q 支路输入；然后分别进行 PN 短码调制、复正交扩展、基带滤波和加载波等处理，形成前向调制波形发送出去。

RA 与 RPC/DRCLock 信道结构的差异主要体现在四个方面：RA 信道在电平映射前增加了比特重复的步骤；两者的相对功率调整相互独立；两者的扩频码不同，RA 固定采用码字 MACIndex = 4，RPC/DRCLock 信道采用的码字在 MACIndex = 5～63 内可选；RPC/DRCLock 调制到复正交扩展器的 I 或 Q 支路输入，RA 仅被调制到复正交扩展器的 I 支路输入。

③ 业务信道。前向业务信道由前缀和数据两部分组成。

前缀部分发送全零的比特流，它的信道结构与前向导频的信道结构相同，两者的差别主要体现在两方面：业务信道前缀的比特率可变，而前向导频信道的比特率不变；业务信道前缀采用的码字在 MACIndex = 5～63 内可选，而前向导频信道采用固定码字 w_0^{64}。

数据部分传送业务信道数据分组，它的信道结构是：先进行信道编码、加扰、交织和波形调制，输出 I 和 Q 两个支路；在经过序列重复和打孔后分成多个低速的 I 和 Q 支路，对各个低速支路分别进行扩频调制和相对功率调整，然后分别累加多个低速的 I 支路和 Q 支路，其输出分别作为复正交扩频器的 I 和 Q 支路输入；最后依次进行 PN 短码调制、复正交扩展、基带滤波和加载波处理，形成前向调制波形发送出去。

④ 控制信道。控制信道传送控制信道数据分组，其信道结构及装配方式与业务信道相同，差异主要体现在两个方面：控制信道采用码字 MACIndex = 2 或 3 区分，而业务信道采用的码字在 MACIndex = 5～63 内可选；控制信道只有 38.4 kb/s 和 76.8 kb/s 两种速率，而业务信道速率分布在 38.4 kb/s～2.45 Mb/s 范围内，不同速率等级所对应的编码和调制等参数配置也可能存在差异。

2) 反向信道

(1) 反向信道的划分。EV-DO 反向信道的划分如图 6-3-7 所示，它包括接入信道和反向业务信道。接入信道由导频信道和数据信道组成。反向业务信道由导频信道、MAC 信道、应答信道(ACK)以及数据信道组成。其中，MAC 信道又分为反向速率指示子信道(Reverse Rate Indicator，RRI)和数据速率控制子信道(Data Rate Control，DRC)。

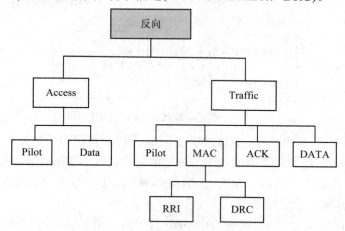

图 6-3-7　EV-DO 反向信道划分示意图

接入信道用于传送基站对终端的捕获信息。它的导频部分用于反向链路的相干解调和定时同步，以便于系统捕获接入终端；数据部分携带基站对终端的捕获信息。

反向业务信道用于传送反向业务信道的速率指示信息和来自反向业务信道 MAC 协议的数据分组，同时用于传送对前向业务信道的速率请求信息和终端是否正确接收前向业务信道数据分组的指示。其中，MAC 信道辅助 MAC 层完成对前反向业务信道的速率控制功能，RRI 信道用于指示反向业务信道数据部分的传送速率，DRC 信道携带终端请求的前向业务信道速率值(DRCValue)及其通信扇区的标识(DRCCover)；ACK 信道用于指示终端是否正确接收前向业务信道数据分组；数据部分用于传送来自反向业务信道 MAC 层协议的数据分组；导频部分除了用于连接状态下对反向链路的相干解调和定时控制外，还可以用于链路质量估计，系统由此计算反向业务信道的闭环功控比特。

(2) 接入信道物理结构。EV-DO 接入信道的由导频信道和数据信道组成，图 6-3-8 给出了接入信道的物理结构。

① 导频信道。导频信道传送全零的码流，先进行电平映射和 Walsh 码调制(w_0^{16})后，符号流扩频调制的输出作为复正交扩展器的 I 支路输入；然后与作为 Q 支路输入的数据符号流一起，进行长码和 PN 短码调制以及复正交扩展；并经过基带滤波和加载波等处理，形成接入信道调制波形发送出去。

② 数据信道。数据信道以 9.6 kb/s 的速率传送接入信道物理层数据分组。先进行信道编码、交织和序列重复；然后进行电平映射和扩频调制(扩频码是 w_2^4)，扩频调制的输出符号流作为复正交扩展器的 Q 支路输入，与作为 I 支路输入的导频符号流一起，进行长码和 PN 短码调制以及复正交扩展；最后经过基带滤波和加载波等处理，形成接入信道调制波形发送出去。

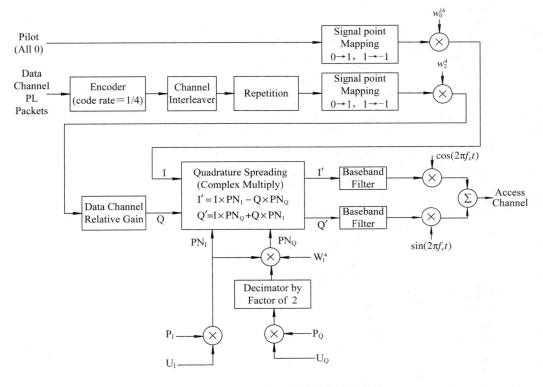

图 6-3-8　EV-DO 接入信道的物理结构

③ 接入信道的发送方式。EV-DO 接入信道由导频信道和数据信道构成。接入过程由单个或多个接入探针构成，接入探针的结构如图 6-3-9 所示，它由接入信道前缀和多个接入信道数据分组组成，在前缀部分只有导频信道被发送，在数据部分导频信道和数据信道被同时发送。发送前缀时的导频功率高于发送数据时的导频功率。EV-DO 终端利用接入信道向基站发送请求或响应消息。

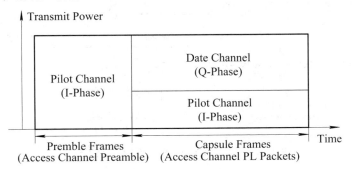

图 6-3-9　接入探针的结构

(3) 反向业务信道的物理结构。EV-DO 反向业务信道的物理结构如图 6-3-10 所示。反向业务信道以码分为主，以时分为辅。其中，Pilot 信道与 RRI 信道时分复用，Pilot/RRI 与 DRC、ACK 以及数据信道之间码分。与前向信道不同，反向信道以帧(26.67 ms)为单位进行传送。

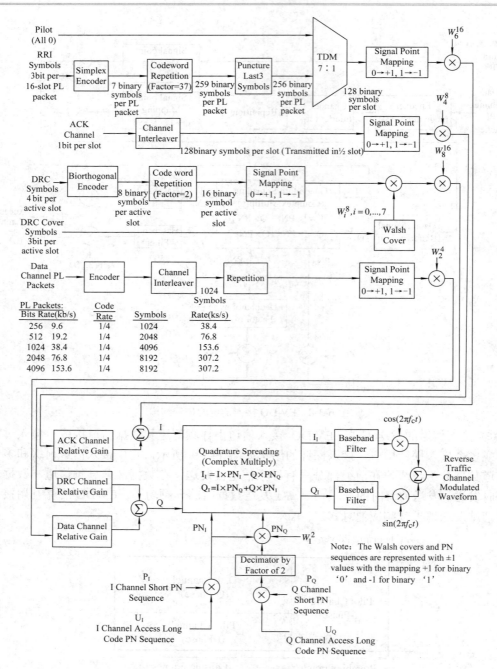

图 6-3-10　EV-DO 反向业务信道的物理结构

① 导频信道与 RRI 信道。导频序列是全零的码流，它与 RRI 码序列按照 7∶1 的比例时分复用，在经过电平映射后，通过 w_0^{16} 扩频得到 1.2288 Mc/s 的码流；该码流与 ACK 信道功率调整后的输出码流叠加，作为复正交扩展器的 I 支路输入。

RRI 信道用于传送反向业务信道的传送速率，便于基站解调反向业务信道。反向业务信道速率有五种，用 3 bit RRI 编码符号表示，再经过简单编码得到 7 bit 的码字，然后将其重复 37 次，并删除最后 3 bit，从而输出 256 bit 的 RRI 码流，最后将 RRI 码流与导频码流时分复用。未建立反向业务信道时，RRI 编码符号设为"000"。反向业务信道速率与 RRI 编码对应关系见表 6-3-2。

表 6-3-2　RRI 符号与码字分配

数据速率/(kb/s)	RRI 编码符号	RRI 码字
0	000	000000
9.6	001	1010101
19.2	010	0110011
38.4	011	1100110
76.8	100	0001111
153.6	101	1011010
Reserved	110	0111100
Reserved	111	1101001

② ACK 信道。ACK 信道携带终端是否正确接收前向业务信道数据分组的应答指示，在每个时隙内只发送 1 比特的应答信息，无需编码，只进行信道交织和电平映射，然后通过 w_4^8 扩频得到 1.2288 Mc/s 的码流；接着进行信道功率调整，其输出与 Pilot/RRI 的扩频输出码流叠加后，作为复正交扩展器的 I 支路输入。注意，ACK 信道的传送只占用前半个时隙。

③ DRC 信道。DRC 信道用于承载与该终端进行通信的基站标识及其速率请求信息。DRC 信息编码先依次进行双正交编码、序列重复和电平映射；然后将被请求扇区的 DRCCover 调制到输出的符号流上，并通过 w_8^{16} 扩频得到 1.2288 Mc/s 的码流；在对扩频输出进行功率调整后，与数据信道的功率调整输出叠加，作为复正交扩展器的 Q 支路输入。

EV-DO 前向有 12 个速率等级，对应于 DRCValue 采用 4 bit 的请求速率编码；终端的激活集导频最多为 6 个，对应于 DRCCover 采用 3 bit 的基站标识编码。DRCValue 经双正交编码的输出见表 6-3-3。DRCValue 与 DRCCover 均在反向 DRC 信道上发送。

表 6-3-3　DRCValue 编码

DRCValue	双正交编码输出	DRCValue	双正交编码输出
0x0	00000000	0x8	00001111
0x1	11111111	0x9	11110000
0x2	01010101	0xA	01011010
0x3	10101010	0xB	10100101
0x4	00110011	0xC	00111100
0x5	11001100	0xD	11000011
0x6	01100110	0xE	01101001
0x7	10011001	0xF	10010110

DRC 信息的发送速率是 600/DRCLength；终端可以在每个时隙连续发送 DRCLength

次相同的 DRC 信息，也可以门控方式发送，每隔 DRCLength 个时隙发送一次。DRCLength 由前向业务信道 MAC 协议指定。

图 6-3-11 是连续传送时 DRC 信道定时的例子。DRC 信道的起始传送时间从某个时隙的中间点开始；系统在连续收到 DRCLength 个相同速率请求的时隙后，在下个时隙内，按照该 DRC 指示的速率向终端发送前向业务信道数据分组。

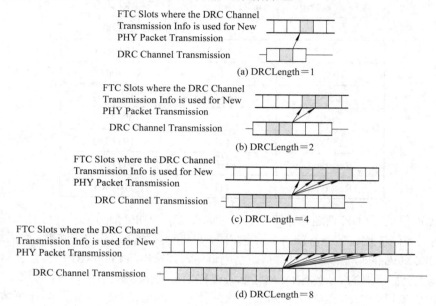

图 6-3-11 DRC 信道定时

④ 数据信道。数据信道传送反向业务信道数据分组，支持从 9.6 kb/s 到 153.6 kb/s 的五种传送速率，均采用 BPSK 调制。数据信道在经过 Turbo 编码后，还依次进行信道交织、码序列重复和电平映射，并通过 w_2^4 扩频调制得到 1.2288 Mc/s 的码流；在对扩频输出进行信道功率调整后，与 DRC 信道的功率调整输出码流叠加，作为复正交扩展器的 Q 支路输入。

⑤ 反向业务信道的时隙关系。反向业务信道的时隙关系如图 6-3-12 所示。

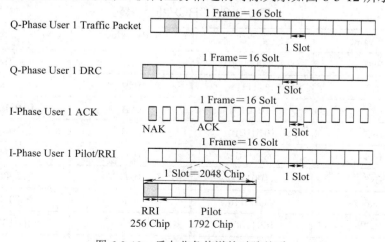

图 6-3-12 反向业务信道的时隙关系

EV-DO 反向链路以帧为单位发送。Pilot/RRI 与 ACK 信道合成复正交扩展器的 I 支路输入，DRC 与数据信道合成复正交扩展器的 Q 支路输入。Pilot/RRI 信道连续发送。当存在反向业务信道时，每个 Pilot/RRI 时隙的前 256 码片用于传送 RRI 信息，其余部分用于导频传送。若不存在反向业务信道，Pilot/RRI 信道仅用于导频传送。

ACK 信道采用门控(Gating)方式传送，工作在同步模式，与 Pilot/RRI 时隙同步。比如，对于在时隙 n 发送的数据分组，终端在时隙 $n+3$ 返回 ACK 信息。

ACK 信息只占用应答时隙的前半段以节省终端功率。

DRC 可以连续发送，也可以工作在门控方式。

⑥ 反向业务信道的性能分析。下面对 DRC 信道、ACK 信道及反向数据信道的传送可靠性和功率特性作简单的分析。

前向链路的自适应性能取决于 DRC 信道和 ACK 信道的传送可靠性。DRC 信道差错会导致前向分组速率与链路质量的失配；ACK 信道差错会导致不必要的丢包或重传；DRC 信道和 ACK 信道的高误码率会带来前向吞吐量的损失。前反向链路不平衡可能影响 DRC 和 ACK 信道传送的可靠性。当 EV-DO 系统在一段时间内无法正确解调 DRC 信道时，它通过 DRCLock 信道指示终端重新选择服务基站。

DRCLength 和 DRCGain 是 DRC 信道的两个重要参数，前者由前向业务信道 MAC 协议指定，后者由对 DRC 信道的闭环功控决定。通常，DRCLength 越大，前向链路吞吐量越低；DRCGain 越大，反向链路容量越低。当终端的导频激活集发生变化时，DRCLength 和 DRCGain 也随之变化。

EV-DO 反向业务信道的发射功率以反向导频信道的发射功率为基准。在每一帧内，只对导频信道进行闭环功控，调整 ACK、DRC 或数据信道相对于导频信道的功率增益，相对功率增益分别为 ACKChannelGain、DRCChannelGain 和 DataChannelGain。经过功率调整后，导频与 ACK 信道叠加，DRC 与数据信道叠加，分别作为复正交扩展器的 I、Q 支路输入。

(4) 长码生成与同步。EV-DO 反向链路通过长码区分用户。EV-DO 系统长码也是由 42 位长码掩码(Long Code Mask)与 42 位寄存器异或后模 2 相加而成的。接入信道所用长码掩码由接入信道 MAC 协议指定，反向业务信道所用长码掩码由反向业务信道 MAC 协议指定。长码的周期与短码的更新周期相同，均等于帧长，在每个短码周期的起始时刻，长码的 42 位寄存器状态被重新加载。EV-DO 系统通过捕获导频信道，从控制信道接收同步消息来完成定时同步。

思 考 题

6-1 CDMA 系统的发展主要经历了哪些阶段？
6-2 CDMA 2000-1X-EV 的演进分为几个阶段，分别具有什么特点。
6-3 CDMA 2000 体系结构(MS 侧)主要分为几层，各层主要功能是什么？
6-4 CDMA 2000 1x EV-DO 的特点是什么？
6-5 CDMA 2000 1x EV-DO 的前向和反向信道分别又可划分成哪些信道？

第 7 章　LTE 和 LTE-A

7.1　LTE 概述

  LTE(Long Term Evolution，长期演进)项目是 3G 的演进，始于 2004 年 3GPP 的多伦多会议。2007 年 ITU 发布了一系列新的建议，为 IMT-Advanced 系统设定了更高的技术门槛和要求，致力于构建真正的全球基带移动通信系统。希望这样的系统可以提供接入大范围基于组接入的先进移动通信服务，支持从低到高移动性的应用和宽范围数据效率，以及提供针对高质量多媒体应用的容量。IMT-Advanced 标志性的特性为针对高级服务与应用峰值，强化提升数据效率(高移动率 100 Mb/s；低移动率 1 Gb/s)。3GPP 开发的 LTE-Advanced 标准和 IEEE 的移动 WiMAX 标准就是满足 IMT-Advanced 规范要求的两个代表。
  LTE 和 LTE-Advanced 标准由 3GPP 开发。为了满足 IMT-Advanced 的要求并保持和 WiMAX 的竞争力，LTE 标准需要从早期标准中采用的 W-CDMA 传输技术上大踏步飞跃。LTE 标准开始于 2004 年，其后 4 年里在全球通信公司和网络标准化团队的密切关注下，LTE 标准化工作最终于 2008 年完成(3GPP 发布的版本 8)。R8 版 LTE 标准随后演进为 R9 版，再经技术更新后升级为 R10 版，就是我们所知的 LTE-Advanced 标准。LTE-Advanced 的进步表现在谱效率、峰值数据效率以及用户体验等相关方面。随着峰值数据速率达到 1 Gb/s，LTE-Advanced 被 ITU 认可并作为 IMT-Advanced 技术。
  LTE 并非人们普遍误解的 4G 技术，而是 3G 与 4G 技术之间的一个过渡，是 3.9G 的全球标准；它改进并增强了 3G 的空中接入技术，采用 OFDM 和 MIMO 作为其无线网络演进的唯一标准；在 20 MHz 频谱带宽下，它能够提供下行 326 Mb/s 与上行 86 Mb/s 的峰值速率；改善了小区边缘用户的性能，如提高小区容量和降低系统延迟。
  经过几年的发展，LTE 标准已建立完成，并已成为一个被广泛使用的通信标准。LTE 是 3GPP 在移动通信宽带化的趋势下，为了对抗 WiMAX 等移动宽带无线接入技术，经过十几年超 3G 研究的技术储备的基础上研发的"准 4G"技术。LTE 在空中接口方面，采用正交频分多址(OFDM)替代了码分多址(CDMA)作为多址技术，并采用了多输入多输出(MIMO)技术和自适应技术，提高了数据传输率和系统的性能。在网络架构方面，LTE 取消了 UMTS 标准长期采用的无线网络控制器(RNC)节点，采用全新的扁平结构。
  从系统性能要求、网络的部署场景、网络架构以及业务支持能力等方面来看，LTE 有以下特征：
  (1) 通信速率有了提高，下行峰值速率为 100 Mb/s、上行为 50 Mb/s。
  (2) 提高了频谱效率，下行链路 5 b/s/Hz，上行链路 2.5 b/s/Hz。
  (3) 以分组域业务为主要目标，系统在整体架构上将基于分组交换。

(4) QoS 保证，通过系统设计和严格的 QoS 机制，保证实时业务的服务质量。
(5) 降低无线网络时延。
(6) 增加了小区边界比特速率。
(7) 强调向下兼容，支持已有的 3G 通信系统和非 3GPP 规范系统的协同运作。

与 3G 相比，LTE 更具有技术优势，具体表现在：高数据速率、分组传送、延迟降低、广域覆盖和向下兼容。

7.2 LTE 网络架构及接口

7.2.1 LTE 网络架构

在网络架构方面，LTE 的网络架构与 GSM 和 UMTS 的网络架构大体上相同。一般而言，网络可分为无线网部分和核心网部分。但是，为了简化整体架构，降低网络中的成本和延迟，LTE 逻辑网络节点的数量已经被缩减。LTE 取消了 UMTS 标准长期使用的无线网络控制器(RNC)节点，直接采用全新的扁平结构。LTE 既包含了无线接入技术演进，也包含了系统架构演进(SAE)，后者含有严谨的分组交换核心网(Evolved Packet Core，EPC)。LTE 和 SAE 共同构成了演进分组系统(Evolved Packet System，EPS)，EPS 是由核心网(EPC)和接入网(E-UTRAN)组成的，接入网是由 eNode B 构成的。eNode B 之间通过 X2 接口进行连接，接入网(eNode B)和核心网之间通过 S1 接口进行连接，用户终端与 eNode B 用 Uu 接口连接。LTE 的网络架构如图 7-2-1 所示。

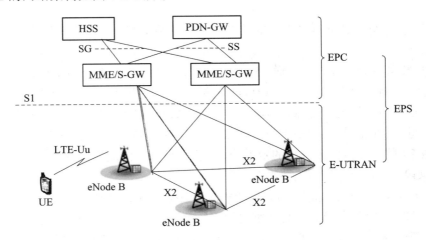

图 7-2-1　LTE 网络架构

在网络架构方面，宽带移动通信和宽带无线接入的核心网正在相互渗透，E3G 将基于全 IP 的网络架构，而 WiMAX 网络将支持 IMS 核心网架构。宽带移动通信和宽带无线接入系统的 EPS 系统部分将趋向于"扁平化"和"简单化"。LTE 决定在 E-UTRAN 中取消 RNC 节点，采用只有 eNode B 构成的"单层"架构，以降低对终端复杂度和功耗的需求，同时降低接入延时，改善用户体验。实现 eNode B 的单层结构，取消基站控制器的集中控制，可避免单点故障，提高网络稳定性。LTE eNode B 支持两个或者四个天线的多天线发射，UE 支持两个或四个天线的多天线接收，可以在下行实现最多四个流的多层 MIMO 传输。对于单用户 MIMO，基站可以将多个流分配给一个用户；对于多用户 MIMO，基站可以通过多天线将多个流分配给多个用户。

1. 核心网(EPC)

LTE 的 EPC 负责对用户终端的全面控制和有关承载的建立。EPC 主要逻辑节点有：PDN 网关(P-GW)、业务网关(S-GW)、移动性管理实体(MME)、归属签约用户服务器(HSS)。

1) P-GW

P-GW 是通向 Internet 的网关。同时，一些网络运营商也通过加密隧道使用 P-GW 连接大型公司的内部网络，使得这些公司的员工可以直接访问公司的内部网络。

P-GW 还负责为移动设备分配 IP 地址。当移动设备开机后连接到网络时，eNodeB 连接 MME，由 MME 认证该用户，并为该用户向 P-GW 请求一个 IP 地址。这就用到了 S5 的控制平面协议。在 GPRS 和 UMTS 中，SGSN 也会为用户向 GGSN 请求分配 IP 地址。如果 P-GW 授权访问网络，它就会响应请求给 MME 返回一个 IP 地址，MME 再将这个 IP 地址发送给用户。此过程中还会建立相应的 S1 和 S5 用户数据隧道。

P-GW 在国际漫游中也起到了重要作用。为了使用户在国外旅游时也能无缝访问互联网，漫游接口将不同国家、不同网络运营商的 LTE、UMTS 和 GPRS 的核心网连接在一起，以便国外网络可以向用户归属网络的用户数据库发起请求，进行用户鉴权。例如，当接入 Internet 的承载时，就会在被访问网络的 S-GW 和用户归属网络的 P-GW 之间创建 GTP 隧道。

除此之外，P-GW 还完成计费、QoS 策略执行和基于业务的计费等功能。

2) S-GW

用户 IP 数据包通过 S-GW 发送。S-GW 负责管理无线网中各个 eNode B 之间的用户数据隧道。无线网侧，S-GW 终止 S1-UP GTP 隧道；核心网侧，S-GW 终止 S5-UP GTP 隧道，该隧道经 P-GW 网关通向 Internet。对于单一用户来说，S1 和 S5 隧道是相互独立的，且可以根据需要进行更改。例如，由同一个 MME 和 S-GW 控制的两个 eNode B 之间发生切换，只需要更改 S1 隧道以重定向用户的数据流，实现与新基站的通信。如果切换发生在不同的 MME 和 S-GW 之间，S5 隧道也要更改。

当用户在 eNode B 之间移动时，S-GW 作为数据承载的本地移动性管理实体。当用户处于空闲状态时，将保留承载信息并临时把下行数据存储在缓存区里，以便 MME 开始寻呼 UE 时重新建立承载。此外，S-GW 在访问网络时还执行一些管理功能，如收集计费信息、合法监听等。

3) MME

MME 是处理 UE 和核心网络间信令交互的控制节点。MME 可执行的主要功能分为：

(1) 与承载相关的功能：建立、维护和释放承载。

(2) 与连接相关的功能：连接建立和网络与 UE 间通信的安全机制。

MME 控制隧道的建立和变更：MME 通过 S1 接口将控制命令送到 S-GW，MME 和 S-GW 之间利用 S11 接口，S11 通过引入新的信息重新使用 GPRS 和 UMTS 的 GTP-C (Control，控制)协议。简单的 UDP 协议代替 SCTP 作为下层的传输协议，网络层使用 IP 协议。

标准上，S-GW 和 MME 是单独定义的，但实际上，S-GW 和 MME 可以在相同或不同的网络节点上运行。这就允许信令数据和用户数据单独演进。原因是额外的信令主要增加处理器的负载，而上升的用户数据消耗则需要路由容量、当前使用的网络接口的种类和数量的不断演进。

在大型网络中，通常设有许多 MME 以处理大量的信令和冗余信息。因为空中接口中不包含 MME，所以 MME 与无线网有关的信令就称之为非接入层(NAS)信令。

MME 主要负责以下工作。

(1) 认证：当用户第一次加入 LTE 网络时，eNode B 通过 S1 接口与 MME 通信，并协助移动设备和 MME 交换鉴权信息；然后 MME 从归属签约用户服务器(HSS)请求用户认证信息证。一旦认证完成，MME 将加密密钥传送给 eNode B，以便之后加密在空中接口中传输的信令和数据。

(2) 激活承载者：MME 本身并不直接参与移动设备与 Internet 之间用户数据包的交换。相反，它通过与其他核心网组件通信在 eNode B 与 Internet 网关之间建立 IP 隧道。如果不止一个网关可用，它还负责选择到 Internet 的网关路由器。

(3) NAS 移动性管理：如果移动设备处于较长时间的休眠状态，就会释放在空中接口中的连接和资源。之后，移动设备可以在同一归属区不同的基站之间漫游而不通知网络，以节省电量消耗和网络中的信令开销。这时，若要想从 Internet 传输新的数据包至该移动设备，MME 必须向该移动设备所属的归属区域内所有的 eNode B 发送寻呼信息。一旦 eNode B 响应寻呼，就再次建立信息承载。

(4) 支持切换：如果没有可用的 X2 接口，则 MME 协助完成在切换所涉及的两个 eNode B 之间的切换信息的传递。MME 还负责切换完成后用户数据 IP 隧道的修改，以免增加其他的核心网路由器的工作负荷。

(5) 与其他无线网互通：若移动设备位于 LTE 网络受限的区域，eNode B 就将移动设备切换到 GSM 或 UMTS 网络，或者 eNode B 指示移动设备切换到合适的小区。

(6) 支持 SMS 和语音：尽管 LTE 是纯粹的 IP 网络，但仍需要支持一些传统的服务，如短信和语音通话，这是迄今为止 GSM 和 UMTS 电路交换核心网的一部分，因此不能简单地映射到 LTE 中。

如果将 MME 映射到 GSM 和 UMTS 中，它所完成的任务与 SGSN 类似。MME 与 SGSN 两个实体最大的区别是：MME 只处理以上所描述功能的信令数据，将用户数据留给服务网关(S-GW)处理，而 SGSN 还负责转发核心网与无线网之间的用户数据。

由于这种相似性，一旦网络运营商在新的软件和硬件上测试稳定，可能会将 2G SGSN、3G SGSN 和 MME 功能的节点形成一个组合节点应用在网络中。组合节点可作为一个单纯的整合信令平台位于接入网和核心网之间，单独形成一个功能块，将应用于未来所有的无线电技术。

4) 归属签约用户服务器(HSS)

虽然 eNode B 自主管理用户和无线承载，但一旦承载建立，整体的用户控制仍集中在核心网。此时需要一个网络节点在用户和 Internet 之间传递数据。并且需要一个集中的用户数据库，不仅能从归属网络的任何地方访问数据库，当用户漫游时，还可从归属区以外访问该数据库。LTE 与 GSM 和 UMTS 分享其用户数据库。在 LTE 中，使用基于 IP 的 Diameter 协议与数据库交换信息。LTE 中数据库称为 HSS。实际上，HLR 和 HSS 被物理组合在一起，在不同的无线接入网之间实现无缝漫游。每一个用户在 HLR/HSS 上都有一条记录，并且大多数属性适用于在所有的无线接入网上进行通信。HSS 中重要的用户参数有用户的国际移动用户识别码(IMSI)、认证信息、分组交换服务属性、IMS 特定信息、当前服务 MSC 的 ID、SGSN 或 MME 的 ID 等。

2. 接入网(E-UTRAN)

LTE 的接入网由 eNode B 构成，名称源于在 UMTS 中基站的名称(Node B)前加上字母"e"代表 Node-B 的演进(evolved)。前缀"e"也可被添加到许多其他的已在 UMTS 中使用的缩写中，例如，UMTS 中的无线网络部分缩写为 UTRAN，那么 LTE 无线网络部分则对应被称为 E-UTRAN。

eNode B 包含三个主要的组成部分：天线(移动网中室外可见的部分)、无线模块(调制和解调空中接口中发送或接收的所有信号)、数字模块(处理空中接口中发送或接收的所有信号)。同时，eNode B 也作为一个接口，通过高速回程连接与核心网通信。

无线模块和数字模块之间一般使用光连接。通过这种方式可使无线模块更接近天线，从而缩短了昂贵的同轴铜电缆天线的长度。这个概念也被称为远程射频头(RRH)，可节省其安装费用，特别是在天线和基站机柜不能彼此靠近的情况下。

eNode B 提供以下的功能：

(1) 无线资源管理，包括无线承载控制、无线许可控制、连接移动性控制、上行和下行资源动态分配；

(2) 用户数据流 IP 头压缩和加密；

(3) UE 附着时 MME 选择功能；

(4) 用户面数据向 S-GW 的路由功能；

(5) 寻呼和广播消息的调度和发送功能；

(6) 用于移动性和调度的测量和测量报告配置功能；

(7) 上行传输层数据包的分类标示。

3. LTE 移动设备

在 LTE 规范中，移动设备被称为用户设备(User Equipment, UE)。表 7-2-1 列出了在 3GPP Release 8 和 3GPP TS 36.306 中定义的五个不同的 UE 种类。设备广泛支持不同的调制和编码方式，因为标准不断地演进，LTE UE 在下行方向和天线分集上支持非常快的 64QAM(正交幅度调制)。此外，除了类型 1，所有的设备都能支持 MIMO 传输。

在上行方向，UE 类型 1 至类型 4 所支持的传输速率低但采用更可靠的传输方式 16QAM，类型 5 必须支持 64QAM。

表 7-2-1 LTE UE 类型

类型	1	2	3	4	5
最大下行数据速率(20 MHz 载波)	10	50	100	150	300
最大上行速率	5	25	50	50	75
接收天线数目	2	2	2	2	4
MIMO 下行流的数目	1	2	2	2	4
上行链路支持 64QAM 方式	No	No	No	No	Yes

除了 UE 类型 1，其他所有的移动设备均支持 MIMO 传输。采用 MIMO 传输方式，多个数据流可以从基站以相同的载频多天线发射，在移动设备上多天线接收。如果信号通过不同的路径到达接收机(例如，由于在障碍物表面产生不同角度的反射所造成的多径效应)，而 MIMO 技术可通过发射机和接收机天线的空间分离减少多径效应带来的影响，接收机可以区分不同的路径传输并重建原始数据流。发送和接收天线的数目决定了可以并行发送的数据流的个数。在部署的前几年，LTE 网络和设备一般使用 2×2 MIMO，即两个发射天线和两个接收天线。未来，在类型 5 UE 中可能会使用 4×4 MIMO 技术，同时网络侧也会支持 4×4 MIMO。但是，在小型移动设备上调试四个独立的天线将会是个挑战。以后 LTE 还会使用更多的频带，那么移动设备上的天线设计将会更具有挑战性，尤其是移动设备必须考虑在相同或不同的频带上支持 GSM 和 UMTS。

实际上，在最初的几年，大多数的设备将会设定在类型 3 和类型 4。理想状态下，当载波频率为 20 MHz 时，设备的信息传输速率峰值将会在 100 Mb/s~150 Mb/s 之间。由于小区内多个用户的存在，相邻小区的干扰和不理想的接收条件等因素，平均速率可能较低。

大多数 LTE UE 设备也支持其他无线技术，如 GSM 和 UMTS。因此，大多数 UE 设备不仅支持一个或多个 LTE 频段，也支持其他无线技术的频段。如欧洲销售的移动设备还支持 900 MHz 和 1800 MHz GSM、2100 MHz UMTS，850 MHz 和 1900 MHz 的国际 GSM、UMTS 漫游。对于天线和发射机来说，这无疑是个挑战(因为设备的体积小，电池容量受限)。

7.2.2 网络接口

1. LTE Uu 接口

LTE Uu 接口为空中接口，理论上，空中传输数据可达到速率的峰值，具体还取决于可供小区使用的频谱数量。LTE 系统采用灵活的频谱应用，允许带宽分配在 1.25 MHz~20 MHz 之间。20 MHz 加上 2×2 MIMO 的配置，是目前 LTE 网络和移动设备的最典型的配置，峰值传输速率可高达 150 Mb/s。实际可以实现的传输速率取决于多个因素，如移动设备与基站的距离、基站所使用的发射功率、相邻基站的干扰等，因此，实际传输速率要比 150 Mb/s 低很多。

2. S1 接口

S1 接口将 eNode B 连接到核心网(EPC)。它有以下几点功能：

(1) EPS 承载业务管理功能。LTE 使用独立的专用流程来分别进行承载的建立、更改和释放。对于每个请求建立的承载，传输层地址和隧道端点在"承载设置请求"消息中提供给 eNode B 以提示 S-GW 中承载的终点，即上行用户平面数据必须发送到的地方。

(2) 通过 S1 寻呼功能与空闲模式下的 UE 新建一个连接。MME 向 UE 跟踪区域内所有相关的 eNode B 发送寻呼请求。当收到"寻呼请求"信息时，eNode B 在消息中所示跟踪区域内的小区通过无线接口寻呼 UE。"寻呼请求"消息还包含一个 UE 识别索引值，eNode B 用它来计算所寻呼 UE 的寻呼时机。此时 UE 将切换到监听寻呼信息状态。

(3) S1 接口管理功能：错误信息指示，复位功能。

(4) 网络共享功能。

(5) 漫游和区域限制支持功能。

S1 接口被分成 S1-UP(user plane)和 S1-CP(control plane)两个部分，它们在同一物理连接上传输，协议栈如图 7-2-2 所示。

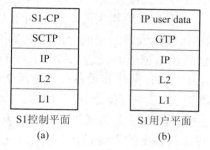

图 7-2-2　S1 控制平面协议和用户平面协议

用户数据通过 S1 接口的 S1-UP 传输。用户 IP 数据包通过隧道传输，在切换过程中，它们可以很容易地被重新定向到另一个基站，因为隧道使得整个过程对于最终用户数据流是完全透明的。只有第三层(隧道 IP 层)的目的 IP 地址被改变，而用户的 IP 地址保持不变。

在 3GPP TS 36.413 中定义的 S1-CP 协议可达到两个目的：第一，eNodeB 使用 S1-CP 协议与核心网交互以实现自己的相关功能，例如，可被网络识别、发送状态和连接保持信息以及从核心网接收配置信息；第二，S1-CP 接口传输有关用户系统的信令信息。例如，当一个设备要使用 LTE 网络通信时，需要连接建立指令、认证指令、密钥信息、确立隧道的相关信令等。一旦隧道建立，S1-CP 协议用来维持连接，必要时，还需完成到另一个 LTE、UMTS 或 GSM 基站的切换。

从 S1-CP 的协议栈中可以看出，该协议栈使用 IP 协议作为基础。第三层，流控制传输协议(SCTP)取代了常见的 TCP 和 UDP 协议。这就确保在建立顺序传输、拥塞管理和流量控制的同时，可完成大量的独立的信令连接。

3. X2 接口

X2 接口是接入网中各个 eNode B 连接的接口。X2 接口具有两大目的。第一是切换由基站自己控制。如果通过 X2 接口，目标小区是可知且可达的，小区之间就可直接通信。否则，就通过 S1 接口和核心网完成切换。基站间关系可由网络运营商事先配置，或者由基站自身检测，或者通过移动设备将邻小区信息发送到基站，此功能称为自动邻区关系(ANR)。当基站自身无法直接通过空中接口相互检测时，需要移动设备的支持。第二是干扰协调。在接入网中，相邻的 LTE 基站与之相同的载波频率，导致有些区域移动设备可以接收到几个基站的信号。如果两个或多个基站的信号强度相近，则不与移动设备通信的基站所发射的信号都被视为噪声,它会影响吞吐量。由于移动设备可以向所属基站报告它们当前位置的噪声电平以及噪声来源,基站就可以使用 X2 接口与邻近基站通信,并达成共识以减轻或减少干扰。

X2 控制平面的功能包括以下几点:

(1) 支持 UE 在 EMM-CONNECTED 状态时的 LTE 系统内部移动;
(2) 上下文从源 eNode B 传达到目的 eNode B;
(3) 控制源 eNode B 到目的的用户面通道;
(4) 切换取消、上行负载管理功能;
(5) 一般的 X2 管理和错误处理功能。

类似于 S1 接口,X2 接口同样独立于底层传输网络技术和第三层的 IP 技术。3GPP TS 36.423 中定义的 X2 应用协议封装基站之间的信令信息。在切换期间,用户数据包可以在所涉及的两个基站之间转发,为此,要使用 GPRS 隧道协议(GTP)。实际实现时与图 7-2-1 所示的 X2 接口从逻辑角度直接连接两个基站是不同的。实际上,X2 接口通过与 S1 接口相同的回程链接被传送至第一个 IP 聚合路由器。如图 7-2-3 所示,由此聚合路由器开始,S1 数据包被路由到核心网,X2 数据包则被路由返回无线网。该聚合路由器的主要作用就是将多个基站的数据流组合成单一的数据流,以此减少该所属域所需的链接数目。此外,组合而成的数据流低于与基站相连的回程链路的组合峰值容量。

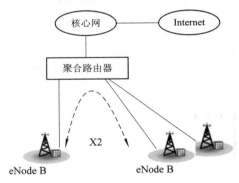

图 7-2-3 S1 和 X2 接口的物理路由

7.3 LTE 物理层

7.3.1 LTE 接入网协议

LTE 标准目标为构造一个更有效和流线型的协议栈和架构。3GPP 先前标准中定义的很多专用信道都被公共信道替代,物理信道总数也被消减。图 7-3-1 所示为无线接入网的协议栈和它的层结构。

逻辑信道体现了无线电链路控制(RLC)层和 MAC 层的数据传输和互联。LTE 定义了两种逻辑信道:业务信道和控制信道。业务信道传输用户平面数据。传输信道链接 MAC 层和物理层,物理信道在物理层上由收发端实现。每个物理信道由一组资源元素构成,这些资源元素搭载了用于空中接口上最终传输的上层信道协议栈。在下层或上层链路数据传输分别使用 DL-SCH(下行链路公共信道)和 UL-SCH(上行链路公共信道)这两种传输信道。一个物理信道搭载特定传输信道传输使用的时-频资源。每个传输信道映射到相应的物理信道。除此以外,也有物理信道和传输信道没有意义映射的情况。这些信道,即 L1/L2 控制信道,用于下行链路控制信息(DCI),它提供实时接收下行链路数据解码的信息,以及上行链路控制信息(UCI),提供调度器和携带终端状况信息的混合自动重传请求协议。

LTE 接入网协议可以分为三层,如图 7-3-1 所示,物理层处于其最底层,以传输信道为接口,为上层提供数据传输的服务。

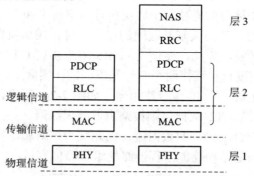

图 7-3-1　LTE 接入网协议示意图

物理层规范定义了 LTE 物理层的工作机制以及为上层提供的数据传输服务,包括物理层采用的基本技术、物理层信号和信道的设计方案、传输信道向物理信道的映射、信道编码方法以及基本的物理层过程等。

7.3.2　物理层概述

1. LTE 支持双工方式及多址方式

LTE 支持 FDD 和 TDD 两种双工方式,所支持的频段从 700 MHz～2.6 GHz 部分。具体的频段如表 7-3-1 和表 7-3-2 所示。

表 7-3-1　TDD 模式支持频段

E-UTRAN Band	上行链路(UL)	下行链路(DL)	双工方式
	F_{UL_low} MHz～F_{UL_high} MHz	F_{DL_low} MHz～F_{DL_high} MHz	
33	1900～1920	1900～1920	TDD
34	2010～2025	2010～2025	TDD
35	1850～1910	1850～1910	TDD
36	1930～1990	1930～1990	TDD
37	1910～1930	1910～1930	TDD
38	2570～2620	2570～2620	TDD
39	1880～1920	1880～1920	TDD
40	2300～2400	2300～2400	TDD

表 7-3-2　FDD 模式支持频段

E-UTRAN Band	上行链路(UL) F_{UL_low} MHz～F_{UL_high} MHz	下行链路(DL) F_{DL_low} MHz～F_{DL_high} MHz	双工方式
1	1920～1980	2110～2170	FDD
2	1850～1910	1930～1990	FDD
3	1710～1785	1805～1880	FDD
4	1710～1755	2110～2155	FDD
5	824～849	869～894	FDD
6	830～840	875～885	FDD
7	2500～2570	2620～2690	FDD
8	880～915	925～960	FDD
9	1749.9～1784.9	1844.9～1879.9	FDD
10	1710～1770	2110～2170	FDD
11	1427.9～1452.9	1475.9～1500.9	FDD
12	698～716	728～746	FDD
13	777～787	746～756	FDD
14	788～798	758～768	FDD
15	1900～1920	2600～2620	FDD
16	2010～2025	2585～2600	FDD
17	704～716	734～746	FDD
18	815～830	860～875	FDD
19	830～845	875～890	FDD
20	832～862	791～821	FDD
21	1447.9～1462.9	1495.5～1510.9	FDD
22	3410～3500	3510～3600	FDD
23	2000～2020	2180～2200	FDD
24	1625.5～1660.5	1525～1559	FDD
25	1850～1915	1930～1995	FDD

LTE 空中接口采用 OFDM 技术为基础的多址方式，采用 15 kHz 的子载波宽度，通过不同的子载波数目(72～1200)实现可变的系统带宽(1.4～20 MHz)。同时根据应用场景的不同(无线信道不同的时延扩展)，LTE 可支持两种不同 CP(Cyclic Prefix，循环前缀)长度的系统配置，分别为 Normal CP(正常 CP) 和 Extended CP(扩展 CP)，长度分别约为 4.7 μs 和 16.7 μs，如表 7-3-3 所示。

表 7-3-3　LTE OFDM 基本参数

子载波间隔	15 kHz
Normal CP	5.208 μs(时隙的第 1 个符号) 4.687 μs(时隙的后 6 个符号)
Extended CP	16.67 μs

LTE 采用 OFDMA(Orthogonal Frequency Division Multiple Access)作为下行多址方式，采用 SC-FDMA 作为上行多址方式。

2．无线帧结构

在 LTE 系统中，无线帧的长度为 10 ms，LTE 支持两种帧结构，即类型 1 和类型 2，分别适用于 FDD 和 TDD。

在类型 1 FDD 帧结构中，10 ms 的无线帧分为 10 个长度为 1 ms 的子帧(subframe)，每个子帧由两个长度为 0.5 ms 的时隙(slot)组成，如图 7-3-2 所示。

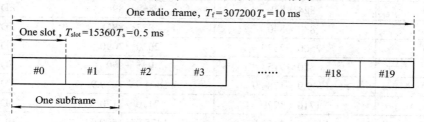

图 7-3-2　类型 1 FDD 帧结构图

在类型 2 TDD 帧结构中，10 ms 的无线帧分为两个长度为 5 ms 的半帧(Half Frame)，每个半帧由 5 个长度为 1 ms 的子帧组成，其中包括 4 个普通子帧和 1 个特殊子帧。普通子帧由两个 0.5 ms 的时隙组成，而特殊子帧由 3 个特殊时隙(UpPTS、GP 和 DwPTS)组成，如图 7-3-3 所示。

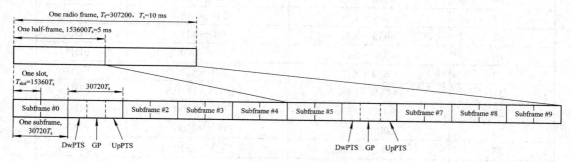

图 7-3-3　类型 2 TDD 帧结构图

在 LTE 中，空中接口资源分配和传输的最小时间单位 TTI(Transmission Time Interval)的长度为一个子帧，即 1 ms。类型 2 TDD 帧结构分为 5 ms 周期和 10 ms 周期两类，便于灵活地支持不同配比的上下行业务。在 5 ms 周期中，子帧 1 和子帧 6 固定配置为特殊子帧；10 ms 周期中，子帧 1 固定配置为特殊子帧。帧结构特点如下：

(1) 上下行时序配置中，支持 5 ms 和 10 ms 的下行到上行的切换周期；

(2) 对于 5 ms 的下行到上行切换周期，每个 5 ms 的半帧中配置一个特殊子帧；

(3) 对于 10 ms 的下行到上行切换点周期，在第一个 5 ms 子帧中配置特殊子帧；

(4) 子帧 0、5 和 DwPTS 时隙总是用于下行数据传输。UpPTS 及其相连的第一个子帧总是用于上行传输。

TDD 系统与 FDD 系统相比，优点之一是可以更灵活地配置具体的上下行资源比例，以更好地支持不同业务类型。例如，随着互联网等业务的开展，下行数据传输量将远大于上行的情况，如果上下行配置同样多的资源，则很容易导致下行资源受限而上行资源利用率较低的情况,对于 TDD 系统,可以将支持该业务的场景配置成下行子帧多于上行子帧的时隙配比关系,提高资源的利用率。

3. 物理资源

LTE 上下行传输使用的最小资源单位叫做资源粒子(RE,Resource Element),包括频域和时域。LTE 中定义了物理资源块(PRB,Physical Resource Block),作为空中接口物理资源分配的单位,用于物理信道向 RE 的映射。一个 PRB 由若干个 RE 组成,1 个 PRB 在频域上包含 12 个连续的子载波,在时域上包含 6 个或 7 个连续的 OFDM 符号,这个取决于 CP 的长度,如表 7-3-4 所示,即频域宽度为 180 kHz,时间长度为 0.5 ms(1 个时隙)的物理资源。物理资源块的结构如图 7-3-4 所示。系统带宽与资源块数目的关系如表 7-3-5 所示。

表 7-3-4 OFDM 符号长度与 CP 关系

CP 类型	子载波数	OFDM 符号长度
Normal CP	12	7
Extended CP	12	6

表 7-3-5 系统带宽与资源块数目

系统带宽/MHz	4	3	5	10	15	20
子载波数目 (含 DC 载波)	73	11	301	601	901	1201
PRB 数目	6	15	25	50	75	100

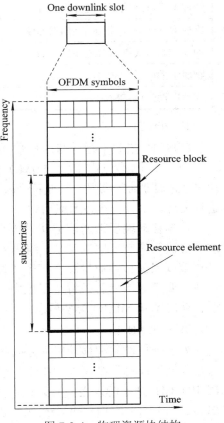

图 7-3-4 物理资源块结构

4. 天线端口

传输的逻辑端口,可以对应一个或多个实际的物理天线。多天线系统中天线的端口是从接收机角度来定义的,即如果接收机区分来自不同空间未知的信号,就需要定义多个天线端口;相反,如果接收机对来自不同空间位置(如多个物理天线)的信号不加以区分(多个物理天线同时传输相同内容的数据,认为是一个逻辑天线端口发射的数据),就只需定义一个天线端口。每个天线端口使用一个物理资源块用于传送参考信号。天线端口使用的参考信号就是标识了这个天线端口。

7.3.3 物理信道

LTE 中,逻辑信道、传输信道和物理信道在上行链路和下行链路的分类不同。下面描述各种在下行链路和上行链路中的物理信道,以及它们与上层信道的关系和它们搭载的信息。

1. 下行链路物理信道

下行链路物理信道的分类如表 7-3-6 所示。

表 7-3-6 下行链路物理信道的类型

信 道 类 型	所包含的信息
物理下行链路公共信道 PDSCH	单播用户数据业务和寻呼信道信息
物理下行链路控制信道 PDCCH	下行链路控制信息
物理混合式 APQ 指示信道 PHICH	上行链路包的 HARQ 指示符和 ACK/NACK
物理控制格式指示信道 PCFICH	控制格式信息(CFI)包括解码 PDCCH 的必要信息
物理组播信道 PMCH	组播广播单频网络(MBSFN)操作信息
物理广播信道 PBCH	当小区搜索时终端为了控制网络所需要的系统信息

1) PDSCH

PDSCH 搭载下行链路用户数据，以传输块的方式从 MAC 层传至物理层。一般传输块以一个一个子帧发送，除了 MIMO 中空分复用，它可以在一个子帧里传输 1~2 个传输块。通过适应性调制和编码，调制符号映射到多个时-频资源网络，它们最终映射到多个发射天线进行发送。多径天线技术应用到每个子帧，也需要根据信道条件的适应性进行操作。

根据移动端反馈的信道质量情况，通过对每个子帧适应性调制、编码以及 MIMO、基站需要决策调制方案的类型、编码率和 MIMO 模式。终端的测量结果必须反馈到基站做调度决策以保证传输质量。在每个子帧上，移动端需要关注基站的每一个发送资源块分配。这些必要的通信信息是每个子帧中使用的一组分配给用户的资源块、传输块长度、调制类型、编码率和 MIMO 类型信息。

2) PDCCH

为了维护基站和移动终端之间的通信，PDCCH 定义在每个 PDSCH 信道上。PDCCH 主要包括保证每个终端成功接收、平衡，解调和解码数据包的调度决策。因 PDCCH 信息在 PDSCH 开始解码之前必须读取并解码，PDCCH 在下行链路占据每个子帧开始的几个 OFDM 符号。PDCCH 在每个子帧上占据多少 OFDM 符号(一般是 1~4 个)取决于多个因素，如带宽、子帧索引以及是否使用单播还是组播服务。

搭载在 PDCCH 上的控制信息即 DCI。根据 DCI 格式的不同，一组资源元素也会不同。LTE 标准定义了 10 种可能的 DCI 格式。表 7-3-7 总结了可用的 DCI 格式及它的内容。

表 7-3-7 DCI 格式

DCI 格式	内　　容
0	PUSCH 的上行链路调度许可
1	具有单个码字的 PDSCH 分配
1a	PDSCH 紧凑型下行链路分配
1b	具有预编码向量的 PDSCH 紧凑下行链路分配
1c	PDSCH 分配使用非常紧凑的格式
1d	多用户 MIMO 的 PDSCH 分配
2	用于闭环 MIMO 的 PDSCH 分配
2a	用于开环 MIMO 的 PDSCH 分配
3	通过 2 bit 功率调整为 UL 发送功率控制
3a	通过 1 bit 功率调整为 UL 发送功率控制

每个 DCI 格式包括了如下几种控制信息：资源分配信息，如资源块长度和资源分配时间；传输信息，如多经天线配置信息、调制类型、编码率和传输块有效长度；和 HARQ 有关的信息，包括进程号、冗余版本和新数据的信号可用性指标。

3) PCFICH

PCFICH 用以定义在一个子帧里 DCI 使用的 OFDM 符号数量。PCFICH 信息被映射到每一个子帧开始的 OFDM 符号内特定的资源元素上。PCFICH 的可能值(1、2、3 或 4)取决于带宽、帧结构和子帧索引。当带宽大于 1.4 MHz 时，PCFICH 会占用三个 OFDM 符号。当带宽为 1.4 MHz 时，因为资源块的数量很少，PCFICH 可能会需要四个符号用于搭载控制信号。

4) PHICH

除了 PDCCH 和 PCFICH 控制信道之外，LTE 定义了另一个控制信道，即混合式 ARQ 指示信道(PHICH)。PHICH 包括下行链路上接收到包的通知应答信息。上行链路包发送过程中，当预测到延时发生时，UE 会接收到一个由 PHICH 资源块携带的通知。PHICH 的时长由上层决定。在标准时长下，PHICH 只存在于子帧的第一个 OFDM 符号。在扩展时长下，它将占用最开始的三个子帧。

5) PBCH

PBCH 携带主信息块(MIB)，它包含了用于小区搜索时的基本物理层系统信息和小区专有信息。移动终端在得到 MIB 之后，将会读取下行链路控制和数据信道，进行接入系统所需要的必要操作。PBCH 上的 MIB 每 40 ms 周期发送，对应四个无线帧，位于每个帧的第一个子帧。MIB 包括四部分信息。第一、二部分信息包括下行链路带宽和 PHICH 配置。下行链路带宽由六个下行链路资源块编号值中的一个表示(6、15、25、50、75 或 100)，如表 7-3-5 所示，PHICH 中 MIB 的配置部分指定了时长和 PHICH 的数量。在频域上，PBCH 永远对应每一个无线帧中第一个子帧内前四个 OFDM 符号，占据以 DC 子载波为中心的 72 个子载波。

2. 上行链路物理信道

上行链路物理信道的分类如表 7-3-8 所示。

表 7-3-8 上行链路物理信道的分类

物理上行信道类型	功　　能
物理上行链路公共信道 PUSCH	上行链路用户数据业务
物理上行链路控制信道 PUCCH	上行链路控制信息
物理上行链路接入信道 PRACH	通过随机接入报头初始化接入网络

PUCCH 搭载三种控制信息：用于下行链路传输的 ACK/NACK 信号、调度请求(SR)指示符、下行链路信息的反馈(包括信道质量指示(CQI)、预编码矩阵指示(PMI)和秩指示(RI))。

下行链路信息的反馈与下行链路的 MIMO 模式有关。为了保证下行链路中 MIMO 正常工作，每一个终端必须测量无线链路质量并向基站报告信息特征参数。它反映了 PUCCH 中上行控制信息(UCI)的信道质量测试功能。

CQI 是下行链路无线信道质量测量的指示符，它有 UE 生成并传输给基站用于随后的调度。CQI 允许 UE 向基站提交一系列最佳的调制方案和编码率匹配当前无线链路质量。CQI 信息包括 16 个调制方案和编码率组合。更高的 CQI 值对应更高阶调制和更高的编码率。宽带 CQI 用于所有资源块形成带宽，子带 CQI 分配特定的 CQI 值对应特定的资源块。其更上层的配置决定了速率、周期或中断 CQI 测量的频率。

PMI 是预编码矩阵的指示符，PMI 值反映了 1、4 或 8 个发射天线配置对应的预编码表。RI 表示可用的发射天线数量，它由信道质量估计生成，影响相邻接收天线相关性测量。

7.4 LTE 关键技术

7.4.1 OFDM 技术

LTE 在空中接口采用的是正交频分多址(OFDM)技术，代替了 3GPP 长期使用的码分多址(CDMA)。OFDM 作为 LTE 下行链路多址接入核心技术的原因主要有以下几个方面：

(1) OFDM 是一项成熟的技术；
(2) 虽然发射机复杂度高，但由于接收机复杂度低，OFDM 已得到广泛部署，特别适合于广播或下行链路；
(3) 能够通过 FFT 有效地实现；
(4) 实现了宽带高速传输，并且接收机复杂度低；
(5) 使用 CP 抑制 ISI，能够使用快处理；
(6) 利用正交的子载波避免子载波间保护带所造成的频谱浪费；
(7) 参数化使得设计师根据具体情况在多普勒容错和延迟扩展间达到平衡；
(8) 可以直接扩展到多址接入方案——OFDMA。

1. OFDM 的基本原理

20 世纪 70 年代，S.B.Weinstein 提出用离散傅里叶变换(DFT)实现多载波调制，为 OFDM 的实用化奠定了基础。在 OFDM 系统中，频率选择性宽带信道被划分为重叠但正交的非频率选择性窄带信道，图 7-4-1 是传统的频分复用与正交频分复用带宽利用率比较。从图中可以看出，OFDM 系统避免了需要利用保护带宽来分隔载波，因此使得 OFDM 具有较高的频谱利用率。因为 OFDM 系统中子信道在接收机中能完全分离，降低了接收机的实现复杂度，使 OFDM 系统对高速率的移动数据传输如 LTE 下行链路具有很强的吸引力。

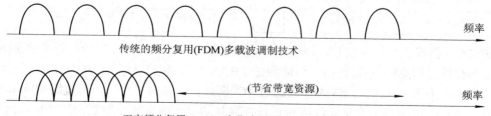

图 7-4-1　OFDM 和 FDM 带宽利用率比较

OFDM 是多载波调制的一种。基本思想就是把数据流串/并变换为 N 路速率较低的子数据流，用它们分别调制 N 路子载波后再进行并行传输。图 7-4-2 是 OFDM 系统收发的系统结构图。发送端将被传输的数字数据转换成子载波幅度和相位的映射，并进行 IDFT 变换将数据的频谱表达式变到时域上。

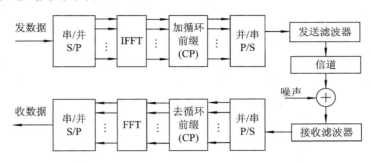

图 7-4-2　OFDM 收发系统结构图

2．FFT 的实现

傅里叶变换将时域与频域联系在一起，傅里叶变换的形式有几种，选择哪种形式的傅里叶变换由工作的具体环境决定。大多数信号处理使用离散傅里叶变换(DFT)。DFT 是常规变换的一种变化形式，其中，信号在时域和频域上均被抽样。由 DFT 的定义，时间上波形连续重复，因此导致频域上频谱的连续重复。快速傅里叶变换 FFT 仅是 DFT 计算应用的一种快速数学方法，其高效性使得 OFDM 技术发展更加迅速。

对于 N 比较大的系统来说，OFDM 复等效基带信号可以采用离散傅里叶逆变换(IDFT)方法来实现。对于信号 $s(t)$ 以 T/N 的速率进行抽样，即令 $t = kT/N (k = 0, 1, \cdots, N-1)$，则得到

$$s_k = s\left(\frac{kT}{N}\right) = \sum_{i=0}^{N-1} d_i \exp\left(j\frac{2\pi ik}{N}\right) \quad (0 \leqslant k \leqslant N-1) \quad (7\text{-}4\text{-}1)$$

由上式可以看到，s_k 等效为对 d_i 进行 IDFT 运算。同样在接收端，为了恢复原始的数据符号 d_i，可以对 s_k 进行逆变换，即 DFT 得到

$$d_i = \sum_{k=0}^{N-1} s_k \exp\left(-j\frac{2\pi ik}{N}\right) \quad (0 \leqslant i \leqslant N-1) \quad (7\text{-}4\text{-}2)$$

根据以上分析可以看到，OFDM 系统的调制和解调可以分别由 IDFT 和 DFT 来代替。通过 N 点的 IFFT 运算，把频域数据符号 d_i 变换为时域数据符号 s_k，经过射频载波调制之后，发送到无线信道中。其中每个 IDFT 输出的数据符号 s_k 都是由所有子载波信号经过叠加而生成的，即对连续的多个经过调制的子载波的叠加信号进行抽样得到的。

在 OFDM 系统的实际运用中，可以采用更加方便快捷的快速傅里叶变换(FFT)和快速傅里叶逆变换(IFFT)。N 点 IDFT 运算需要实施 N^2 次的复数乘法，而 IFFT 可以显著地降低运算的复杂度。对于常用的基-2 IFFT 算法来说，其复数乘法次数仅为 $\dfrac{N}{2} \text{lb} N$，但是随着子

载波个数 N 的增加,这种方法复杂度也会显著增加。对于子载波数量非常大的 OFDM 系统来说,可以进一步采用基-4 的 IFFT 算法来实施傅里叶变换。

3. 保护间隔、循环前缀和子载波的选择

应用 OFDM 的一个重要原因在于它可以有效地对抗多径时延扩展。通过把输入数据流串/并变换到 N 个并行的子信道中,使得每一个调制子载波的数据周期可以扩大为原始数据符号周期的 N 倍,因此时延扩展与符号周期的数值比也同样降低 N 倍。为了最大限度的消除符号间干扰,还可以在每个 OFDM 符号之间插入保护间隔(Guard Interval),而且该保护间隔长度 T_g 一般要大于无线信道中的最大时延扩展,这样一个符号的多径分量就不会对下一个符号造成干扰。在这段保护间隔内可以不插任何信号,即是一段空白的传输时段。然而在这种情况下,由于多径传播的影响,则会产生载波间干扰(ICI),即子载波之间的正交性遭到破坏,不同的子载波之间产生干扰。这种效应可如图 7-4-3 所示。由于每个 OFDM 符号中都包括所有的非零子载波信号,而且也可同时出现该 OFDM 符号的时延信号,图 7-4-3 给出了第一子载波和第二子载波的时延信号。从图中可以看到,由于在 FFT 运算时间长度内,第一子载波和第二子载波之间的周期个数之差不再是整数,所以当接收机试图对第一个子载波进行解调时,第二子载波会对第一子载波造成干扰。同样,当接收机对第二子载波进行解调时,也会存在来自第一子载波的干扰。

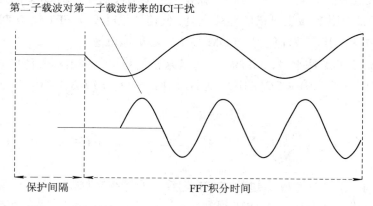

图 7-4-3 多径情况下,空闲保护间隔在子载波间造成的干扰

在系统带宽和数据传输速率都给定的情况下,OFDM 信号的符号速率将远远低于单载波的传输模式。例如,在单载波 BPSK 调制模式下,符号速率就相当于传输的比特速率,而在 OFDM 中,系统带宽由 N 个子载波占用,符号速率则 N 倍低于单载波传输模式。正是因为这种低符号速率使 OFDM 系统可以自然地抵抗多径传播导致的符号间干扰(ISI),另外,通过在每个符号的起始位置增加保护间隔可以进一步抵制 ISI,还可以减少在接收端的定时偏移错误。这种保护间隔是一种循环复制,增加了符号的波形长度,在符号的数据部分,每一个子载波内有一个整数倍的循环,此种符号的复制产生了一个循环的信号,即将每个 OFDM 符号的后 T_g 时间中的样点复制到 OFDM 符号的前面,形成前缀,在交接点没有任何的间断。因此将一个符号的尾端复制并补充到起始点增加了符号时间的长度,图 7-4-4 显示了保护间隔的插入。

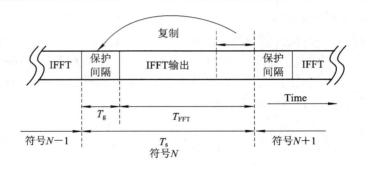

图 7-4-4 加入保护间隔的 OFDM 符号

符号的总长度为 $T_s = T_g + T_{FFT}$，其中，T_s 为 OFDM 符号的总长度，T_g 为采样的保护间隔长度，T_{FFT} 为 FFT 变换产生的无保护间隔的 OFDM 符号长度，则在接收端采样开始的时刻 T_x 应该满足下式：

$$\tau_{max} < T_x < T_g \tag{7-4-3}$$

其中，τ_{max} 是信道的最大多径时延扩展。当采样满足该式时，由于前一个符号的干扰只会存在于 $[0, \tau_{max}]$，当子载波个数比较大时，OFDM 的符号周期 T_s 相对于信道的脉冲响应长度 τ_{max} 很大，则符号间干扰(ISI)的影响很小；而如果相邻 OFDM 符号之间的保护间隔 T_g 满足 $T_g \geqslant \tau_{max}$ 的要求，则可以完全克服 ISI 的影响。同时，由于 OFDM 延时副本内所包含的子载波的周期个数也为整数，时延信号就不会在解调过程中产生 ICI。

OFDM 系统加入保护间隔之后，会带来功率和信息速率的损失，其中，功率损失可以定义为

$$v_{guard} = 10 \lg\left(\frac{T_g}{T_{FFT}} + 1\right) \tag{7-4-4}$$

从式(7-4-4)可以看到，当保护间隔占到 20% 时，功率损失也不到 1 dB，但是带来的信息速率损失可达 20%。在传统的单载波系统中，升余弦滤波也会带来信息速率(带宽)的损失，这个损失与滚降系数有关。OFDM 系统中插入保护间隔后会带来系统功率和信息速率的损失，但可以消除 ISI 和多径所造成的 ICI 的影响，因此，为提高系统性能加入保护间隔也是有必要的。加入保护间隔之后基于 IDFT(IFFT) 的 OFDM 系统框图可以表示为图 7-4-5。

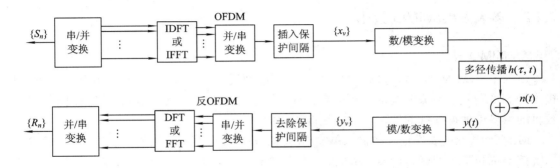

图 7-4-5 加入保护间隔 OFDM 系统

4. 子载波的调制与解调

一个OFDM符号之内包含多个经过相移键控(PSK)或者正交幅度调制(QAM)的子载波。其中，N表示子载波的个数，T表示OFDM符号的持续时间(周期)，$d_i(i=0,1,2,\cdots,N-1)$是分配给每个子信道的数据符号，f_i是第i个子载波的载波频率，$\text{rect}(t)=1$，$|t|\leqslant T/2$，则从$t=t_s$开始的OFDM符号可以表示为

$$\begin{cases} s(t) = \text{Re}\left\{\sum_{i=0}^{N-1} d_i \,\text{rect}\left(t-t_s-\dfrac{T}{2}\right)\exp[\text{j}2\pi f_i(t-t_s)]\right\}, & t_s \leqslant t \leqslant t_s+T \\ s(t) = 0, & t<t_s \text{ 或 } t>T+t_s \end{cases} \qquad (7\text{-}4\text{-}5)$$

一旦将要传输的比特分配到各个子载波上，所对应的调制模式则将它们映射为子载波的幅度和相位，通常采用等效基带信号来描述OFDM的输出信号，可表示为

$$\begin{cases} s(t) = \sum_{i=0}^{N-1} d_i \,\text{rect}\left(t-t_s-\dfrac{T}{2}\right)\exp\left(\dfrac{\text{j}2\pi i}{T}(t-t_s)\right), & t_s \leqslant t \leqslant t_s+T \\ s(t) = 0, & t<t_s \text{ 或 } t>T+t_s \end{cases} \qquad (7\text{-}4\text{-}6)$$

其中，$s(t)$的实部和虚部分别对应于OFDM符号的同相(In-phase)和正交(Quadrature-phase)分量，在实际中可以分别与相应子载波的cos分量和sin分量相乘，构成最终的子信道信号和合成的OFDM符号。图7-4-6所示为OFDM系统子载波调制和解调框图。其中$f_i = f_c + i/T$。在接收端，将接收到的同相和正交矢量映射回数据消息，完成子载波解调。

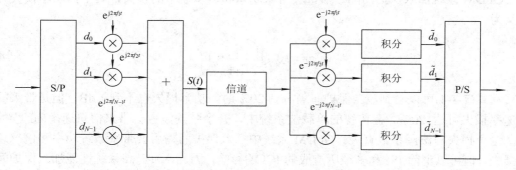

图 7-4-6　子载波调制与子载波解调

7.4.2　多入多出(MIMO)技术

1. MIMO 概述

多入多出(MIMO)技术是指在发送端和接收端都采用多天线技术，通过利用多天线分集接收抑制多径效应造成的衰落，在提高数据传输速率的同时，极大地降低了误码率。天线数目的增多也使得系统的信道容量成线性的增加。

MIMO系统可以说是由单输入单输出(SISO)系统发展演变而来的，但传统的单入单出系统抗干扰和噪声的能力较差，系统的传输速率也较低，不具备一定的高效性。简单地说，MIMO可以看成是由多个SISO组成的，但在系统的传输效果上是截然不同的。

假设有 N_t 个发射天线，N_r 个接收天线，发射天线阵列上的信号表示为

$$s(t) = [s_1(t), \ s_2(t), \ \cdots, \ s_{N_t}(t)]^T \tag{7-4-7}$$

接收天线阵列上的信号表示为

$$y(t) = [y_1(t), \ y_2(t), \ \cdots, \ y_{N_r}(t)]^T \tag{7-4-8}$$

其中，$s_m(t)(m=1, 2, \cdots, N_t)$ 表示发射端第 m 个天线端口的信号，$y_n(t)$ 表示接收端第 n 个端口的信号。

发射天线和接收天线之间的信道矩阵可以描述为

$$h(\tau) = \sum_{i=1}^{L} A_i \delta(\tau - \tau_i) \tag{7-4-9}$$

其中，抽头矩阵为

$$\boldsymbol{A}_i = \begin{bmatrix} a_{11}^{(i)} & a_{12}^{(i)} & \cdots & a_{1N_r}^{(i)} \\ a_{21}^{(i)} & a_{22}^{(i)} & \cdots & a_{2N_r}^{(i)} \\ \vdots & \vdots & & \vdots \\ a_{N_t 1}^{(i)} & a_{N_t 2}^{(i)} & \cdots & a_{N_t N_r}^{(i)} \end{bmatrix}_{N_t \times N_r} \tag{7-4-10}$$

抽头矩阵是复数矩阵，它描述了在时延为 τ_i 时所考虑的收发天线阵列之间的线性变换。式(7-4-10)中表示第 m 根发射天线到第 n 根接收天线之间的复传输系数。表示了简单的抽头时延模型，不过这里 L 个时延的信道系数是用矩阵来表示的，如图 7-4-7 所示。

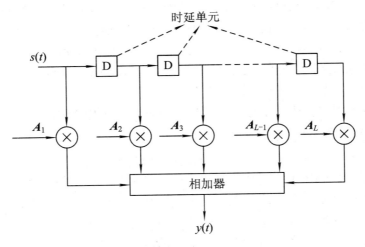

图 7-4-7 MIMO 信道抽头时延模型

上述 MIMO 信道模型可以看成单入单出信道标准的推广，主要的差别是该信道模型的抽头系数不再是简单的标量，而是一个矩阵，矩阵的大小跟 MIMO 系统收发两端的天线数有关。

2. 空间复用和空间分集

MIMO 技术主要涉及空间复用和空间分集两方面。

1) 空间复用

在 MIMO 天线配置下，能够在不增加带宽的条件下，相比 SISO 系统成倍地提升信息传输速率，从而极大地提高了频谱利用率。在发射端，高速率的数据流被分割为多个较低速率的子数据流，不同的子数据流在不同的发射天线上在相同频段上发射出去。如果发射端与接收端的天线阵列之间构成的空域子信道足够不同，即能够在时域和频域之外额外提供空域的维度，使得在不同发射天线上传送的信号之间能够相互区别，就能够让接收机区分出这些并行的子数据流，而不需付出额外的频率或者时间资源。空间复用技术在高信噪比条件下能够极大地提高信道容量，并且能够在"开环"(即发射端无法获得信道信息)的条件下使用。

2) 空间分集

空间分集即利用不同地点接收到的信号衰落相互独立的特性来抵消衰落的方法。空间分集分为空间分集发送和空间分集接收两个系统。

空间分集接收是在空间不同的垂直高度上设置几副天线，同时接收一个发射天线的电磁信号，然后合成或选择其中一个强信号。接收端天线之间的距离应大于波长的一半，以保证接收天线输出信号的衰落特性是相互独立的，也就是说，当某一副接收天线的输出信号很低时，其他接收天线的输出则不一定在这同一时刻也出现幅度低的现象，经相应的合并电路从中选出信号幅度较大、信噪比最佳的一路，得到一个总的接收天线输出信号。这样就降低了信道衰落的影响，改善了传输的可靠性。空间分集接收的优点是分集增益高，缺点是还需另外单独的接收天线。

空间分集发送是将分集的负担从终端转移到基站端，但采用发射分集的主要问题是在发射端不知道衰落信道的信道状态信息(CSI)。为了保证各信道具有良好的性能，必须采用空时信道编码。空时编码是信道编码技术和多天线技术的结合。空时编码是将数据分成 n 个数据子流在 N 副天线上同时发射，建立空间分离信号(空域)和时间分离信号(时域)之间的关系，并且在采用最大比率接收合并(MRRC)技术接收时，这些空时码方案可以获得相同的分集增益。除了分集增益以外，好的空时码还可以获得一定的编码增益。

3. 空时编码技术

多天线系统和空时编码相结合是空间资源利用技术的发展方向，可以认为是一种高级的分集技术。空时编码最大的特点是将编码技术和阵列技术相结合，实现空分多址，从而提高系统的抗衰落性能。空时编码技术利用衰落信道的多径特点，以及发射分集和接收分集来提供高速率、高质量的数据传输。与未使用空时编码的编码方式相比，空时编码技术可以在不牺牲带宽的情况下获得更高的编码增益，提高系统的抗干扰和抗噪声能力。

按照空时编码适用信道环境不同，可以将已有空时编码方案分为两大类：一类是要求接收端能够准确地估计信道特性的，如分层空时码、空时网格码和空时分组码；另一类是不要求接收端进行信道估计的，如酉空时码和差分空时码。下面主要介绍第一类空时编码。

1) 分层空时编码

分层空时编码也称为贝尔实验室空时分层结构(Bell Laboratory Layered Space Time，BLAST)，是由贝尔实验室提出的一种利用 MIMO 系统进行并行信息传输以提高信息传输速率的方法。2002 年 10 月，第一个 BLAST 芯片在贝尔实验室问世，该芯片支持最高 $N_t \times N_r = 4 \times 4$ 的天线配置和 19.2 Mb/s 的数据速率。目前分层空时编码技术已广泛应用于 MIMO 系统中。

(1) 分层空时编码原理。分层空时编码基于空间复用技术提高系统的传输容量，原理如图 7-4-8 所示。发送端将高速的信源数据分解为 N_t 路低速数据流，首先通过普通的并行编码器分别对这些低速数据流进行信道编码，然后再分别进行空时编码和调制，最后经 N_t 副天线发射出去。接收端采用 N_r 副天线分集接收，通过信道估计，获得信道状态信息，并由线性判决反馈均衡器实现分层判决反馈干扰消除，然后进行空时译码和信道译码恢复原始数据。

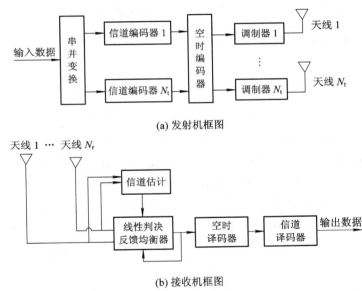

图 7-4-8 分层空时编码系统原理框图

按发送端分路的方式不同，分层空时编码有水平分层空时编码(H-BLAST)、垂直分层空时编码(V-BLAST)和对角空时分层编码(D-BLAST)。下面以 $N_t = 3$ 为例介绍。

图 7-4-8(a)中，假设信道编码器 1 的输出为序列为 $a_1, a_2, a_3, \cdots$，信道编码器 2 的输出为 $b_1, b_2, b_3, \cdots$，信道编码器 3 的输出为 $c_1, c_2, c_3, \cdots$，三种编码方案的结构如图 7-4-9 所示。H-BLAST 就是将并行信道编码器的输出按水平方向进行空间编码，也就是将信道编码器 k 的输出直接送到对应的第 k 个调制器进行调制，而后经第 k 副发射天线发射出去，如图 7-4-9(a)所示。

V-BLAST 就是将并行信道编码器的输出按垂直方向进行空间编码，也就是信道编码器 1 输出的前 $N_t = 3$ 个码元排在第一列，分别送到三副天线上发射。信道编码器 2 输出的

$N_t=3$ 个码元排在第二列,分别送到三副天线上发射。信道编码器 3 输出的 $N_t=3$ 个码元排在第三列,分别送到三副天线上发射。然后再发射信道编码器 1 输出的第二组 $N_t=3$ 个码元、信道编码器 2 输出的第二组 $N_t=3$ 个码元和信道编码器 3 输出的第二组 $N_t=3$ 个码元。依次类推,如图 7-4-9(b)所示。

D-BLAST 就是将并行信道编码器的输出按对角线进行空间编码,而在右下角补 0,如图 7-4-9(c)所示。在对角分层空时编码中,信道编码器 1 输出的开始 N_t 元排列在第一条对角线上,信道编码器 2 输出的开始 N_t 个码元排列在第二条对角线上。一般,信道编码器 i 输出的第 j 批 N_t 个码元排列在第 $i+(j-1)N_t$ 条对角线上。编码后的码元按列由 N_t 副发射天线发射。

信道编码器1输出:$...a_5a_4a_3a_2a_1 \Rightarrow$ 调制器1$\Rightarrow$ 天线1
信道编码器2输出:$...b_5b_4b_3b_2b_1 \Rightarrow$ 调制器2$\Rightarrow$ 天线2
信道编码器3输出:$...c_5c_4c_3c_2c_1 \Rightarrow$ 调制器3$\Rightarrow$ 天线3

(a) 水平分层

$...c_4b_4a_4c_1b_1a_1 \Rightarrow$ 调制器1$\Rightarrow$ 天线1　　$...c_4b_4a_4c_1b_1a_1 \Rightarrow$ 调制器1$\Rightarrow$ 天线1
$...c_5b_5a_5c_2b_2a_2 \Rightarrow$ 调制器2$\Rightarrow$ 天线2　　$...b_5a_5c_2b_2a_20 \Rightarrow$ 调制器2$\Rightarrow$ 天线2
$...c_6b_6a_6c_3b_3a_3 \Rightarrow$ 调制器3$\Rightarrow$ 天线3　　$...a_6c_3b_3a_30\ 0 \Rightarrow$ 调制器3$\Rightarrow$ 天线3

(b) 垂直分层　　　　　　　　　　　　　(c) 对角分层

图 7-4-9　三种分层空时编码方案结构

上述三种方案,H-BLAST 最易于实现,但性能差,实际很少使用。D-BLAST 性能最好,可以达到 MIMO 系统理论容量,但具有 $N_t(N_t-1)/2\,b$ 的传输冗余,并且其编码与译码都比较复杂,实际应用也不多。V-BLAST 性能较 D-BLAST 差一些,但编码结构较简单,而且没有传输冗余,实际应用较多。下面介绍 V-BLAST 接收机的检测算法。

(2) V-BLAST 接收机检测算法。目前研究较多的检测译码算法主要有最大似然(ML)译码算法、迫零(ZL)译码算法、最小均方误差(MMSE)译码算法和非线性译码算法。下面分别进行介绍。

首先假设:MIMO 信道是平坦快衰落的;各个收发天线间的不同信道彼此独立,且信道系数服从均值为 0、方差为 1 的瑞利分布;信道噪声是 0 均值的复高斯噪声;接收端已知信道状态。接收信号向量 r、发射信号向量 x 和噪声向量 w 关系由式(7-4-11)给出,即

$$r = Hx + w \qquad (7\text{-}4\text{-}11)$$

① 最大似然(ML)译码算法。ML 算法是一种最佳的矢量译码算法,算法的过程就是从所有可能的发送信号集合中找到一个满足式(7-4-12)的信号,即选择一个使式(7-4-11)的值最小的 x 作为发送信号的 ML 译码估计值。

$$\hat{x} = \arg\min_x \|r - Hx\|^2 \qquad (7\text{-}4\text{-}12)$$

ML 算法可以获得最小的差错概率,误码性能最好,但算法复杂,且复杂度与调制星座点数和发送天线数目成指数关系,因而实际中应用不多,一般作为译码算法的性能边界来衡量其他译码算法的性能。

② 迫零(ZL)译码算法。ZL 检测算法，就是根据信道矩阵 H 计算一个加权矩阵 G(就是 H 的伪逆)，然后再把加权矩阵同接收信号向量相乘，得到发射信号向量的估值。算法基本过程如下：

首先构成 N_R 维的接收信号向量 r，接着计算 $N_r \times N_t$ 维的迫零矩阵 G(H 的伪逆)

$$G = (H^H H)^{-1} H^H \tag{7-4-13}$$

矩阵 G 的第 i 行 G_i 满足

$$G_i H_j = \begin{cases} 1, & i = j \\ 0, & i \neq j \end{cases} \tag{7-4-14}$$

其中，H_j 表示矩阵 H 的第 j 列。

最后，将加权矩阵 G 同接收信号向量 r 相乘，计算发射信号向量 x 的估值向量 $\hat{x}$

$$\hat{x} = Gr = (H^H H)^{-1} H^H r \tag{7-4-15}$$

迫零算法需要根据信道矩阵计算加权矩阵 G，因此接收端需要获得信道状态信息。

③ 最小均方误差(MMSE)译码算法。最小均方误差算法也是先计算一个加权矩阵 G：

$$G = [H^H H + \sigma_w^2 I_m]^{-1} H^H \tag{7-4-16}$$

但 G 要满足下面的关系

$$\min E[(x - \hat{x})^H (x - \hat{x})] = \min E[(x - Gr)^H (x - Gr)] \tag{7-4-17}$$

对发射信号的估值则按下式计算

$$\hat{x} = Gr = G(H^H H + \sigma_w^2 I_m)^{-1} H^H \tag{7-4-18}$$

MMSE 算法考虑了噪声的影响，因此具有比 ZF 算法更好的性能，但 MMSE 算法需要接收端同时获得信道信息和噪声方差才能完成对接收信号的检测译码。

④ 非线性译码算法。前面分析的 ZF 算法和 MMSE 算法都是线性算法，相对也存在非线性译码算法，如串行干扰消除译码算法。串行干扰消除方法是一个迭代的过程，其基本思想是在线性译码算法的基础上，先在接收端通过线性译码算法解调出一副发射天线上的发射符号，然后把该符号当做干扰去除掉，继续以同样的方法来解调其他的发射符号。下面具体分析以 ZF 算法为基础的、不进行排序的串行干扰消除译码算法过程，包括初始化和迭代两步。

串行干扰消除译码算法的第一步是初始化：

$$\begin{cases} i = 1 \\ G = (H^H H)^{-1} H^H \\ y_1 = G_1 r \\ \hat{x}_1 = Q(y_1) \\ r_2 = r - \hat{x}_1 H_1 \\ \hat{H}_2 = H(:, i+1 : N_t) \end{cases} \tag{7-4-19}$$

串行干扰消除译码算法的第二步是迭代：

$$\begin{cases} i = 2, 3, \cdots, N_t \\ \boldsymbol{G} = (\boldsymbol{H}_i^H \boldsymbol{H}_i)^{-1} \boldsymbol{H}_i^H \\ y_i = G_1 r_i \\ \hat{x}_i = Q(y_i) \\ r_{i+1} = r - \hat{x}_i \boldsymbol{H}_i \\ \hat{\boldsymbol{H}}_{i+1} = \boldsymbol{H}(:, i+1 : N_t) \\ i = i + 1 \end{cases} \quad (7\text{-}4\text{-}20)$$

其中，G_1 代表矩阵第一行，$Q(y_i)$ 是在调制星座图中进行量化操作，即找到与星座图中距离最小的点。H_i 代表信道矩阵的第 i 列，$\boldsymbol{H}(:, i+1 : N_t)$ 代表信道矩阵从第 $i+1$ 列到第 N_t 列构成的矩阵。

串行干扰译码算法以线性译码算法为基础，但性能要优于线性译码算法。

串行干扰算法依次对发射符号进行解调，译码符号的顺序是随机的，译码顺序不同时会产生不同的译码结果。分析译码过程可以看出，如果先解调的符号出现错误，就会增加后面干扰消除的噪声，因此会对后面的符号解调产生严重的负面影响，甚至不能正确解调，这就是非线性译码算法的错误传输问题。因而，符号译码的排序非常重要。由于信噪比大的符号的解调错误概率会比较小，所以在非线性译码过程中可以先解调信噪比大的符号，从而可以相对地减轻错误传输的影响。串行干扰译码算法的实现过程如下。

首先对译码符号排序。根据已知的噪声方差和信道矩阵，求出相应的加权矩阵，根据加权矩阵的行范数确定解调符号的排序。其次迫零，即用 ZF 或 MMSE 方法消除其他符号的干扰，从而得到所需要的解调符号估计值。然后补偿遍历发射符号星座图中的所有星座点，从中选择与解调符号之间欧氏距离最小的星座点，并将其判决为发射符号。最后是消除，即从接收信号中消除已经解调符号的影响，从而降低剩余符号的解调复杂度。之后重复上述过程，直到解调出所有发射符号。

2) 空时网格编码

在数字无线通信系统中，接收端是采用软判决方法完成译码的。对于最佳的软判决译码，错误概率主要取决于相邻两信号之间的欧氏距离。因此，不同信号之间的欧氏距离直接决定系统的抗衰落能力。空时网格编码(Space Time Trellis Coding，STTC)基于网格编码调制技术(Trellis Code Modulation，TCM)，通过将发射分集同网格编码调制技术相结合，增加不同信号之间的欧氏距离，从而提高系统抗衰落性能。

传统数字传输系统中，纠错编码与调制是分别独立设计的，译码和解调也是独立完成的，纠错编码通过提高不同码组之间的汉明距离来改善码组的纠/检错能力。然而，编码输出的数字序列，在经过调制以后发射的是另一个多进制已调信号序列。对于汉明距离为最佳的编码码字，在映射成非二进制的调制信号时并不一定空间距离最大，只有 BPSK 调制和 QPSK 调制的汉明距离才和欧氏距离等价，在一般的多进制调制中，两者之间不存在单调的关系。因而，汉明距离为最佳的编码码字，一般不能保证无线传输的抗衰落性能是最佳的。空时网格编码将差错控制编码、调制和发射分集进行联合设计，能够达到编译码复杂度、性能和系统传输速率的最佳折中。空时网格编码系统如图 7-4-10 所示。

第 7 章 LET 和 LTE-A

图 7-4-10 STTC 系统框图

空时网格编码的编码过程如下(假定开始编码器处于零状态)：假设采用有 2^b 个星座点的星座图进行调制，在时刻 t 有 b 个比特的符号输入编码器，该编码器有 N_t 个不同的生成多项式决定其 N_t 个输出，这 N_t 个输出分别对应 N_t 个天线上的发送数据，此时数据已经不再是信息比特，而是调制星座图中的符号，对应到网格图上，就是编码器根据当前所处的状态和当前输入的信息序列，选择输入分支。

由于空时网格编码建立在网格编码调制技术的基础上，下面先介绍网格编码调制技术，然后再介绍空时网格编码。

(1) 网格编码调制。网格编码调制原理如图 7-4-11 所示。每个调制信号周期共有 m 个待传输数据比特输入，这 m 个信息比特经串/并变换后分成两路，一路将 $k(k \leqslant m)$ 个比特送入码率为 $k/(k+1)$ 的卷积编码器中，扩展成 $k+1$ 个编码比特，这 $k+1$ 个编码比特与 2^{m+1} 个子集建立起映射关系，用于选择 2^{m+1} 个子集中的一个；另一路将 $m-k$ 个未编码比特直接送往信号选择器，用来选择传送该子集中的 2^{m-k} 个信号点的一个，该信号点是被唯一确定的。

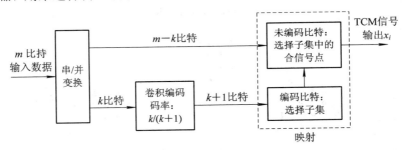

图 7-4-11 网格编码调制原理

实现 TCM 的第一步是构成 2^{m+1} 个点的信号星座到 2^{k+1} 个子集的一种分割。m 比特的数据输入编码器后，得到 $m+1$ 比特组成的子码，并且每一子码与信号星座图中的一个信号点对，因此星座图中共有 2^{m+1} 个信号点。为了保证发送信号序列的欧氏距离最大化，将这 2^{m+1} 个信号点划分成若干个子集，并使得划分后子集内信号点之间的最小欧氏距离得到最大限度的增加，每一次划分都是将一个较大的子集划分成两个较小的子集，子集内信号点之间的欧氏距离也相应增加，即 $\Delta_0 < \Delta_1 < \Delta_2 < \cdots$。划分持续进行 $k+1$ 次，直到 Δ_{k+1} 等于或大于 TCM 编码所需要的欧氏距离。当 $k = m$ 时，每个信号子集里仅包含一个信号。图 7-4-12 中给出了 8PSK 和 16QAM 的信号空间划分情况。

在集划分树中，令同始于第 i 级同一节点的两个分支所对应的编码比特为 $\gamma^i = 0$ 或 1，在共有 $k+1$ 级的集分割树中，2^{k+1} 个子集对应不同的 $k+1$ 个编码比特 $\gamma^k, \cdots, \gamma^0$，反过来，每一个编码比特也唯一地确定一个信号点子集。

图 7-4-12 (a)是将 8PSK 信号集划分成 4 个子集的划分示意图。首先根据 $\gamma^0=0$ 和 $\gamma^0=1$ 把 8 个信号点划分成两个子集 B_0 和 B_1，每个子集包含 4 个信号点，同一子集内信号点之间的欧氏距离为 $\Delta_1=\sqrt{2}>\Delta_0=\sqrt{2-\sqrt{2}}$，将这两个子集中的每一个根据 $\gamma^1=0$ 和 $\gamma^1=1$ 再划分成两个子集，所以共得到四个子集：C_0，C_1，C_2 和 C_3，其中 $C_0 \bigcup C_2=B_0$，$C_1 \bigcup C_3=B_1$。四个子集中，各有两个信号点，它们之间的欧氏距离为 $\Delta_2=2>\Delta_1>\Delta_0$。

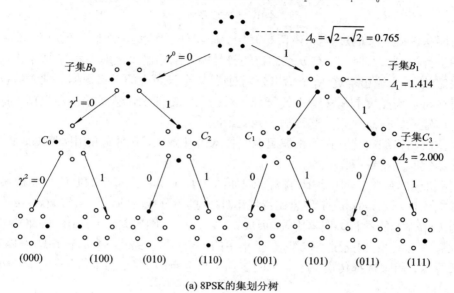

(a) 8PSK 的集划分树

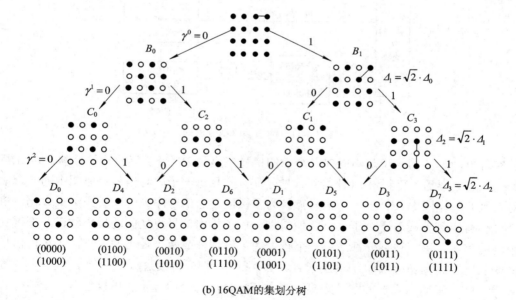

(b) 16QAM 的集划分树

图 7-4-12　信号空间划分情况

实现网格编码调制的第二步是选择卷积编码器，作用是限制可用的信号点序列集合，使得发送信号序列之间的最小欧氏距离高于未编码系统相邻信号点的距离。

(2) 空时网格编码。图 7-4-12(a)中，k 时刻有 b 个数据比特输入信道编码器，该编码器有 N_t 个输出，分别对应于 N_t 副发送天线，信道编码器输出的数据已经不再是信息比特，而是规模为 2^b 的星座点中的符号。对应到编码器的网格编码图上来说，编码器输出分支的选择取决于编码器当前的状态以及当前输入的信息比特。图 7-4-13 是发射天线数为 2 的空时网格编码示例，分别给出了 4PSK 调制星座图、4 状态网格编码图和网格编码器结构。原始的数据流被分成 2 个比特一组，首先映射成 4PSK 星座符号，然后进行空时网格编码。k 时刻输入的数据比特为 $b_k a_k$，$k-1$ 时刻输入的数据比特为 $b_{k-1} a_{k-1}$，$b_{k-1} a_{k-1}$ 也就是 k 时刻寄存器中存储的比特。k 时刻网格编码器的输出用 (x_1^k, x_2^k) 表示，也就是图 7-4-13 (b)网格编码图右边的数字对。x_1^k, x_2^k 分别对应 4PSK 星座点，并且分别由天线 1 和 2 在 k 时刻同时发射出去。图 7-4-13(b)网格编码图左边的数字代表寄存器的当前状态。网格编码器的输出表达式为

$$(x_1^k, x_2^k) = b_{k-1}(2,0) + a_{k-1}(1,0) + b_k(0,2) + a_k(0,1) \quad (7\text{-}4\text{-}21)$$

假设编码器初始状态为 0，对应的 $b_{k-1} a_{k-1} = 00$。如果此时编码器输入为 $b_k a_k = 10$(对应十进制数 2)，则编码器输出为 $(x_1^k, x_2^k) = (0, 2)$，编码器状态在下一个时刻转移到 2(对应状态转换图上从状态 0 出发的第 3 条线)，此时天线 1 发送 0，天线 2 发送 2。如果接着编码器输入 $b_k a_k = 01$(对应十进制数 1)，此时对应的 $b_{k-1} a_{k-1} = 10$，则输出为 $(x_1^k, x_2^k) = (2, 1)$，编码器当前状态 2 转移到 1(对应状态转换图上从状态 2 出发的第 2 条线)，此时天线 1 发送 2，天线 2 发送 1。以此类推。照此规律，当要发射的信息序列为 2，1，2，3，0，0，1 时，可以得到天线 1 发送的编码序列为 0，2，1，2，3，0，0，天线 2 发送的序列为 2，1，2，3，0，0，1。

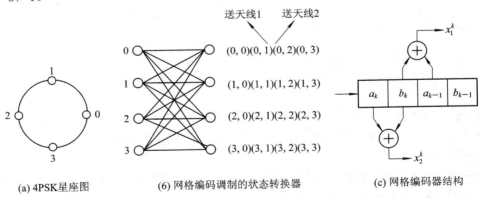

(a) 4PSK星座图　　　(6) 网格编码调制的状态转换器　　　(c) 网格编码器结构

图 7-4-13　$N_t = 2$ 的空时网格编码示例(4PSK，4 状态，2 b/s/Hz)

上面是 4 状态网格编码器示例，随着编码器状态数的增加，网格编码调制状态转换图中任意两条路径的欧氏距离会有所增大，但编码的复杂度也会随之增大。

在接收端已知信道状态的条件下，目前空时网格编码的译码只能采用 Viterbi 算法完成，其译码复杂度随着传输速率的增加呈指数增加。在编码的设计方面，空时网格编码也存在困难，当状态数较大时，好码的网格图设计十分麻烦，目前一般通过采用计算机搜索得到。这些因素限制了空时网格编码方法的实际应用。

3) 空时分组编码

(1) 空时分组编码概述。空时分组编码(Space Time Block Coding，STBC)克服了空时网格编码过于复杂的缺点，在性能上相比略有损失，但译码复杂度要小得多，比较实用。

空时分组编码包括映射和分组编码两部分，如图 7-4-14 所示。映射器将来自信源的二进制数据流 $\{b_k\}$ 变换成一个新的数据块序列，每个数据块内包含多个复数符号。比如，映射器可以将二进制数据流映射成 M 元的 PSK 数据块或者是 M 元的 QAM 数据块。分组编码器将映射器产生的每个复数符号数据块转化成一个 $l \times N_t$ 的传输矩阵 S，其中 l 和 N_t 分别是传输矩阵的时间维数和空间维数。传输矩阵 S 的元素由映射器产生的复数符号 $\tilde{s}_k$、其复共轭 $\tilde{s}_k^*$ 以及它们的线性组合组成。

图 7-4-14 空时分组编码器的基本构成

以 $M=4$ 的 QPSK 调制为例，对输入的相邻双比特符号进行格雷编码，则相邻符号的编码只有一个比特翻转，其映射规则如表 7-4-1 所示，其中 E 是发射信号的能量，映射得到的信号点分布在以信号空间图的原点为圆心、以信号能量 E 为半径的圆上。

表 7-4-1 格雷编码 QPSK 映射关系表

相邻的双比特	映射的信号点坐标
10	$\sqrt{E/2}(+1,-1)=\sqrt{E}e^{j7\pi/4}$
11	$\sqrt{E/2}(-1,-1)=\sqrt{E}e^{j5\pi/4}$
01	$\sqrt{E/2}(-1,+1)=\sqrt{E}e^{j3\pi/4}$
00	$\sqrt{E/2}(+1,+1)=\sqrt{E}e^{j\pi/4}$

(2) Alamouti 发射分集方案。空时分组编码也叫正交空时分组编码，是 Tarokh 等人在 Alamouti 发射分集方案基础上根据广义正交设计原理提出的。所以这里先介绍一下 Alamouti 发射分集方案。

1998 年，Alamouti 提出了一种简单的发射分集方案，以两个发射天线发射两个正交序列实现发射分集。Alamouti 发射分集方案如图 7-4-15 所示。首先，对信源输出的二进制数据比特进行星座映射。假设采用 M 进制的调制星座，把从信源来的二进制数据比特按每 $m(m=\text{lb}\,M)$ 个分为一组，对连续的两组数据比特进行星座映射，得到两个星座点符号 x_1 和 x_2。

然后，将映射符号 x_1 和 x_2 输入空时编码器，编码器按照表 7-4-2 给出的空时编码方案对映射符号 x_1 和 x_2 编码，相当于输出如下的编码矩阵：

$$x = \begin{bmatrix} x_1 & x_2 \\ -x_2^* & x_1^* \end{bmatrix} \tag{7-4-22}$$

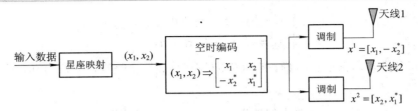

图 7-4-15　Alamouti 发射分集-空时编码方案

表 7-4-2　Alamouti 发射分集编码和发射序列

发射时刻	发射天线 1	发射天线 2
t	x_1	x_2
$t+T$	$-x_2^*$	x_1^*

显然，该编码矩阵满足列正交关系。即如果分别以 $\boldsymbol{x}^1$ 和 $\boldsymbol{x}^2$ 表示编码输出矩阵的两个列向量，$\boldsymbol{x}^1=[x_1,-x_2^*]$，$\boldsymbol{x}^2=[x_2,x_1^*]$，则两个列向量的内积为 0，即

$$\langle \boldsymbol{x}^1, \boldsymbol{x}^2 \rangle = [x_1,-x_2^*][x_2,x_1^*]^H = x_1 x_2^* - x_2^* x_1 = 0 \tag{7-4-23}$$

由于编码矩阵的一列对应一副发射天线，因此将这种正交关系称为在空间意义上满足正交性条件。显然该编码矩阵的行也满足正交关系，对应地称为时间意义上满足正交性条件。一般，当空时编码矩阵为方阵时，它在时间和空间意义上同时满足正交性条件；如果编码矩阵不是方阵，则它只在空间意义上满足正交性条件。

最后，编码后的符号分别从两副天线发射出去：在时刻 t，天线 1 发射信号 x_1，同时天线 2 发射信号 x_2。假设符号周期为 T，在下一时刻 $t+T$，天线 1 发射 $-x_2^*$，同时天线 2 发射 x_1^*。

Alamouti 方案接收原理如图 7-4-16 所示。其中，信道估计用以获取信道状态，译码采用最大似然算法。

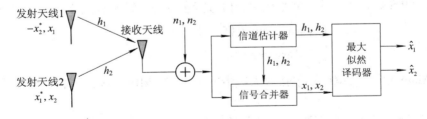

图 7-4-16　Alamouti 方案接收原理

假设在时刻 t 发射天线 1 和 2 到接收天线的信道系数分别为 $h_1(t)$ 和 $h_2(t)$，并且信道是块衰落的。得到

$$\begin{aligned}h_1(t)=h_1(t+T)=h_1=|h_1|e^{j\theta_1}\\ h_2(t)=h_2(t+T)=h_2=|h_2|e^{j\theta_2}\end{aligned} \tag{7-4-24}$$

式中，$|h_i|$ 和 θ_i 分别是发射天线 i 到接收天线的信道幅度响应和相位延迟，T 为符号周期。接收天线在时刻 t 和 $t+T$ 的接收信号 r_1、r_2 分别为

$$\begin{cases} r_1 = h_1 x_1 + h_2 x_2 + n_1 \\ r_2 = -h_1 x_2^* + h_2 x_1^* + n_2 \end{cases} \tag{7-4-25}$$

式中，n_1, n_2 分别表示信道在时刻 t 和 $t+T$ 的独立复高斯白噪声，均值为 0，每一维方差都是 $N_0/2$。

(3) Alamouti 空时编码的最大似然译码。假设接收机已经准确估计出信道系数 h_1 和 h_2，采用极大似然译码算法对接收信号译码，就是找出一对星座符号 $\hat{x}_1, \hat{x}_2$，使它们满足：

$$\begin{aligned} & d^2(r_1, h_1 \hat{x}_1 + h_2 \hat{x}_2) + d^2(r_2, -h_1 \hat{x}_2^* + h_2 \hat{x}_1^*) \\ & = |r_1 - h_1 \hat{x}_1 - h_2 \hat{x}_2|^2 + |r_2 + h_1 \hat{x}_2^* - h_2 \hat{x}_1^*|^2 \to \min \end{aligned} \tag{7-4-26}$$

将式(7-4-25)代入上式，极大似然译码变成

$$(\hat{x}_1, \hat{x}_2) = \arg\min \left(|h_1|^2 + |h_2|^2 - 1 \right)\left(|\hat{x}_1|^2 + |\hat{x}_2|^2 \right) + d^2(\tilde{x}_1, \hat{x}_1) + d^2(\tilde{x}_2, \hat{x}_2) \tag{7-4-27}$$

式中，$\tilde{x}_1$ 和 $\tilde{x}_2$ 是根据信道系数和接收信号进行合并后得到的信号。

$$\begin{cases} \tilde{x}_1 = h_1^* r_1 + h_2 r_2^* = \left(|h_1|^2 + |h_2|^2\right) x_1 + h_1^* n_1 + h_2 n_2^* \\ \tilde{x}_2 = h_2^* r_1 - h_1 r_2^* = \left(|h_1|^2 + |h_2|^2\right) x_2 - h_1 n_2^* + h_2^* n_1 \end{cases} \tag{7-4-28}$$

可以看出，在接收端已知信道系数 h_1 和 h_2 的情况下，合并信号 $\tilde{x}_1$ 和 $\tilde{x}_2$ 分别是 x_1 和 x_2 的函数，表达式中没有 x_1 和 x_2 的交叉项，这是发射端编码矩阵正交性的结果。发射信号矩阵的正交性，使得接收端由求解二维信号的最大似然译码变成了求解两个独立一维信号的最大似然译码，并且只需要进行简单的线性运算，从而大大降低了算法复杂度。根据式(7-4-28)分别解出这两个独立信号：

$$\begin{cases} \hat{x}_1 = \arg\min \left\{ \left(|h_1|^2 + |h_2|^2 - 1\right)|\hat{x}_1|^2 + d^2(\tilde{x}_1, \hat{x}_1) \right\} \\ \hat{x}_2 = \arg\min \left\{ \left(|h_1|^2 + |h_2|^2 - 1\right)|\hat{x}_2|^2 + d^2(\tilde{x}_2, \hat{x}_2) \right\} \end{cases} \tag{7-4-29}$$

若采用 MPSK 星座，所有星座点对应信号能量相等，则判决式(7-4-29)可以简化为

$$\begin{cases} \hat{x}_1 = \arg\min d^2(\tilde{x}_1, \hat{x}_1) \\ \hat{x}_2 = \arg\min d^2(\tilde{x}_2, \hat{x}_2) \end{cases} \tag{7-4-30}$$

上式即为 Alamouti 空时编码在单接收天线情况下、采用 MPSK 调制和极大似然译码的判决度量。

(4) 多副接收天线情况下的 Alamouti 空时编码。Alamouti 发射分集方案可以扩展到两副和多副接收天线的情况。采用多副接收天线时，需要对不同天线上接收的信号进行合并处理，发射端的编码方案仍然采用式(7-4-22)。

以 r_1^i, r_2^i 分别表示第 i 副接收天线在时刻 t 和 $t+T$ 接收到的信号，则有

$$\begin{cases} r_1^i = h_{i1} x_1 + h_{i2} x_2 + n_1^i \\ r_2^i = -h_{i1} x_2^* + h_{i2} x_1^* + n_2^i \end{cases} \tag{7-4-31}$$

式中：h_{ij} 表示发射天线 j 到接收天线 i 的信道系数，n_1^i 和 n_2^i 分别表示接收天线 i 在时刻 t 和

$t+T$ 接收到的噪声。根据式(7-4-28)将各副接收天线上的接收信号进行合并,就可以得到多副接收天线下的判决度量,即

$$\begin{cases} \tilde{x}_1 = \sum_{i=1}^{N_R}\left[h_{i1}^* r_1^i + h_{i2}\left(r_2^i\right)^*\right] = \sum_{j=1}^{2}\sum_{i=1}^{N_R}|h_{ij}|^2 x_1 + \sum_{i=1}^{N_R} h_{i1}^* n_1^i + h_{i2}\left(n_2^i\right)^* \\ \tilde{x}_2 = \sum_{i=1}^{N_R}\left[h_{i2}^* r_1^i + h_{i1}\left(r_2^i\right)^*\right] = \sum_{j=1}^{2}\sum_{i=1}^{N_R}|h_{ij}|^2 x_2 + \sum_{i=1}^{N_R} h_{i2}^* n_1^i + h_{i1}\left(n_2^i\right)^* \end{cases} \quad (7\text{-}4\text{-}32)$$

同理,根据式(7-4-29)可以得到:

$$\begin{cases} \hat{x}_1 = \arg\min\left\{\left[\sum_{i=1}^{N_R}\left(|h_{i1}|^2 + |h_{i2}|^2\right) - 1\right]|\hat{x}_1|^2 + d^2(\tilde{x}_1, \hat{x}_1)\right\} \\ \hat{x}_2 = \arg\min\left\{\left[\sum_{i=1}^{N_R}\left(|h_{i1}|^2 + |h_{i2}|^2\right) - 1\right]|\hat{x}_2|^2 + d^2(\tilde{x}_2, \hat{x}_2)\right\} \end{cases} \quad (7\text{-}4\text{-}33)$$

(5) 空时分组编码原理。空时分组编码基于正交设计理论,是 Alamouti 方案从两副发射天线到多副发射天线系统的推广。

图 7-4-17 显示了空时分组编码流程,可以看出它是图 7-4-15 中 Alamouti 发射分集方案的直接扩展。图中的空时编码器输出矩阵 G 由下式给出:

$$G = \begin{bmatrix} c_1^1 & \cdots & c_1^j & \cdots & c_1^{N_T} \\ c_2^1 & \cdots & c_2^j & \cdots & c_2^{N_T} \\ \vdots & & \vdots & & \vdots \\ c_P^1 & \cdots & c_P^j & \cdots & c_P^{N_T} \end{bmatrix} \quad (7\text{-}4\text{-}34)$$

矩阵 G 满足列正交关系,矩阵元素 c_i^j 为 $(x_1, x_2, \cdots, x_K)$ 及其共轭的线性组合。

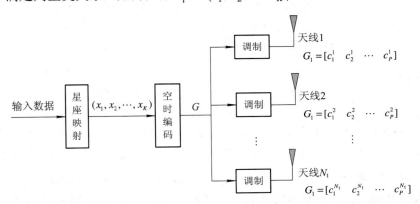

图 7-4-17 空时分组编码发射机框图

假设采用 M 进制调制,用 S 表示星座集合,每 $m(m = \text{lb}M)$ 个比特映射一个星座点,即一个星座符号 x_j,自信源输入的二进制信息比特,每 km 个比特为一组进行调制(星座映射)后,可以得到 k 个符号$(x_1, x_2, \cdots, x_k)$,再把这 k 个符号送入空时分组编码器,根据编码矩阵 G 进行正交编码,编码后的矩阵元素按列分别输出到 N_t 副发射天线上发射。矩阵中同一行

的元素是分别从 N_t 副发射天线上同时发射的，在第一个时刻发射矩阵的第一行元素，第二个时刻发射第二行，以此类推。而矩阵中的同一列元素则是由同一副天线在不同时刻发射的，每发射一次占用一个时间片，将编码后的矩阵全部发射出去需要占用 P 个时间片。由于每一个编码码字共使用了 k 个符号，并且从 N_T 副发射天线上完全发射出去需要占用 P 个时间片，由此可以定义空时分组码的编码效率(简称码率)为 $R=k/P$，它表示单位时间内平均发射的调制符号个数。对于 Alamouti 空时编码，由于两个符号共占用了两个时间片发射，所以 Alamouti 空时编码的码率为 1。

(6) 空时分组编码设计。空时分组编码的关键是设计正交矩阵 G，下面就来讨论基于正交设计的空时分组码，分别就实信号星座和复信号星座进行讨论。

① 实信号空时分组编码设计。实信号空时分组编码设计，就是实正交矩阵的设计。

定义 n 维实正交方阵 G，若 $n\times n$ 矩阵 G 的每个元素都取自实信号集合 $\{\pm x_1, \pm x_2, \cdots, \pm x_n\}$，即 $x_{ij} \in \{\pm x_1, \pm x_2, \cdots, \pm x_n\}$，并规定矩阵的第一行元素是所有需要发送的符号 $\{x_1, x_2, \cdots, x_n\}$，其他行是第一行元素的另一种排列，但允许一些元素改变符号。研究表明，在 $n \leqslant 8$ 时，这样的正交方阵只有当 $n=2,4,8$ 时才存在。并且，若把这样的方阵作为空时分组码的编码矩阵时，其码率与 Alamouti 空时编码方案相同，都为 $R=1$，即在单位时间内平均发射一个符号(对应发射天线数分别为 2,4,8)。对应的实信号编码矩阵如下：

$$G_2 = \begin{bmatrix} x_1 & x_2 \\ -x_2 & x_1 \end{bmatrix}, \quad G_4 = \begin{bmatrix} x_1 & x_2 & x_3 & x_4 \\ -x_2 & x_1 & -x_4 & x_3 \\ -x_3 & x_4 & x_1 & -x_2 \\ -x_4 & -x_3 & x_2 & x_1 \end{bmatrix}$$

$$G_8 = \begin{bmatrix} x_1 & x_2 & x_3 & x_4 & x_5 & x_6 & x_7 & x_8 \\ -x_2 & x_1 & x_4 & -x_3 & x_6 & -x_5 & -x_8 & x_7 \\ -x_3 & -x_4 & x_1 & x_2 & x_7 & x_8 & -x_5 & -x_6 \\ -x_4 & x_3 & -x_2 & x_1 & x_8 & -x_7 & x_6 & -x_5 \\ -x_5 & -x_6 & -x_7 & -x_8 & x_1 & x_2 & x_3 & x_4 \\ -x_6 & x_5 & -x_8 & x_7 & -x_2 & x_1 & -x_4 & x_3 \\ -x_7 & x_8 & x_5 & -x_6 & -x_3 & x_4 & x_1 & -x_2 \\ -x_8 & -x_7 & x_6 & x_5 & -x_4 & -x_3 & x_2 & x_1 \end{bmatrix} \quad (7\text{-}4\text{-}35)$$

② 复信号空时分组编码设计。定义 n 维复正交方阵 G，若 $n\times n$ 矩阵 G 的每个元素都是由 $\pm x_1, \pm x_2, \cdots, \pm x_n, \pm x_1^*, \pm x_2^*, \cdots, \pm x_n^*$ 等元素或由这些元素同 $\pm j(j=\sqrt{-1})$ 的乘积组成。仍然可以假设矩阵第一行元素为 $\{x_1, x_2, \cdots, x_n\}$。用这样的正交矩阵构建的空时分组编码可以获得最大的分集增益，并且接收端的最大似然译码可以分解成各独立信号的单独译码，使译码运算变得简单。Alamouti 空时编码方案实际上可以看成是复正交矩阵在 $n=2$ 时的特殊情况。已经证明，n 维复正交方阵也当且仅当 $n=2$ 时才存在。

4. MIMO-OFDM 系统

1) MIMO-OFDM 系统原理

MIMO-OFDM 技术是在 OFDM 技术的基础上结合多天线技术发展而成的，因此它的系统结构和 OFDM 相似。MIMO-OFDM 系统模型如图 7-4-18 所示。

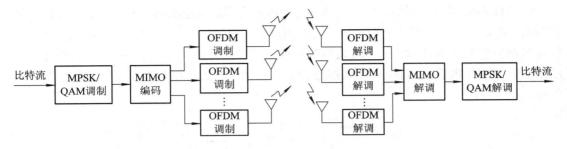

图 7-4-18 MIMO-OFDM 系统模型

图 7-4-18 就是一个典型的 $N_t \times N_r$ 的 MIMO-OFDM 系统模型,从图中可以看出,发射端的信息比特流首先经过映射调制,调制方式一般是多进制的 PSK,然后经过 MIMO 编码器,变成 N_t 路并行的数据流,分别对应 N_t 根发射天线。每路数据被分为一组 OFDM 符号,通过 IFFT 变换到时域,添加循环前缀,然后由各路对应的天线同时发射出去。在接收端,每根接收天线上接受的信号都是从 N_t 根发射天线发射信号的叠加,去掉循环前缀后将数据进行 FFT 变换到频域,通过信道估计模块得到相应的信道响应,然后对数据进行解映射或解调得到原始数据。

如果假设 OFDM 系统的载波数为 N,循环前缀个数为 N_g,那么在发射时共有 $(N+N_g) \times N_r$ 个 OFDM 采样同时发出,并把这 $(N+N_g) \times N_r$ 个采样表示成 $(N+N_g) \cdot N_r$ 维的列向量形式:

$$x(t) = [x_1^T(t), x_2^T(t), \cdots, x_{N_t}^T(t)]^T \tag{7-4-36}$$

同样,接收信号可以表示为 $(N+N_g) \cdot N_r$ 维列向量形式:

$$y(t) = [y_1^T(t), y_2^T(t), \cdots, y_{N_t}^T(t)]^T \tag{7-4-37}$$

其中信息比特流为

$$\begin{cases} x_j = [x_{j,N-N_g-1}, x_{j,N-N_g}, \cdots, x_{j,N-1}, x_{j,0}, x_{j,1}, \cdots, x_{j,N-1}]^T \\ y_j = [y_{j,0}, y_{j,1}, \cdots, y_{j,N-1}]^T \end{cases} \tag{7-4-38}$$

由式(7-4-11)可以得到 MIMO-OFDM 系统在离散时间上的输入输出关系,可用矩阵表示为

$$y = hx + n \tag{7-4-39}$$

其中,信道 h 是一个 $(M \cdot N_t) \times (M \cdot N_r)$ 的矩阵,$M = N + N_g$,该矩阵共有 $N_t \times N_r$ 个子块构成,每个子块都与单天线 OFDM 系统中的信道形式是一样的。

对于 MIMO-OFDM 系统,由于接收的信号是各路发送信号的叠加,因此,只有能够有效地分离各路发送信号,才能真正提高系统容量,只有充分利用系统的分集增益,才能提高系统的性能。

2) MIMO-OFDM 中的空时编码

MIMO-OFDM 系统主要包括基于空间复用的 MIMO-OFDM 系统(如 BLAST-OFDM)和基于空间分集的 MIMO-OFDM 系统(如 STC-OFDM)两种。如果综合考虑复用和分集,还有

SFC-OFDM、STFC-OFDM 等多种变化形式。下面介绍具有代表性的 STC-OFDM 系统原理。

STC-OFDM 发射端原理如图 7-4-19 所示，输入数据经星座映射后和串并变换得到 n 路数据流，然后每一路数据流分别进行空时编码，编码输出都是 N_t 路信号，这样就得到 n 组包含 N_t 路信号的输出。接着对 $n \times N_t$ 路信号进行重新组合得到 N_t 组用于 OFDM 调制的信号，经 IFFT 调制处理后，送到 N_t 根天线进行发射。接收端进行相反的操作就可以获得原始信号。

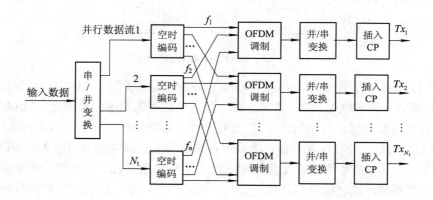

图 7-4-19 STC-OFDM 系统发射端结构图

接下来，以两副发射天线和一副接收天线的 MIMO-OFDM 系统为例(见图 7-4-20)，研究 STBC-OFDM 的编译码过程。假设信道为频率选择性的，但不具有时间选择性，且不同收发天线之间的信道特性统计独立。若 OFDM 子载波个数为 n，与频率选择性相关的多径总数为 L_P，则信道的复基带脉冲响应可以表示为

$$h_{ij}(t,\tau) = \sum_{l=0}^{L_P-1} \alpha_{ij}(l)\delta(\tau - \tau_l) \tag{7-4-40}$$

式中，τ_l 表示第 l 条路径的延时，$\alpha_{ij}(l)$ 表示脉冲响应的幅度，服从高斯分布。用 $H_{ij}(k)$ 表示第 j 根发射天线到第 i 根接收天线之间第 k 个子载波信道的频域响应，可通过对时域响应作 FFT 变换得到

$$H_{ij}(k) = \sum_{l=0}^{L_P-1} \alpha_{ij}(l) e^{-j\frac{2\pi k \tau_l}{n}} \tag{7-4-41}$$

记 H_{1j} 为 2×1 发射分集系统的信道频域响应矩阵，即

$$H_{1j} = [H_{1j}(0), H_{1j}(1), \cdots, H_{1j}(k), \cdots, H_{1j}(n-1)] \quad (j=1,2) \tag{7-4-42}$$

发射端映射后的数据符号可以表示为

$$S_u = \text{diag}[s_u(0), s_u(1), \cdots, s_u(n-1)] \tag{7-4-43}$$

$$S_{u+1} = \text{diag}[s_{u+1}(0), s_{u+1}(1), \cdots, s_{u+1}(n-1)] \tag{7-4-44}$$

式中，diag[] 表示对角矩阵，$s_u(k)$ 为第 u 个符号周期第 k 个子载波上的符号。空时分组编码和 IFFT 调制后的发射信号矩阵为

$$S = \sqrt{\frac{E_S}{2}} \cdot \begin{bmatrix} S_u & S_{u+1}^H \\ S_{u+1} & S_u^H \end{bmatrix} \quad (7\text{-}4\text{-}45)$$

式中,$\sqrt{E_S/2}$ 是为了对两根天线的发射功率进行归一化,保证总能量为 E_S。在第一个符号周期内,天线 1 发射 S_u,同时天线 2 发射 S_{u+1}。在第二个符号周期内,天线 1 发射 S_{u+1}^H,天线 2 同时发射 S_u^H。

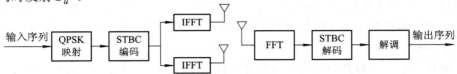

图 7-4-20 两副发射天线和一副接收天线的 STBC-OFDM 系统

在接收端收到的信号是两根天线同一时刻发射信号的叠加。假设接收端可以获得理想的信道估计,则经过理想的载波同步、符号定时和采样,再经过去除循环前缀和 FFT 解调,输出信号可表示为

$$R = [R_u \quad R_{u+1}] = \sqrt{\frac{E_s}{2}}[H_{11} \quad H_{12}]\begin{bmatrix} S_u & -S_{u+1}^H \\ S_{u+1} & S_u^H \end{bmatrix} + [W_u \quad W_{u+1}] \quad (7\text{-}4\text{-}46)$$

其中,$R_u = [r_n(0), r_u(1), \cdots, r_n(n-1)]$,$W_u = [w_n(0), w_u(1), \cdots, w_n(n-1)]$和分别表示连续两个符号周期内的接收符号,$W_u$ 和 W_{u+1} 表示连续两个符号周期内的噪声,$w_u(k)$服从高斯分布,均值为 0,方差为 σ^2。

根据信道准静态特性的假设,OFDM 符号周期内信道特性不变,这时可以按照类似 Alamouti 方案的译码处理方法对 S_u 和 S_{u+1} 进行估计,即

$$\widetilde{S}_u = H_{11}^H R_u + H_{12} R_{u+1}^H = \sqrt{\frac{E_s}{2}}\left(|H_{11}|^2 + |H_{12}|^2\right) \cdot S_u + H_{11}^H W_u + H_{12} W_{u+1}^H \quad (7\text{-}4\text{-}47)$$

$$\widetilde{S}_{u+1} = H_{12}^H R_u - H_{11} R_{u+1}^H = \sqrt{\frac{E_s}{2}}\left(|H_{11}|^2 + |H_{12}|^2\right) \cdot S_{u+1} + H_{12}^H W_u + H_{11} W_{u+1}^H \quad (7\text{-}4\text{-}48)$$

最后,用最大似然估计算法进行判决,获得输出信号 $\hat{S}_u$ 和 $\hat{S}_{u+1}$。

7.4.3 随机接入过程

一个设备(UE)只有上行传输时间同步后,才被允许进行上行传输。因此,LTE 随机接入信道(RACH)是非同步 UE 和 LTE 上行无线接入的正交传输接口。

LTE 中随机接入过程有两种模式,即允许"基于竞争"的接入(隐含内在的冲突风险)或"非竞争"的接入。

1. 基于竞争的随机接入过程

基于竞争的随机接入过程分为四步:传输前导序列,随机接入响应,发送 Layer2/Layer3 消息,发送竞争解决消息。

1) 传输前导序列

UE 从 64Ncf 个用于物理随机接入信道中基于竞争的签名中选取一个序列，其中，Ncf 是 eNode B 保留用于非竞争的签名个数。用于基于竞争的签名序列又被分为两个子组，因此选择的签名序列可以携带 1 bit 信息来标示需要在步骤 3 中传输信息的传输资源总量的相关信息。广播信道系统信息标示了两个子组各包含签名，以及各子组的名称。UE 针对适当的 RACH 情况确定所需传输资源大小，同时考虑观察的下行无线信道情况，从子组中选择一个签名。eNode B 根据每个组的观察中选择符合控制每个子组的签名个数。

2) 随机接入响应

eNode B 在物理下行共享信道上发送随机接入响应，它包含了 ID 地址和随机接入无线标识，用于识别检测前导序列的时频时隙。如果多个 UE 由于在相同前导序列时频资源内选择相同签名而导致冲突，它们会各自接到随机接入响应(RAR)。RAR 携带了检测到的前导序列标识，用于同步来自 UE 的连续上行传输定时对齐指令，以及步骤 3 中信息准许传输的初始上行资源以及临时小区无线网络临时标识。RAR 可以包含一个"重传延时指令符"，使 eNode B 可以通过设定重传延时指令符来指示 UE 在重试随机接入前将重传延迟一个周期时间。

3) 发送 Layer2/Layer3 消息

这个消息是在 PUSCH 上首个调度的上行传输，使用了混合自动重传请求(HARQ)技术。它传送了确切的随机接入过程消息，如 RRC 连接请求、跟踪区域更新或调度请求等。Layer2/Layer3 包含了步骤 2 中 RAR 上的临时 C-RNTI 分配，以及 UE 已经存在的情况下 C-RNTI 或者 48 bit 的 UE 标识。假如步骤 1 中存在前导序列冲突，冲突的 UE 会从 RAR 接收到相同的临时 C-RNTI，当发射 L2/L3 消息时在相同的上行时频资源中会有冲突。这会导致干扰，使得冲突的 UE 不能解码，当 UE 达到最大 HARQ 重传次数后，会重新开始随机接入过程。

4) 竞争解决消息

当步骤 3 中一个 UE 成功解码，而其他 UE 间的竞争依然存在，接下来的下行消息会允许快速解决这个竞争。当 UE 接收到竞争解决消息之后，会有以下三种可能行为：

① UE 对消息正确解码，并检测到自己的标识时，反馈一个肯定的确认。
② UE 对消息正确解码，并发现消息中包含其他标识时，不反馈信息。
③ UE 对消息解码失败，或泄露了下行准许信号时，不反馈信息。

2. 无竞争随机接入技术

对于某些情况，可以避开随机接入过程轻微的不可预测延时，这些情况存在低时延要求。例如 UE 通过配置一个需要时使用的专用签名序列，对下行传输进行切换和恢复。这种情况下，可以止于 RAR。

7.4.4 混合自动重传请求

LTE 中的 HARQ 技术采用增量冗余，即通过第一次传输发送的 bit 和一部分冗余 bit，而通过重传发送额外的冗余 bit。如果第一次发送的没有成功解码，则通过重传更多的 bit

降低信道编码率,从而实现更高的解码成功率。如果重传的冗余 bit 仍不能成功解码,则需要进行再次重传。随着重传次数的增加,冗余 bit 不断积累,信道编码率不断降低,从而得到更好的编码效果。

从重传的时序安排角度,可以将 HARQ 分为同步 HARQ 和异步 HARQ 两种:

(1) 同步 HARQ,即每个 HARQ 进程的时域位置被限制在预定义好的位置,这样就可以通过一个 HARQ 进程所在的子帧编号导出该 HARQ 进程的编号。同步 HARQ 不需要发送额外的显性信令指示 HARQ 进程号。当然,如果同时发送多个同步 HARQ 进程,就需要额外的信令指示。

(2) 异步 HARQ,即不限制 HARQ 进程的时域位置,一个 HARQ 进程可以发生在任何子帧。异步 HARQ 可以更灵活地分配 HARQ 资源,但需要额外的指令指示每个 HARQ 进程所在的子帧。

除重传的时域位置外,重传从配置角度还可以将 HARQ 分成自适应 HARQ 和非自适应 HARQ。

(1) 自适应 HARQ。可以根据无线信道条件,自适应地调整每次重传采用的资源块、调制方式、传输块大小、重传周期等条件。这种方法会大大提高 HARQ 流程的复杂度,并需要在每次的重传中都发送传输格式指令,从而大大增加了相应的段开销。下行链路就是采用自适应的异步 HARQ。

(2) 非自适应 HARQ。对各次重传均采用预定义好的传输模式,这样发送端和接收端均预先知晓各次重传的资源数量/位置、调制方式等参数,从而避免了额外的信令开销。上行链路采用非自适应的同步 HARQ。

7.5 LTE-A 概述

LTE-A 是 LTE-Advanced 的简称,是 LTE 技术的后续演进。与 4G 相比较,LTE 除最大带宽、上行峰值速率两个指标略低于 4G 要求外,其他技术指标都已经达到了 4G 标准的要求。而将 LTE 正式带入 4G 的 LTE-A 的技术整体设计则远超过了 4G 的最小需求。2008 年 6 月,3GPP 完成了 LTE-A 的技术需求报告,提出了 LTE-A 的最小需求:下行峰值速率为 1 Gb/s,上行峰值速率为 500 Mb/s,上下行峰值频谱利用率分别达到 15 Mb/s/Hz 和 30 Mb/s/Hz。3GPP 规范中 LTE 的 R10 和 R11 版本均为 LTE-A。这些参数已经远高于 ITU 的最小技术需求指标,具有明显的优势。

为了满足 IMT-Advanced(4G)的各种需求指标,3GPP 针对 LTE-Advanced(LTE-A)提出了几个关键技术,包括:载波聚合、多点协作发送和接收、多天线增强、异构网络、无线中继等。

1. 载波聚合

为了提供更高的业务速率,3GPP 在 LTE-A 阶段提出下行 1 Gb/s 的速率要求。因受限于无线频谱资源紧缺等因素,运营商拥有的频谱资源都是非连续的,每个单一频段难以满足 LTE-A 对带宽的需求。基于上述原因,3GPP 在 Release 10(TR 36.913)阶段引入了载波聚合(Carrier Aggregation,CA),通过将多个连续或非连续的载波聚合成更大的带宽(最大

100 MHz)，以满足 3GPP 的要求，并且可以提高离散频谱的利用率。

LTE-A 支持连续载波聚合以及频带内和频带间的非连续载波聚合，最大能聚合带宽可达 100 MHz。为了在 LTE-A 商用初期能有效利用载波，即保证 LTE 终端能够接入 LTE-A 系统，每个载波应能够配置成与 LTE 后向兼容的载波。

2. 协作多点传输

协作多点(CoMP，Coordinated Multiple Points)传输技术是指在相邻基站间一同协作，在协作基站之间共享信道状态信息和调度有用信息，通过协作基站间的联合处理和发送，将传统的点对点/点对多点系统拓展为多点对多点的协作系统，将多个接入点信号的发送与接收进行紧密协调，可以有效降低干扰、提高系统容量、改善小区边界的覆盖和用户数据速率，对小区边界用户的性能改善十分有效。多点协作分为多点协调调度和多点联合传输/处理两大类，分别适用于不同的应用场景，互相之间不能完全取代。联合传输/处理技术中，所要传输的数据信息在 CoMP 合作集的每个传输节点间进行共享。协调调度中，所要传输的数据信息只能在服务小区所在的 eNodeB 进行发送，如何调度和如何进行波束赋形则由多个传输节点共同决定。

3. 多天线增强

多天线技术由于通过扩展空间的传输维度而成倍地提高信道容量而被多种标准广泛采纳。受限于发射天线高度对信道的影响，LTE-A 系统上行和下行多天线增强的重点有所区别。在 LTE 系统的多种下行多天线模式基础上，LTE-A 要求支持的下行最高多天线配置规格为 8×8，与支持的载波聚合结合，可使下行链路的数据速率高达 3 Gb/s(基于 100 MHz 频谱)。LTE-A 相对于 LTE 系统的上行增强空分复用最多支持 4 层传输，结合上行链路的载波聚合，可使上行数据速率高达 1.5 Gb/s(基于 100 MHz 频谱)。多天线增强的一个重要结果是引入了增强的下行参考信号结构，它把信道估计的功能和获取信道信息的功能完全分开，是为了更好地支持不同的天线配置和特性，例如以更灵活的方式实现多点协作/传输。

4. 异构网络

异构网络(HetNet)从广义上看是多种无线接入网技术、组网和传输方式、不同发射功率基站的融合；从狭义上来说，特指在宏基站覆盖下增加统一制式的低功率节点，即微微蜂窝基站、中继节点、家庭基站等。无线异构蜂窝网原型开始被称为分层网，如 2G 系统中，在原有宏基站部署情况下，通过增加低功率节点基站在边缘区、热点区、盲区的小范围网络覆盖信号，补充原有网络的覆盖缺陷。在微基站覆盖范围以外的地方，终端将通过上层的宏基站接入网络。

LTE-A 系统引入的节点类型包括：无线射频拉远(RRH)、有 X2 接口和网络规划的微蜂窝基站(pico)、无 X2 接口和无网络规划的家庭基站(HeNB)、带有回传链路的无线中继。新节点的部署可以减轻宏蜂窝负载，提高特定区域的覆盖质量，改善边缘用户性能。同时还可以有效降低网络开销，减少能量消耗，降低运营商网络部署成本。

这种部署方案并非一种技术，在 LTE 中已经实现，但在 LTE-A 中又提供了额外的功能，它改善了对异构网部署的支持，尤其是在处理层间干扰方面。

5. 无线中继

LTE-A 技术引入了无线中继技术。用户终端可以通过中间接入点中继接入网络来获得带宽服务，达到改变系统容量和改善网络覆盖的目的。无线中继技术包括直放站(Repeaters)和中继站(Relay)。Repeaters 是在接到母基站的射频信号后，在射频上直接转发，在终端和基站上都是不可见的，而且并不关心目的终端是否在其覆盖范围，因此它的作用只是放大器而已，即仅限于增加覆盖，并不能提高容量。Relay 技术是在原有站点的基础上，通过增加一些新的 Relay 站(或称中继节点、中继站)，加大站点和天线的分布密度。这些新增 Relay 节点和原有基站(母基站)都是通过无线连接的，下行数据先到达母基站，然后再传给 Relay 节点，Relay 节点再传输至终端用户；上行则反之。这种方法拉近了天线和终端用户的距离，可以改善终端的链路质量，从而提高系统的频谱效率和用户数据率。

思 考 题

7-1 LTE 有哪些技术特征？
7-2 LTE 的网络架构主要分为几部分？
7-3 LTE 网络架构与 GSM、WCDMA 系统网络架构的区别是什么？
7-4 OFDM 的工作原理是什么？
7-5 MIMO 的概念是什么？
7-6 MIMO 采用的编码方式有哪些？有哪些性能差别？
7-7 MIMO-OFDM 系统的特点是什么？

参 考 文 献

[1] 郭梯云，等. 移动通信[M]. 3 版. 西安：西安电子科技大学出版社，2007.
[2] 蔡跃明，等. 现代移动通信[M]. 北京：机械工业出版社，2007.
[3] Rappaport T S. Wireless Communications Principles and Practice [M]. 2ed. 北京电子工业出版社，2004.
[4] Molisch A F. 无线通信[M]. 田斌，等，译. 北京：电子工业出版社，2008.
[5] Tse D，Viswanath P. 无线通信基础[M]. 李锵，等，译. 北京：人民邮电出版社，2007.
[6] 啜钢，等. 移动通信原理与系统[M]. 北京：北京邮电大学出版社，2005.
[7] Chongyu Wei, etc. Analysis on the RF Interference in GSM/CDMA 1X Dual-mode Terminals [C]. Wicom, 2008.
[8] 罗凌，焦元媛，陆冰，等. 第三代移动通信技术与业务[M]. 北京：人民邮电出版社，2007.
[9] 张智江，朱士钧，张云勇，等. 3G 核心网技术[M]. 北京：国防工业出版社，2006.
[10] 段红光，毕敏，罗一静. TD-SCDMA 第三代移动通信系统协议体系与信令流程[M]. 北京：人民邮电出版社，2007.
[11] 邱玲，朱近康，孙葆根. 第三代移动通信技术[M]. 北京：人民邮电出版社，2001.
[12] 姜波. WCDMA 关键技术详解[M]. 北京：人民邮电出版社，2008.
[13] 张传福，等. 第三代移动通信：WCDMA 技术、应用及演进[M]. 北京：电子工业出版社，2009.
[14] 冯建和，等. CDMA 2000 网络技术与应用[M]. 北京：人民邮电出版社，2010.
[15] 王亚峰，等. TD-SCDMA 及其增强和演进技术[M]. 北京：人民邮电出版社，2009.
[16] 3GPP R4 TS 25.2xx 系列.
[17] 3GPP R4 TS 25.321.Medium Access Control (MAC) protocol specification.
[18] 3GPP R4 TS 25.322.Radio Link Control (RLC) protocol specification.
[19] 3GPP R4 TS 25.331.Radio Resource Control (RRC) protocol specification.
[20] 赵训威，等. 3GPP 长期演进(LTE)系统架构与技术规范[M]. 北京：人民邮电出版社，2010.
[21] 杜庆波，等. 3G 技术与基站工程[M]. 北京：人民邮电出版社，2008.
[22] Kaaranen H，等. 3G 与 UMTS 网络[M]. 2 版. 彭木根，李安平，王文博，译. 北京：人民邮电出版社，2008.